수학 좀 한다면

디딤돌 초등수학 원리 6-2

펴낸날 [개정판 1쇄] 2025년 2월 18일 | **펴낸이** 이기열 | **펴낸곳** (주)디딤돌 교육 | **주소** (03972) 서울특별시 마포구 월드컵북로 122 청원선와이즈타워 | **대표전화** 02-3142-9000 | **구입문의** 02-322-8451 | **내용문의** 02-323-9166 | **팩시밀리** 02-338-3231 | **홈페이지** www.didimdol.co.kr | **등록번호** 제10-718호 | 구입한 후에는 철회되지 않으며 잘못 인쇄된 책은 바꾸어 드립니다.

내 실력에 딱! 최상위로 가는 '맞춤 학습 플랜'

STEP 1 On-line

나에게 맞는 공부법은?
맞춤 학습 가이드를 만나요.

교재 선택부터 공부법까지! 디딤돌에서 제공하는 시기별 맞춤 학습 가이드를 통해 아이에게 맞는 학습 계획을 세워 주세요.
(학습 가이드는 디딤돌 학부모카페 '맘이가'를 통해 상시 공지합니다.
cafe.naver.com/didimdolmom)

STEP 2 Book

맞춤 학습 스케줄표
계획에 따라 공부해요.

교재에 첨부된 '맞춤 학습 스케줄표'에 맞춰 공부 목표를 달성합니다.

STEP 3 On-line

이럴 땐 이렇게!
'맞춤 Q&A'로 해결해요.

궁금하거나 모르는 문제가 있다면,
'맘이가' 카페를 통해 질문을 남겨 주세요.
디딤돌 수학쌤 및 선배맘님들이 친절히 답변해 드립니다.

STEP 4 Book

다음에는 뭐 풀지?
다음 교재를 추천받아요.

학습 결과에 따라 후속 학습에 사용할 교재를 제시해 드립니다.
(교재 마지막 페이지 수록)

★ 디딤돌 플래너 만나러 가기

디딤돌 초등수학 원리 6-2

12주 완성 맞춤 학습 스케줄표

최상위로 가는 '맞춤 학습 플랜' STEP 3 Book

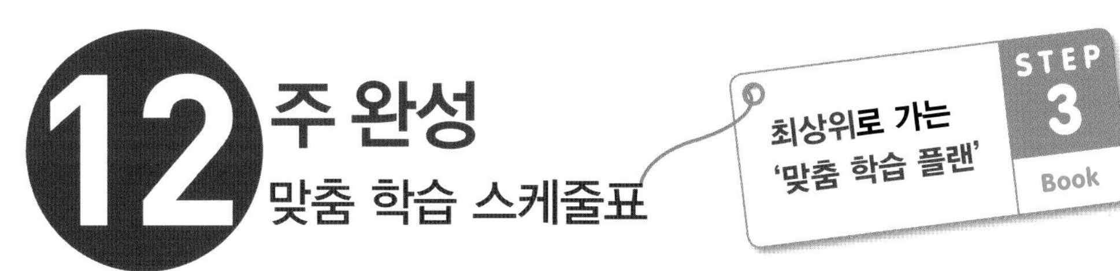

여유를 가지고 깊이 있게 한 학기 과정을 완성할 수 있도록 설계하였습니다.
학기 중 교과서와 함께 공부하고 싶다면 주 5일 12주 완성 과정을 이용해요.

공부한 날짜를 쓰고 하루 분량 학습을 마친 후, 부모님께 확인 check ☑를 받으세요.

	1 분수의 나눗셈				
1주	월 일 8~10쪽	월 일 11~13쪽	월 일 14~16쪽	월 일 17~19쪽	월 일 20~21쪽
2주	월 일 22~23쪽	월 일 24~25쪽	월 일 26~27쪽	월 일 28~29쪽	월 일 30~31쪽
	1 분수의 나눗셈		2 소수의 나눗셈		
3주	월 일 32~33쪽	월 일 34~35쪽	월 일 38~40쪽	월 일 41~43쪽	월 일 44~46쪽
4주	월 일 47~49쪽	월 일 50~52쪽	월 일 53~55쪽	월 일 56~57쪽	월 일 58~59쪽
	2 소수의 나눗셈				3 공간과 입체
5주	월 일 60~61쪽	월 일 62~63쪽	월 일 64~65쪽	월 일 66~67쪽	월 일 70~72쪽
6주	월 일 73~75쪽	월 일 76~77쪽	월 일 78~79쪽	월 일 80~81쪽	월 일 82~83쪽
	3 공간과 입체	4 비례식과 비례배분			
7주	월 일 84~85쪽	월 일 88~90쪽	월 일 91~93쪽	월 일 94~96쪽	월 일 97~98쪽
8주	월 일 99~100쪽	월 일 101~102쪽	월 일 103~104쪽	월 일 105~106쪽	월 일 107~108쪽
	4 비례식과 비례배분		5 원의 넓이		
9주	월 일 109~110쪽	월 일 111~112쪽	월 일 116~118쪽	월 일 119~121쪽	월 일 122~124쪽
10주	월 일 125~127쪽	월 일 128~129쪽	월 일 130~131쪽	월 일 132~133쪽	월 일 134~135쪽
	5 원의 넓이		6 원기둥, 원뿔, 구		
11주	월 일 136~137쪽	월 일 138~139쪽	월 일 142~144쪽	월 일 145~147쪽	월 일 148~150쪽
12주	월 일 151~152쪽	월 일 153~154쪽	월 일 155~156쪽	월 일 157~158쪽	월 일 159~160쪽

효과적인 수학 공부 비법

X 시켜서 억지로 / O 내가 스스로

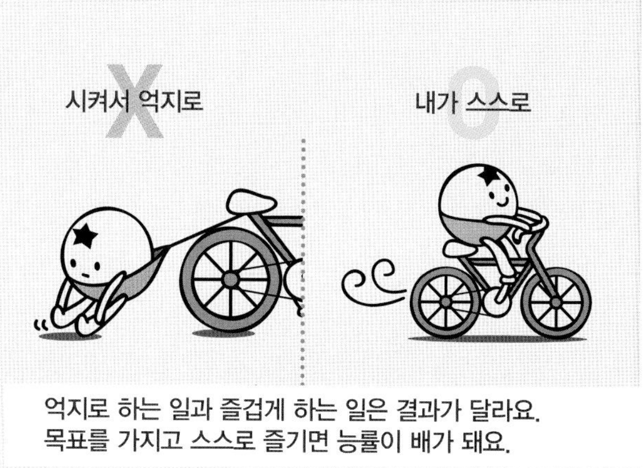

억지로 하는 일과 즐겁게 하는 일은 결과가 달라요.
목표를 가지고 스스로 즐기면 능률이 배가 돼요.

X 가끔 한꺼번에 / O 매일매일 꾸준히

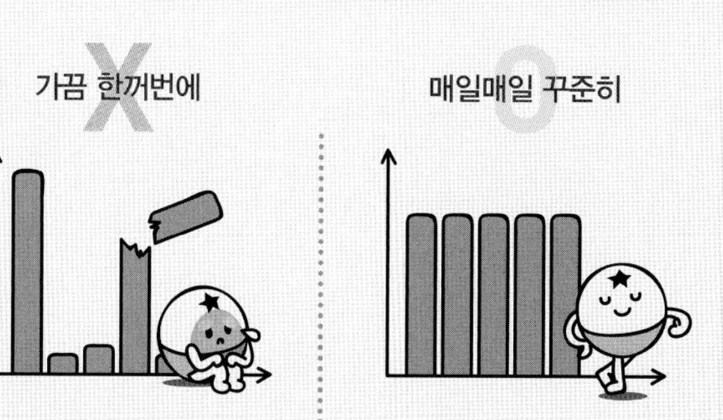

급하게 쌓은 실력은 무너지기 쉬워요.
조금씩이라도 매일매일 단단하게 실력을 쌓아가요.

X 정답을 몰래 / O 개념을 꼼꼼히

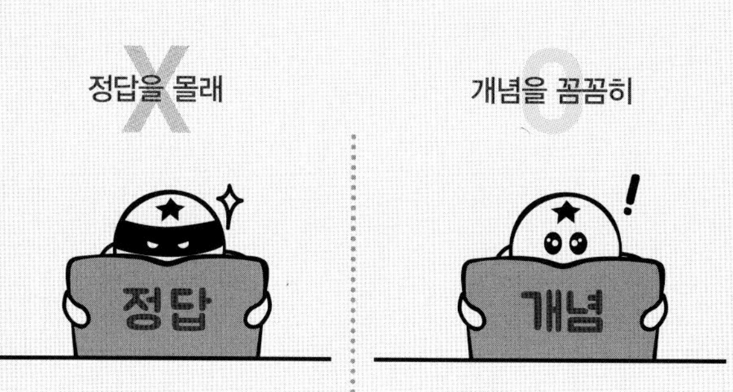

모든 문제는 개념을 바탕으로 출제돼요.
쉽게 풀리지 않을 땐, 개념을 펼쳐 봐요.

X 채점하면 끝 / O 틀린 문제는 다시

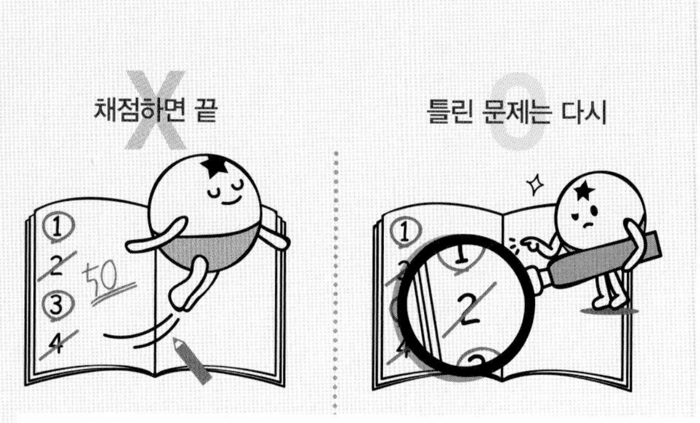

왜 틀렸는지 알아야 다시 틀리지 않겠죠?
틀린 문제와 어림짐작으로 맞힌 문제는 꼭 다시 풀어 봐요.

자르는 선

디딤돌 초등수학 원리 6-2

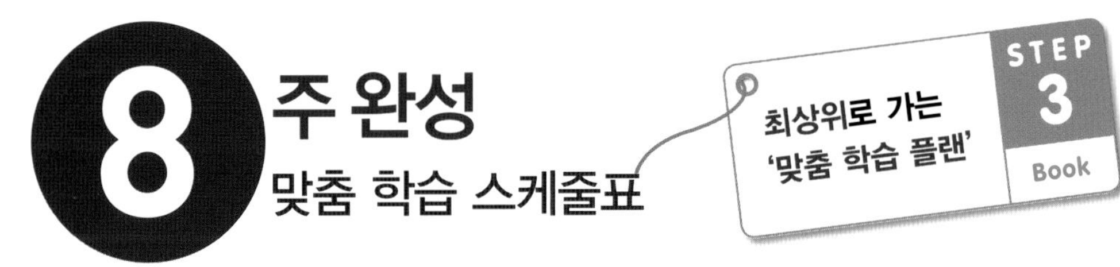

짧은 기간에 집중력 있게 한 학기 과정을 완성할 수 있도록 설계하였습니다.
방학 때 미리 공부하고 싶다면 주 5일 8주 완성 과정을 이용해요.

공부한 날짜를 쓰고 하루 분량 학습을 마친 후, 부모님께 확인 check ☑를 받으세요.

1 분수의 나눗셈								2 소수의 나눗셈	
1주 ☐	☐	☐	☐	☐	2주 ☐	☐	☐	☐	☐
월 일	월 일	월 일	월 일	월 일	월 일	월 일	월 일	월 일	월 일
8~11쪽	12~15쪽	16~19쪽	20~23쪽	24~26쪽	27~29쪽	30~32쪽	33~35쪽	38~41쪽	42~45쪽

2 소수의 나눗셈							3 공간과 입체		
3주 ☐	☐	☐	☐	☐	4주 ☐	☐	☐	☐	☐
월 일	월 일	월 일	월 일	월 일	월 일	월 일	월 일	월 일	월 일
46~49쪽	50~53쪽	54~57쪽	58~61쪽	62~64쪽	65~67쪽	70~73쪽	74~76쪽	77~79쪽	80~82쪽

3 공간과 입체	4 비례식과 비례배분							5 원의 넓이	
5주 ☐	☐	☐	☐	☐	6주 ☐	☐	☐	☐	☐
월 일	월 일	월 일	월 일	월 일	월 일	월 일	월 일	월 일	월 일
83~85쪽	88~91쪽	92~95쪽	96~99쪽	100~103쪽	104~106쪽	107~109쪽	110~112쪽	116~119쪽	120~123쪽

5 원의 넓이					6 원기둥, 원뿔, 구				
7주 ☐	☐	☐	☐	☐	8주 ☐	☐	☐	☐	☐
월 일	월 일	월 일	월 일	월 일	월 일	월 일	월 일	월 일	월 일
124~127쪽	128~130쪽	131~133쪽	134~136쪽	137~139쪽	142~145쪽	146~149쪽	150~153쪽	154~157쪽	158~160쪽

MEMO

효과적인 수학 공부 비법

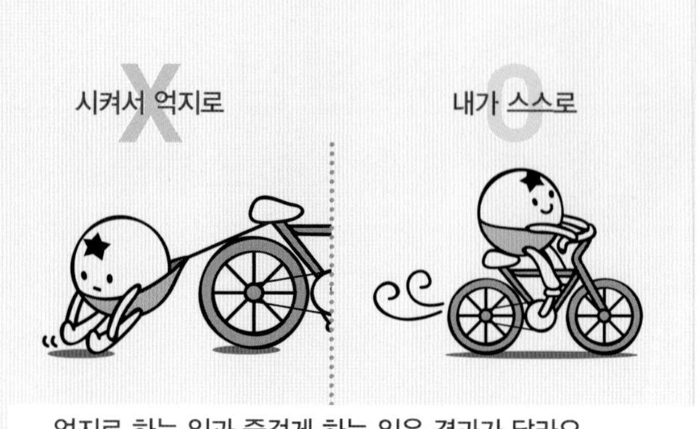

억지로 하는 일과 즐겁게 하는 일은 결과가 달라요.
목표를 가지고 스스로 즐기면 능률이 배가 돼요.

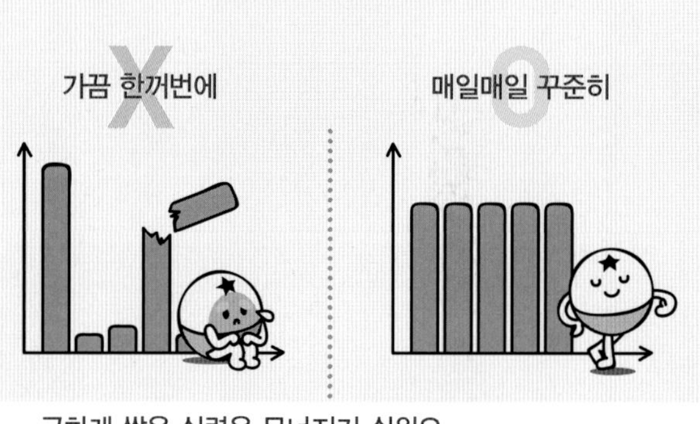

급하게 쌓은 실력은 무너지기 쉬워요.
조금씩이라도 매일매일 단단하게 실력을 쌓아가요.

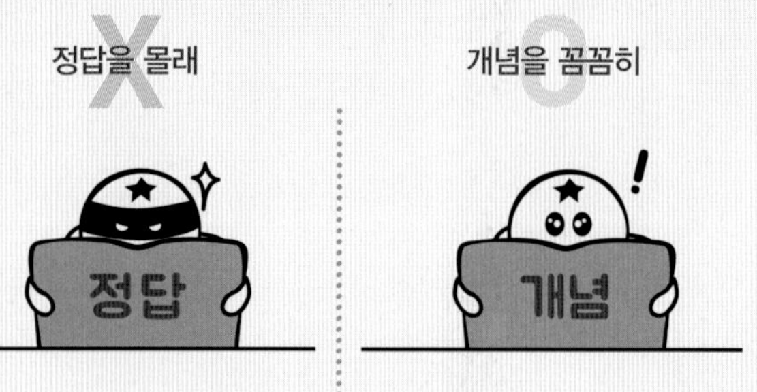

모든 문제는 개념을 바탕으로 출제돼요.
쉽게 풀리지 않을 땐, 개념을 펼쳐 봐요.

왜 틀렸는지 알아야 다시 틀리지 않겠죠?
틀린 문제와 어림짐작으로 맞힌 문제는 꼭 다시 풀어 봐요.

자르는 선 ✂

수학 좀 한다면

디딤돌

초등수학 원리

상위권을 향한 첫걸음

6-2

교과서의 핵심 개념을 한눈에 이해하고

교과서 개념

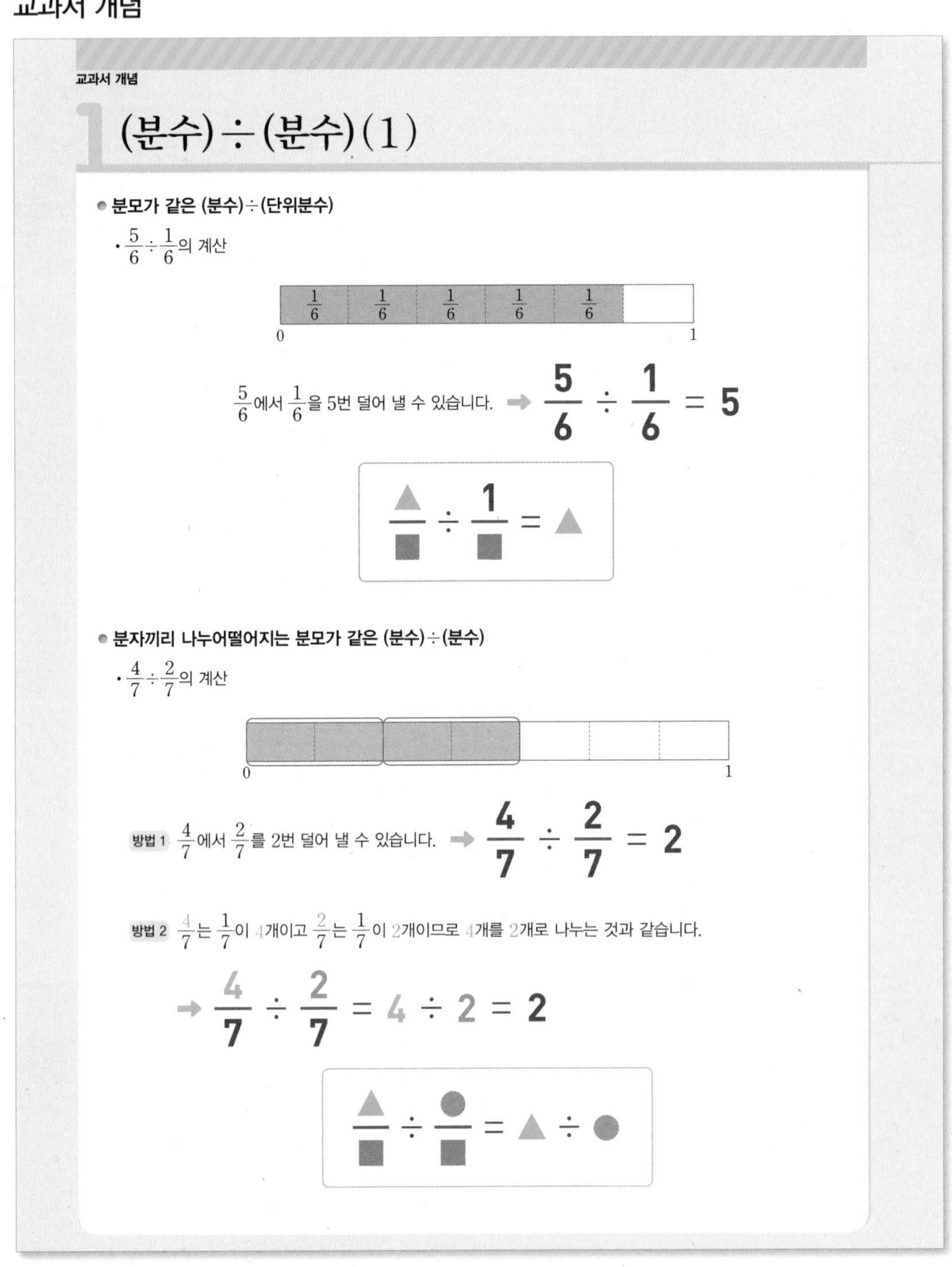

교과서 개념

1 (분수)÷(분수)(1)

● 분모가 같은 (분수)÷(단위분수)

• $\frac{5}{6}\div\frac{1}{6}$의 계산

$\frac{5}{6}$에서 $\frac{1}{6}$을 5번 덜어 낼 수 있습니다. ➡ $\frac{5}{6}\div\frac{1}{6}=5$

$\frac{▲}{■}\div\frac{1}{■}=▲$

● 분자끼리 나누어떨어지는 분모가 같은 (분수)÷(분수)

• $\frac{4}{7}\div\frac{2}{7}$의 계산

방법 1 $\frac{4}{7}$에서 $\frac{2}{7}$를 2번 덜어 낼 수 있습니다. ➡ $\frac{4}{7}\div\frac{2}{7}=2$

방법 2 $\frac{4}{7}$는 $\frac{1}{7}$이 4개이고 $\frac{2}{7}$는 $\frac{1}{7}$이 2개이므로 4개를 2개로 나누는 것과 같습니다.

➡ $\frac{4}{7}\div\frac{2}{7}=4\div2=2$

$\frac{▲}{■}\div\frac{●}{■}=▲\div●$

쉬운 유형의 문제를 반복 연습하여 기본기를 강화하는 학습

기본기 강화 문제

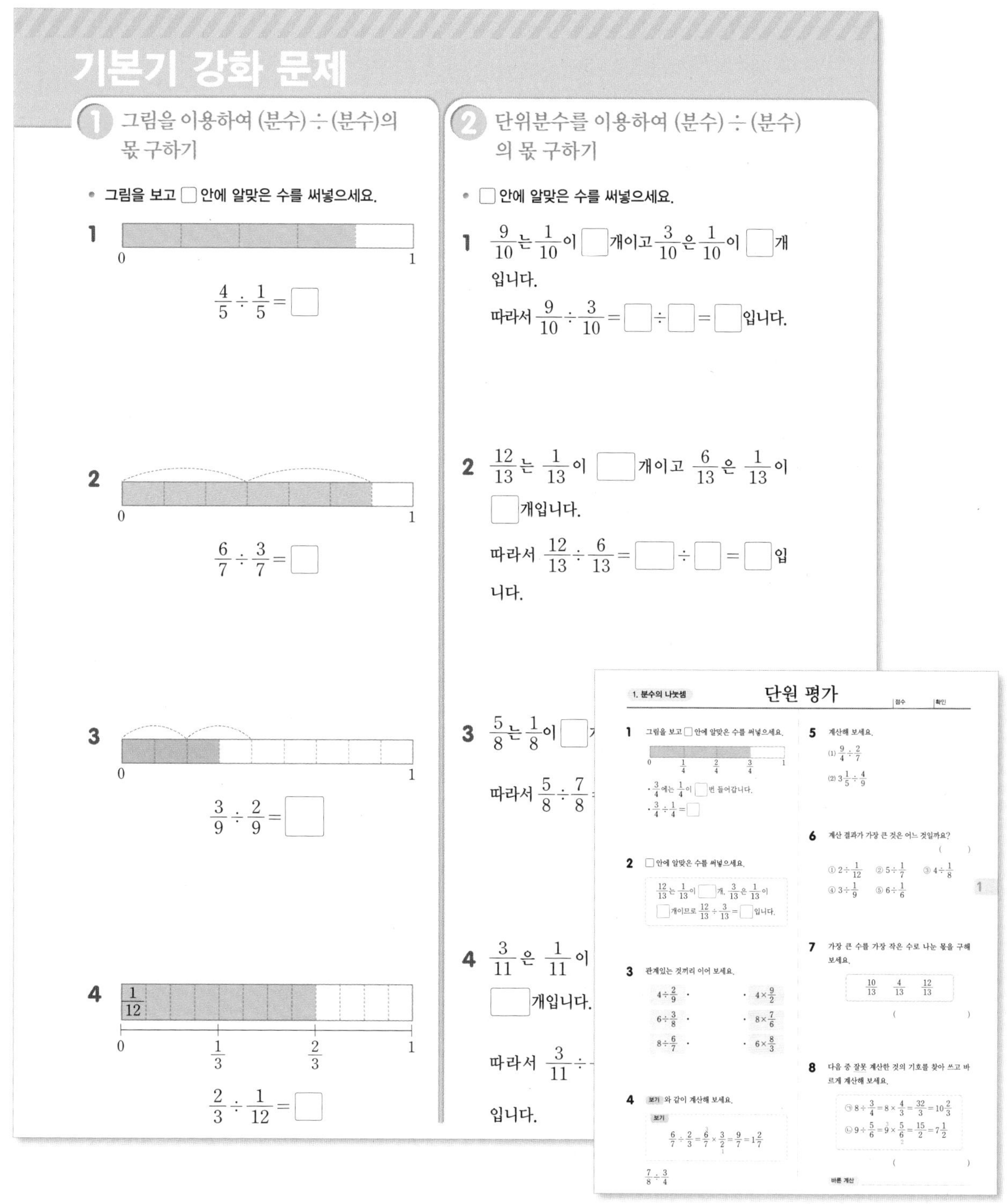

기본기 강화 문제

① 그림을 이용하여 (분수)÷(분수)의 몫 구하기

• 그림을 보고 □ 안에 알맞은 수를 써넣으세요.

1 $\frac{4}{5} \div \frac{1}{5} = \square$

2 $\frac{6}{7} \div \frac{3}{7} = \square$

3 $\frac{3}{9} \div \frac{2}{9} = \square$

4 $\frac{2}{3} \div \frac{1}{12} = \square$

② 단위분수를 이용하여 (분수)÷(분수)의 몫 구하기

• □ 안에 알맞은 수를 써넣으세요.

1 $\frac{9}{10}$는 $\frac{1}{10}$이 □개이고 $\frac{3}{10}$은 $\frac{1}{10}$이 □개입니다.
따라서 $\frac{9}{10} \div \frac{3}{10} = \square \div \square = \square$입니다.

2 $\frac{12}{13}$는 $\frac{1}{13}$이 □개이고 $\frac{6}{13}$은 $\frac{1}{13}$이 □개입니다.
따라서 $\frac{12}{13} \div \frac{6}{13} = \square \div \square = \square$입니다.

3 $\frac{5}{8}$는 $\frac{1}{8}$이 □
따라서 $\frac{5}{8} \div \frac{7}{8}$

4 $\frac{3}{11}$은 $\frac{1}{11}$이
□개입니다.
따라서 $\frac{3}{11} \div$
입니다.

1. 분수의 나눗셈

단원 평가

1 그림을 보고 □ 안에 알맞은 수를 써넣으세요.

2 □ 안에 알맞은 수를 써넣으세요.

3 관계있는 것끼리 이어 보세요.

4 보기 와 같이 계산해 보세요.

5 계산해 보세요.

6 계산 결과가 가장 큰 것은 어느 것일까요?

7 가장 큰 수를 가장 작은 수로 나눈 몫을 구해 보세요.

8 다음 중 잘못 계산한 것의 기호를 찾아 쓰고 바르게 계산해 보세요.

단원 평가

차례

1 분수의 나눗셈

2 소수의 나눗셈

3 공간과 입체

4 비례식과 비례배분

5 원의 넓이

6 원기둥, 원뿔, 구

1 분수의 나눗셈

케이크가 $\frac{8}{9}$ 만큼 있네.
우리 넷이 똑같이 나누어 먹자.
우리 넷이 똑같이 나누어 먹는다면 한 명이 $\frac{8}{9} \div 4 = \frac{\square}{\square}$ 씩 먹는 거야.

친구들이 빵집에서 케이크를 나누어 먹으려고 해요.
대화를 읽고 □ 안에 알맞은 수를 써넣으세요.

1 (분수) ÷ (분수) (1)

● **분모가 같은 (분수) ÷ (단위분수)**

• $\frac{5}{6} \div \frac{1}{6}$의 계산

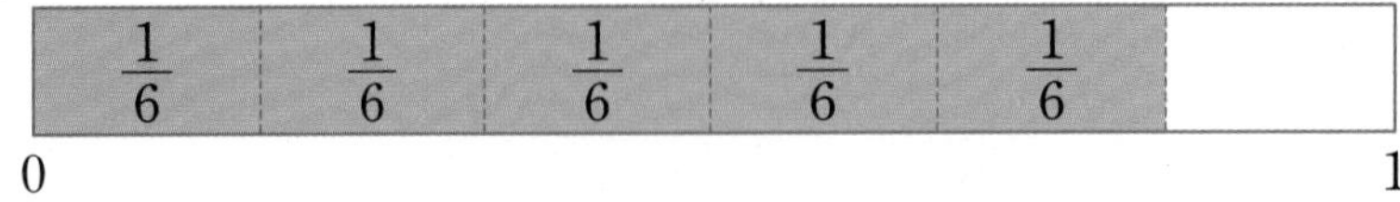

$\frac{5}{6}$에서 $\frac{1}{6}$을 5번 덜어 낼 수 있습니다. ➡ $\frac{5}{6} \div \frac{1}{6} = 5$

$$\frac{▲}{■} \div \frac{1}{■} = ▲$$

● **분자끼리 나누어떨어지는 분모가 같은 (분수) ÷ (분수)**

• $\frac{4}{7} \div \frac{2}{7}$의 계산

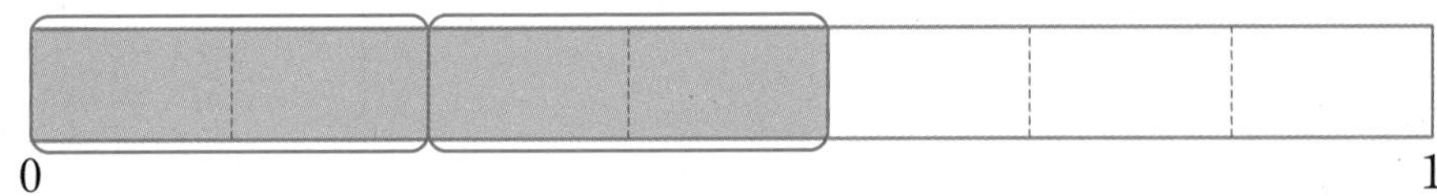

방법 1 $\frac{4}{7}$에서 $\frac{2}{7}$를 2번 덜어 낼 수 있습니다. ➡ $\frac{4}{7} \div \frac{2}{7} = 2$

방법 2 $\frac{4}{7}$는 $\frac{1}{7}$이 4개이고 $\frac{2}{7}$는 $\frac{1}{7}$이 2개이므로 4개를 2개로 나누는 것과 같습니다.

➡ $\frac{4}{7} \div \frac{2}{7} = 4 \div 2 = 2$

$$\frac{▲}{■} \div \frac{●}{■} = ▲ \div ●$$

정답과 풀이 1쪽

1 그림을 보고 □ 안에 알맞은 수를 써넣으세요.

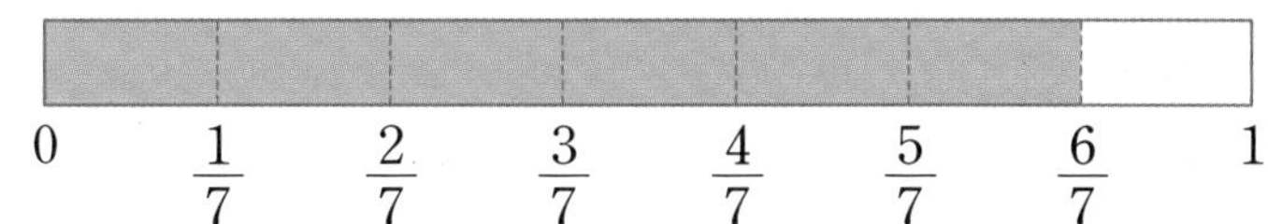

$\frac{6}{7}$에서 $\frac{1}{7}$을 □번 덜어 낼 수 있습니다. ➡ $\frac{6}{7} \div \frac{1}{7} =$ □

2 그림을 보고 □ 안에 알맞은 수를 써넣으세요.

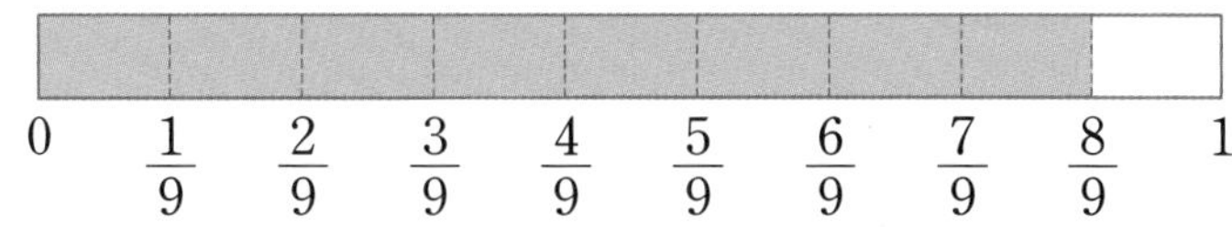

① $\frac{8}{9}$에서 $\frac{2}{9}$를 □번 덜어 낼 수 있습니다.

➡ $\frac{8}{9} \div \frac{2}{9} =$ □

② $\frac{8}{9}$은 $\frac{1}{9}$이 8개, $\frac{2}{9}$는 $\frac{1}{9}$이 2개이므로 8개를 □개로 나눈 것과 같습니다.

➡ $\frac{8}{9} \div \frac{2}{9} = 8 \div$ □ $=$ □

3 □ 안에 알맞은 수를 써넣으세요.

① $\frac{4}{5} \div \frac{2}{5} =$ □ $\div 2 =$ □　　② $\frac{10}{14} \div \frac{5}{14} =$ □ $\div 5 =$ □

분모가 같은 진분수의 나눗셈은 분자끼리 나누어 계산해요.

4 계산해 보세요.

① $\frac{3}{8} \div \frac{1}{8}$　　② $\frac{11}{13} \div \frac{1}{13}$

③ $\frac{10}{11} \div \frac{2}{11}$　　④ $\frac{9}{16} \div \frac{3}{16}$

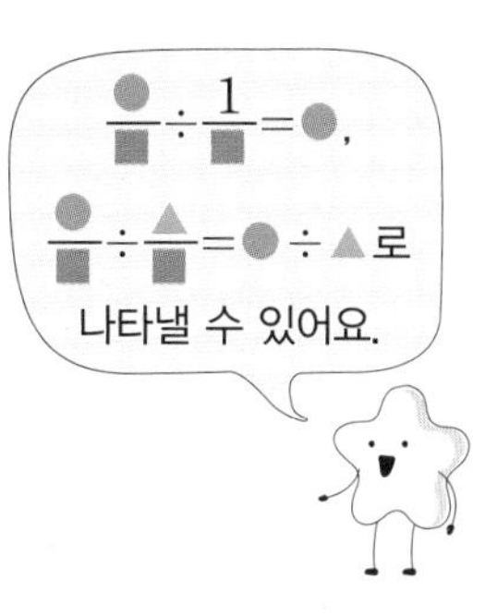

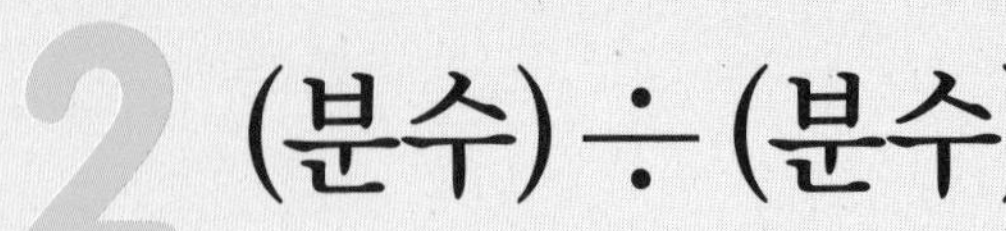

2 (분수)÷(분수)(2)

분자끼리 나누어떨어지지 않는 분모가 같은 (분수)÷(분수)

• $\frac{7}{11} \div \frac{2}{11}$의 계산

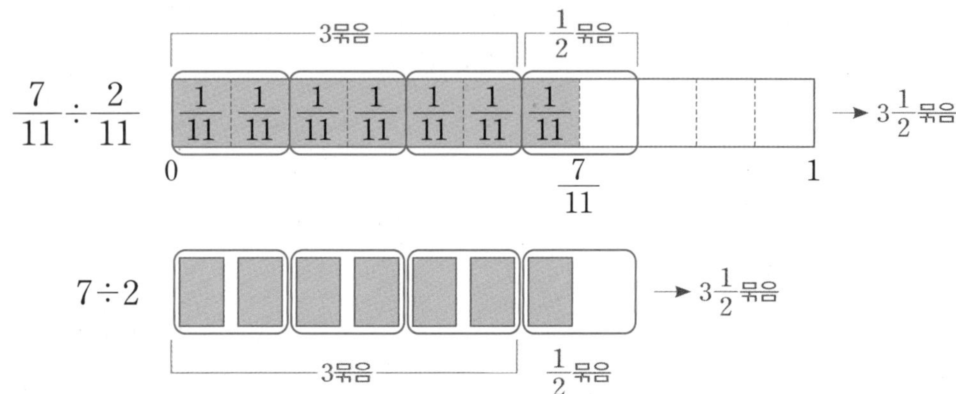

$\frac{7}{11}$은 $\frac{1}{11}$이 7개이고 $\frac{2}{11}$는 $\frac{1}{11}$이 2개이므로 7개를 2개로 나눈 것과 같습니다.

$$\Rightarrow \frac{7}{11} \div \frac{2}{11} = 7 \div 2 = \frac{7}{2} = 3\frac{1}{2}$$

• 분모가 같은 (분수)÷(분수)의 계산 방법

① 분자끼리 나누어 계산합니다.

② 분자끼리 나누어떨어지지 않을 때에는 몫이 분수로 나옵니다.

$$\frac{▲}{■} \div \frac{●}{■} = ▲ \div ● = \frac{▲}{●}$$

개념 자세히 보기

나누어지는 수에 나누는 수가 몇 번 들어가는지 알면 (분수)÷(분수)의 몫을 구할 수 있어요!

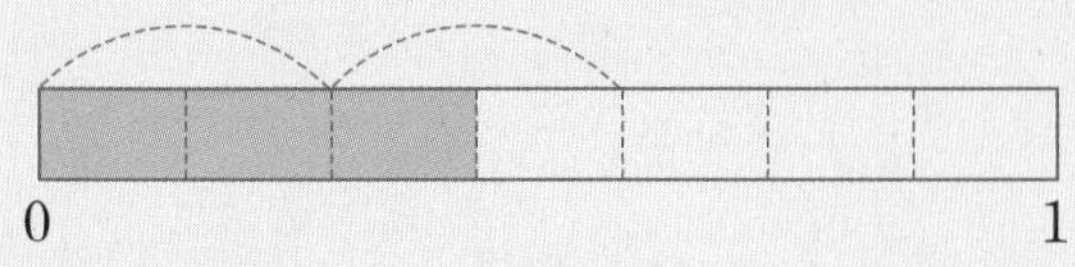

$\frac{3}{7}$에는 $\frac{2}{7}$가 1번과 $\frac{1}{2}$번이 들어갑니다.

$\Rightarrow \frac{3}{7} \div \frac{2}{7} = 1\frac{1}{2}$

정답과 풀이 1쪽

1 $\frac{5}{9} \div \frac{2}{9}$를 계산하려고 합니다. 물음에 답하세요.

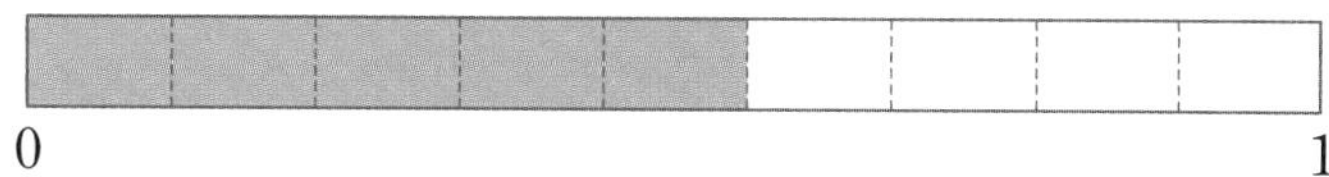

① $\frac{5}{9}$에는 $\frac{2}{9}$가 몇 번 들어가는지 그림에 나타내어 보세요.

② □ 안에 알맞은 수를 써넣으세요.

$$\frac{5}{9} \div \frac{2}{9} = \square$$

2 □ 안에 알맞은 수를 써넣으세요.

① $\frac{5}{9} \div \frac{4}{9} = \square \div \square = \frac{\square}{\square} = \square$

② $\frac{11}{13} \div \frac{4}{13} = \square \div \square = \frac{\square}{\square} = \square$

분모가 같은 분수의 나눗셈은 분자끼리 나누어 계산해요.

3 관계있는 것끼리 이어 보세요.

$\frac{13}{15} \div \frac{6}{15}$ •	• $5 \div 14$ •	• $2\frac{1}{6}$
$\frac{7}{8} \div \frac{3}{8}$ •	• $7 \div 3$ •	• $\frac{5}{14}$
$\frac{5}{17} \div \frac{14}{17}$ •	• $13 \div 6$ •	• $2\frac{1}{3}$

분모가 같은 분수의 나눗셈에서 분자끼리 나누어떨어지지 않을 때에는 몫이 분수로 나와요.

4 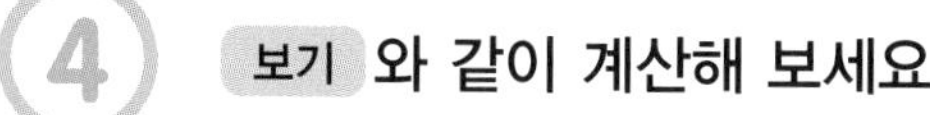 보기 와 같이 계산해 보세요.

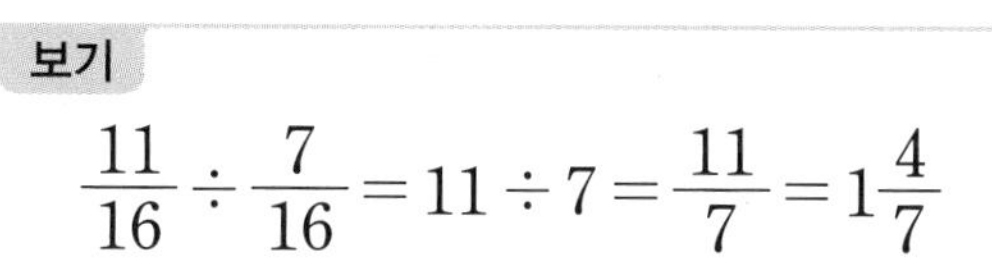

보기

$$\frac{11}{16} \div \frac{7}{16} = 11 \div 7 = \frac{11}{7} = 1\frac{4}{7}$$

① $\frac{11}{12} \div \frac{5}{12}$

② $\frac{4}{7} \div \frac{5}{7}$

(분수) ÷ (분수) (3)

● **분자끼리 나누어떨어지는 분모가 다른 (분수)÷(분수)**

• $\frac{3}{4} \div \frac{3}{16}$의 계산

방법 1 그림을 이용하여 구하기

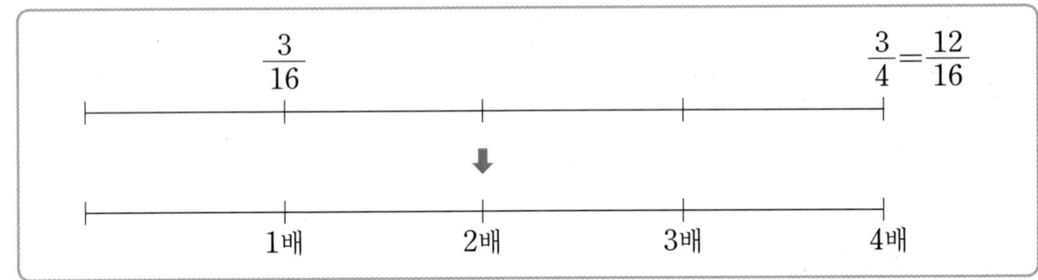

$\frac{3}{4}$은 $\frac{12}{16}$와 같습니다. $\frac{3}{4}$에 $\frac{3}{16}$이 4개입니다. ➡ $\frac{3}{4} \div \frac{3}{16} = 4$

방법 2 통분하여 계산하기

$$\frac{3}{4} \div \frac{3}{16} = \frac{12}{16} \div \frac{3}{16}$$ → 통분하기

$$= 12 \div 3$$ → 분자끼리 나누기

$$= 4$$

● **분자끼리 나누어떨어지지 않는 분모가 다른 (분수)÷(분수)**

• $\frac{3}{5} \div \frac{2}{7}$의 계산

$$\frac{3}{5} \div \frac{2}{7} = \frac{21}{35} \div \frac{10}{35}$$ → 통분하기

$$= 21 \div 10$$ → 분자끼리 나누기

$$= \frac{21}{10} = 2\frac{1}{10}$$

➡ 분모가 다른 분수의 나눗셈은 통분하여 분자끼리 나누어 구합니다.

정답과 풀이 2쪽

1 $\frac{5}{7} \div \frac{1}{14}$을 구하려고 합니다. 물음에 답하세요.

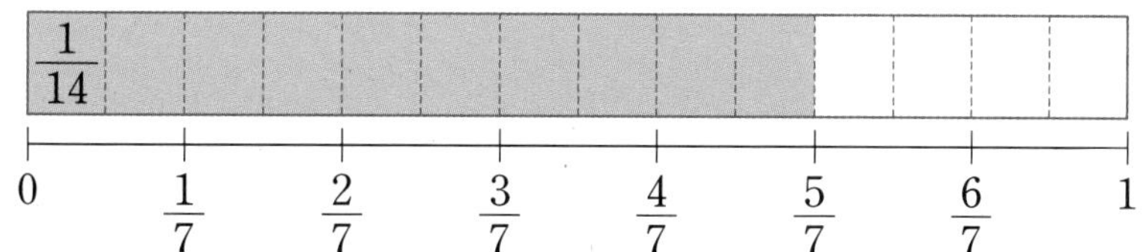

① $\frac{5}{7}$에는 $\frac{1}{14}$이 몇 번 들어갈까요?

(　　　　　　　　)

② □ 안에 알맞은 수를 써넣으세요.

$$\frac{5}{7} \div \frac{1}{14} = \square$$

2 □ 안에 알맞은 수를 써넣으세요.

① $\frac{8}{9} \div \frac{8}{27} = \frac{\square}{27} \div \frac{8}{27} = \square \div 8 = \square$

② $\frac{3}{8} \div \frac{5}{6} = \frac{\square}{24} \div \frac{\square}{24} = \square \div \square = \frac{\square}{\square}$

5학년 때 배웠어요

통분

분수를 통분할 때에는 두 분모의 곱이나 두 분모의 최소공배수를 공통분모로 하여 통분합니다.

예 $\left(\frac{1}{6}, \frac{3}{8}\right)$을 통분하기

$\left(\frac{1}{6}, \frac{3}{8}\right)$

➡ $\left(\frac{1\times4}{6\times4}, \frac{3\times3}{8\times3}\right)$

➡ $\left(\frac{4}{24}, \frac{9}{24}\right)$

3 보기 와 같이 계산해 보세요.

보기

$$\frac{3}{4} \div \frac{2}{3} = \frac{9}{12} \div \frac{8}{12} = 9 \div 8 = \frac{9}{8} = 1\frac{1}{8}$$

① $\frac{5}{12} \div \frac{1}{6}$

② $\frac{5}{6} \div \frac{7}{8}$

분수를 통분할 때는 두 분모의 곱이나 두 분모의 최소공배수를 공통분모로 하여 통분해요.

4 큰 수를 작은 수로 나눈 몫을 구해 보세요.

$\frac{2}{15}$	$\frac{2}{5}$

(　　　　　　　　)

기본기 강화 문제

1 그림을 이용하여 (분수)÷(분수)의 몫 구하기

• 그림을 보고 □ 안에 알맞은 수를 써넣으세요.

1

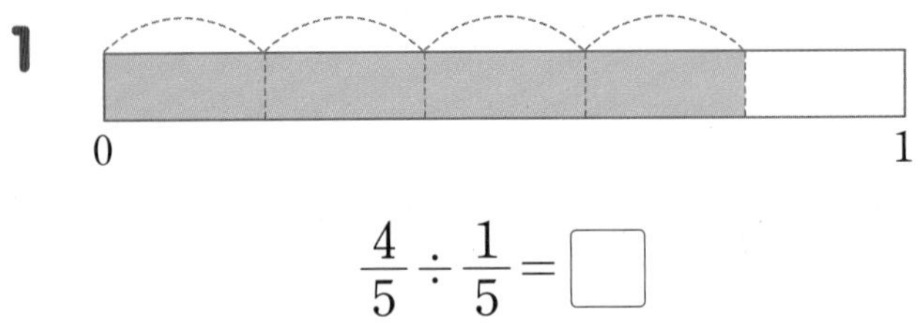

$\frac{4}{5} \div \frac{1}{5} = \square$

2

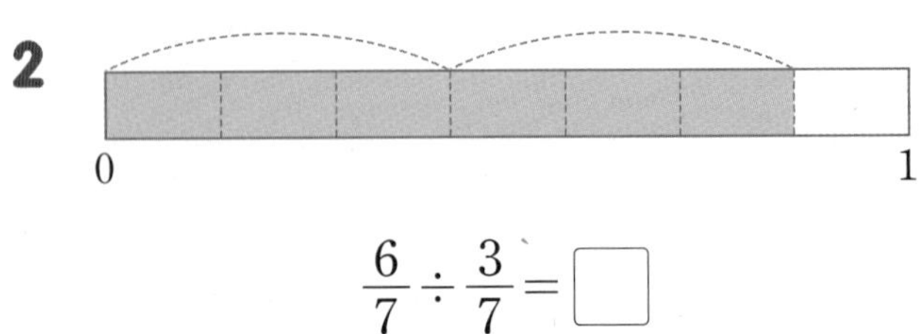

$\frac{6}{7} \div \frac{3}{7} = \square$

3

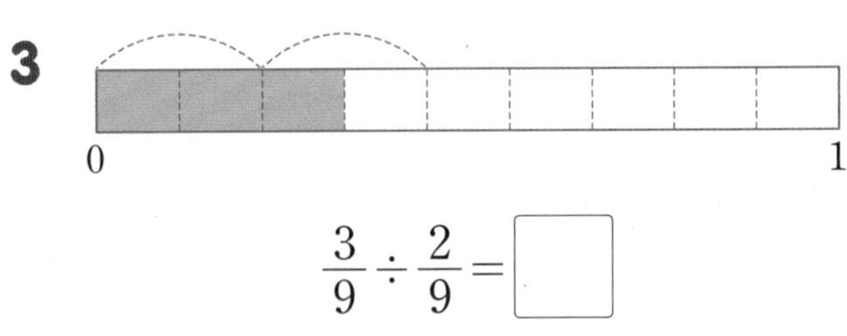

$\frac{3}{9} \div \frac{2}{9} = \square$

4

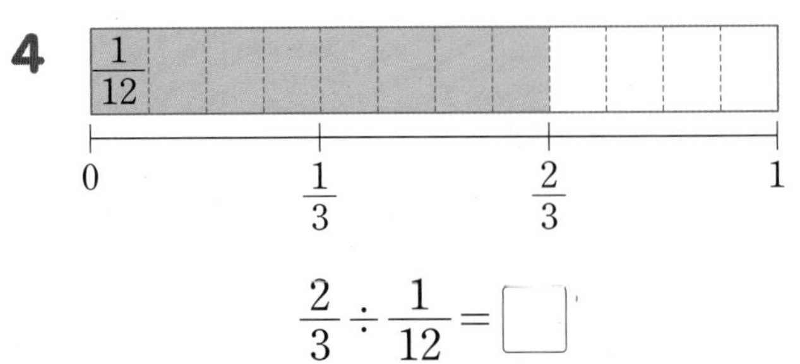

$\frac{2}{3} \div \frac{1}{12} = \square$

2 단위분수를 이용하여 (분수)÷(분수)의 몫 구하기

• □ 안에 알맞은 수를 써넣으세요.

1 $\frac{9}{10}$는 $\frac{1}{10}$이 □개이고 $\frac{3}{10}$은 $\frac{1}{10}$이 □개입니다.

따라서 $\frac{9}{10} \div \frac{3}{10} = \square \div \square = \square$입니다.

2 $\frac{12}{13}$는 $\frac{1}{13}$이 □개이고 $\frac{6}{13}$은 $\frac{1}{13}$이 □개입니다.

따라서 $\frac{12}{13} \div \frac{6}{13} = \square \div \square = \square$입니다.

3 $\frac{5}{8}$는 $\frac{1}{8}$이 □개이고 $\frac{7}{8}$은 $\frac{1}{8}$이 □개입니다.

따라서 $\frac{5}{8} \div \frac{7}{8} = \square \div \square = \frac{\square}{\square}$입니다.

4 $\frac{3}{11}$은 $\frac{1}{11}$이 □개이고 $\frac{10}{11}$은 $\frac{1}{11}$이 □개입니다.

따라서 $\frac{3}{11} \div \frac{10}{11} = \square \div \square = \frac{\square}{\square}$입니다.

3 글자 완성하기

• □ 안에 알맞은 수를 써넣고 큰 수부터 글자를 차례로 써 보세요.

1

$\frac{8}{9} \div \frac{4}{9} = \square$ → 학

$\frac{3}{4} \div \frac{1}{4} = \square$ → 수

$\frac{12}{13} \div \frac{3}{13} = \square$ → 는

$\frac{15}{17} \div \frac{3}{17} = \square$ → 있

$\frac{9}{14} \div \frac{1}{14} = \square$ → 재

$\frac{21}{26} \div \frac{3}{26} = \square$ → 미

→ □□□□ □□

2

$\frac{17}{19} \div \frac{6}{19} = \square$ → 의

$\frac{5}{12} \div \frac{7}{12} = \square$ → 나

$\frac{3}{8} \div \frac{7}{8} = \square$ → 무

$\frac{16}{17} \div \frac{3}{17} = \square$ → 미

$\frac{13}{14} \div \frac{4}{14} = \square$ → 래

$\frac{13}{18} \div \frac{11}{18} = \square$ → 꿈

→ □□□ □□□

1

4 분모가 다른 (분수) ÷ (분수) 연습

● 보기 와 같이 계산해 보세요.

보기

$\frac{3}{8} \div \frac{1}{6} = \frac{9}{24} \div \frac{4}{24} = 9 \div 4 = \frac{9}{4} = 2\frac{1}{4}$

1 $\frac{2}{9} \div \frac{1}{2}$

2 $\frac{2}{3} \div \frac{3}{4}$

3 $\frac{1}{2} \div \frac{3}{4}$

4 $\frac{7}{8} \div \frac{1}{5}$

5 $\frac{7}{9} \div \frac{3}{5}$

6 $\frac{3}{4} \div \frac{4}{7}$

7 $\frac{4}{15} \div \frac{5}{6}$

5 여러 가지 수로 나누기

● 계산해 보세요.

1 $\frac{5}{11} \div \frac{6}{11}$

$\frac{5}{11} \div \frac{7}{11}$

$\frac{5}{11} \div \frac{8}{11}$

2 $\frac{8}{13} \div \frac{5}{13}$

$\frac{8}{13} \div \frac{4}{13}$

$\frac{8}{13} \div \frac{3}{13}$

3 $\frac{5}{8} \div \frac{5}{16}$

$\frac{5}{8} \div \frac{5}{24}$

$\frac{5}{8} \div \frac{5}{32}$

4 $\frac{3}{7} \div \frac{1}{2}$

$\frac{3}{7} \div \frac{1}{3}$

$\frac{3}{7} \div \frac{1}{4}$

정답과 풀이 2쪽

6 바꾸어 나누기

• 계산해 보세요.

1 $\frac{3}{5} \div \frac{1}{5}$

$\frac{1}{5} \div \frac{3}{5}$

2 $\frac{5}{7} \div \frac{6}{7}$

$\frac{6}{7} \div \frac{5}{7}$

3 $\frac{11}{17} \div \frac{3}{17}$

$\frac{3}{17} \div \frac{11}{17}$

4 $\frac{1}{3} \div \frac{1}{8}$

$\frac{1}{8} \div \frac{1}{3}$

5 $\frac{5}{14} \div \frac{5}{7}$

$\frac{5}{7} \div \frac{5}{14}$

6 $\frac{8}{9} \div \frac{5}{6}$

$\frac{5}{6} \div \frac{8}{9}$

7 몇 배 알아보기

• 큰 수는 작은 수의 몇 배인지 구해 보세요.

1 $\frac{5}{14}$ $\frac{9}{14}$

( )

2 $\frac{7}{9}$ $\frac{4}{9}$

( )

3 $\frac{2}{5}$ $\frac{3}{7}$

( )

4 $\frac{9}{10}$ $\frac{2}{5}$

( )

5 $\frac{5}{6}$ $\frac{1}{9}$

( )

8 나눗셈식 만들고 답 구하기

• 그림에 알맞은 진분수끼리의 나눗셈식을 만들고 답을 구해 보세요.

1 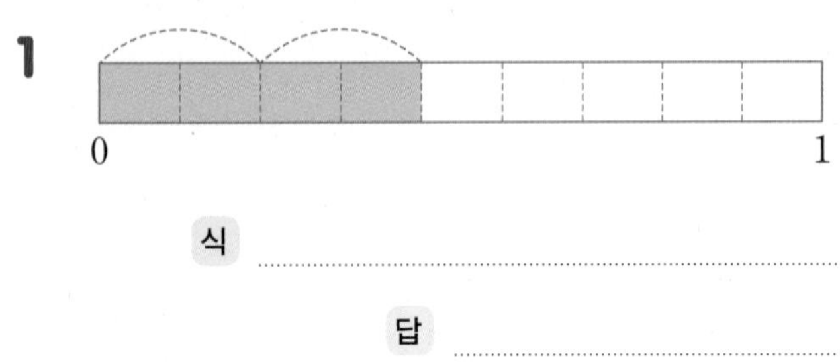

식

답

2 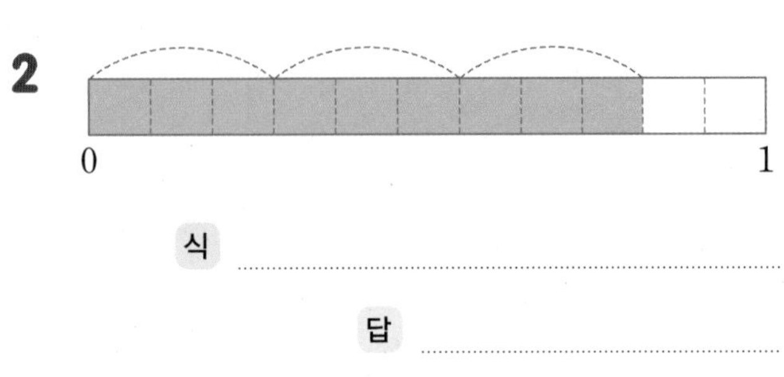

식

답

3 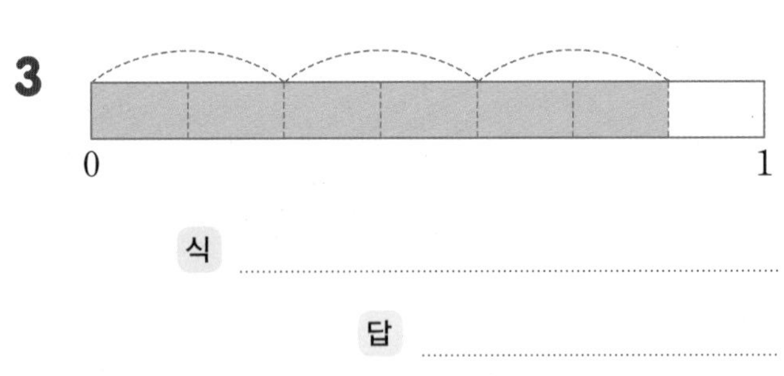

식

답

4 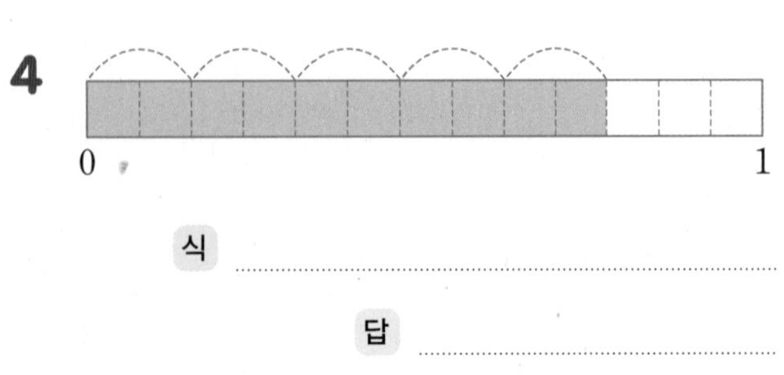

식

답

9 계산 결과 비교하기

• 계산 결과를 비교하여 ○ 안에 >, =, <를 알맞게 써넣으세요.

1 $\frac{7}{8} \div \frac{1}{8}$ ○ $\frac{5}{9} \div \frac{1}{9}$

2 $\frac{6}{11} \div \frac{3}{11}$ ○ $\frac{12}{13} \div \frac{2}{13}$

3 $\frac{15}{17} \div \frac{5}{17}$ ○ $\frac{18}{19} \div \frac{6}{19}$

4 $\frac{2}{5} \div \frac{3}{5}$ ○ $\frac{5}{7} \div \frac{3}{7}$

5 $\frac{3}{4} \div \frac{5}{8}$ ○ $\frac{5}{6} \div \frac{2}{9}$

6 $\frac{8}{9} \div \frac{3}{5}$ ○ $\frac{1}{3} \div \frac{4}{5}$

7 $\frac{5}{6} \div \frac{3}{4}$ ○ $\frac{5}{8} \div \frac{11}{12}$

8 $\frac{3}{7} \div \frac{2}{3}$ ○ $\frac{3}{14} \div \frac{2}{21}$

10 □ 안에 알맞은 수 구하기

• □ 안에 알맞은 수를 써넣으세요.

1 $\square \times \frac{1}{5} = \frac{4}{5}$

2 $\square \times \frac{3}{17} = \frac{9}{17}$

3 $\square \times \frac{2}{15} = \frac{4}{5}$

4 $\square \times \frac{5}{12} = \frac{5}{6}$

5 $\frac{1}{11} \times \square = \frac{8}{11}$

6 $\frac{2}{13} \times \square = \frac{12}{13}$

7 $\frac{2}{15} \times \square = \frac{2}{5}$

8 $\frac{1}{12} \times \square = \frac{3}{4}$

11 분수의 나눗셈의 활용(1)

1 식초 $\frac{8}{9}$L를 병 한 개에 $\frac{4}{9}$L씩 나누어 담으려고 합니다. 병은 몇 개 필요한지 구해 보세요.

(필요한 병의 수)

=(전체 식초의 양)÷(병 한 개에 담는 식초의 양)

$=\frac{\square}{9} \div \frac{\square}{9} = \square$(개)

2 수현이는 운동을 $\frac{7}{8}$시간, 민우는 $\frac{3}{8}$시간 하였습니다. 수현이가 운동한 시간은 민우가 운동한 시간의 몇 배인지 구해 보세요.

식

답

3 준혁이는 피자 한 판 중 $\frac{1}{12}$을 먹었고 성재는 $\frac{4}{9}$를 먹었습니다. 성재가 먹은 피자 양은 준혁이가 먹은 피자 양의 몇 배인지 구해 보세요.

식

답

4 어느 자동차는 $\frac{15}{16}$km를 가는 데 $\frac{7}{8}$분이 걸립니다. 이 자동차가 같은 빠르기로 달릴 때 1분 동안 갈 수 있는 거리를 구해 보세요.

식

답

1

(자연수) ÷ (분수)

고구마 10 kg을 캐는 데 $\frac{5}{6}$시간이 걸릴 때 1시간 동안 캘 수 있는 고구마의 무게 구하기

● 그림을 이용하여 구하기

① $\frac{1}{6}$시간 동안 캘 수 있는 고구마의 무게 구하기

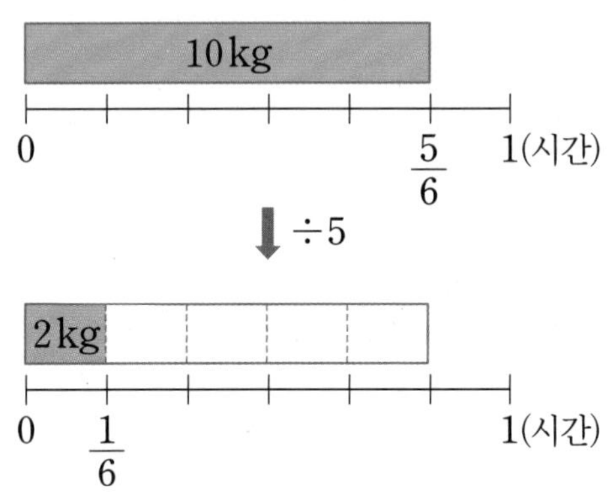

$$10 \div 5 = 2\ (\text{kg})$$

② 1시간 동안 캘 수 있는 고구마의 무게 구하기

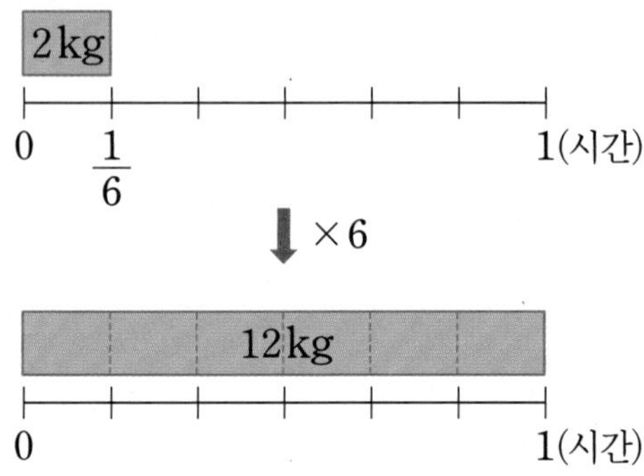

$$2 \times 6 = 12\ (\text{kg})$$

● (자연수) ÷ (분수)의 계산 알아보기

$$10 \div \frac{5}{6} = (10 \div 5) \times 6 = 12$$

$$\blacktriangle \div \frac{\bullet}{\blacksquare} = (\blacktriangle \div \bullet) \times \blacksquare$$

개념 다르게 보기

• 단위분수를 이용하여 (자연수) ÷ (분수)의 몫을 구할 수 있어요!

예 $3 \div \frac{3}{7}$의 계산

$3 = \frac{21}{7}$이므로 3은 $\frac{1}{7}$이 21개이고, $\frac{3}{7}$은 $\frac{1}{7}$이 3개입니다.

따라서 $3 \div \frac{3}{7} = 21 \div 3 = 7$입니다.

1 멜론 $\frac{3}{5}$통의 무게가 6 kg입니다. 멜론 1통의 무게를 구해 보세요.

① 다음은 멜론 1통의 무게를 구하는 과정입니다. □ 안에 알맞은 수를 써넣으세요.

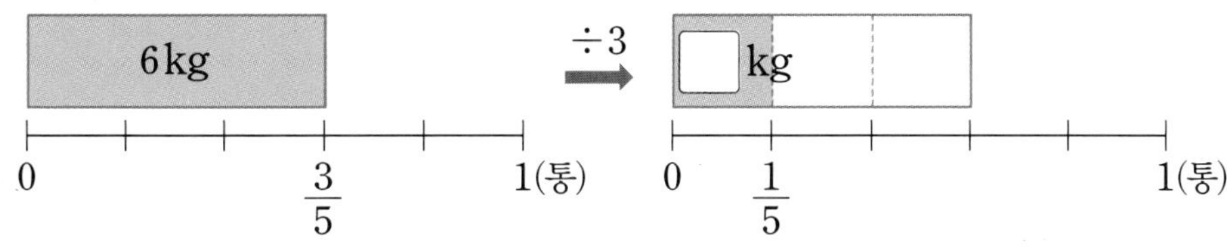

$$6 \div \square = \square \text{(kg)}$$

$\frac{1}{5}$통은 $\frac{3}{5}$통을 3으로 나눈 것과 같아요.

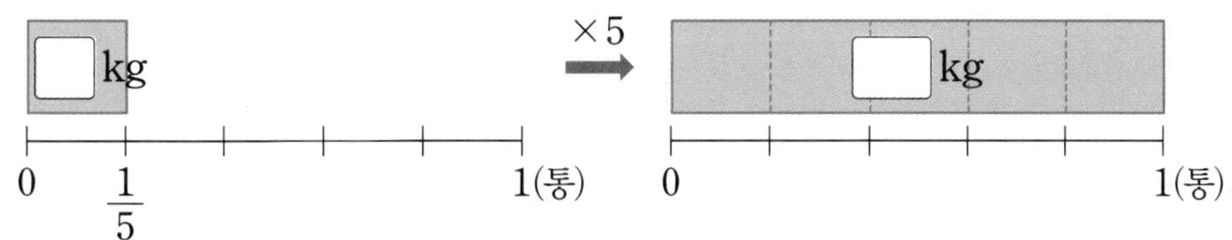

$$\square \times \square = \square \text{(kg)}$$

② □ 안에 알맞은 수를 써넣으세요.

$$6 \div \frac{3}{5} = (6 \div \square) \times \square = \square \text{(kg)}$$

2 □ 안에 알맞은 수를 써넣으세요.

(자연수)÷(분수)는 자연수를 나누는 수의 분자로 나눈 다음 분모를 곱해요.

① $9 \div \frac{3}{4} = (9 \div \square) \times \square = \square$

② $18 \div \frac{6}{7} = (18 \div \square) \times \square = \square$

3 보기 와 같이 계산해 보세요.

보기

$$4 \div \frac{2}{7} = (4 \div 2) \times 7 = 14$$

① $15 \div \frac{5}{9}$

② $24 \div \frac{3}{8}$

5 (분수)÷(분수)를 (분수)×(분수)로 나타내기

$\frac{4}{5}$ km를 걸어가는 데 $\frac{3}{4}$시간이 걸릴 때 1시간 동안 걸을 수 있는 거리 구하기

● **그림을 이용하여 구하기**

① $\frac{1}{4}$시간 동안 걸을 수 있는 거리 구하기

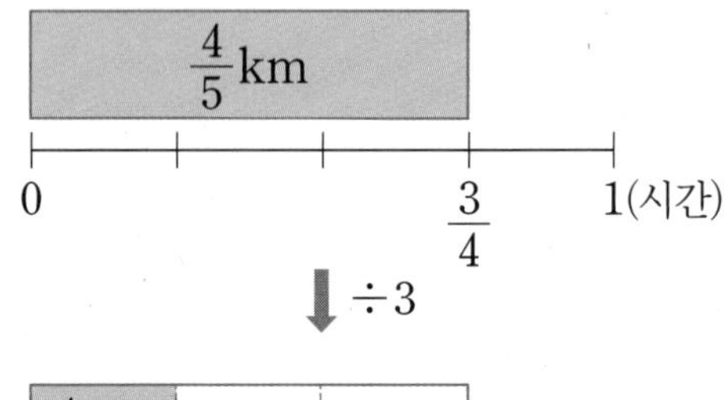

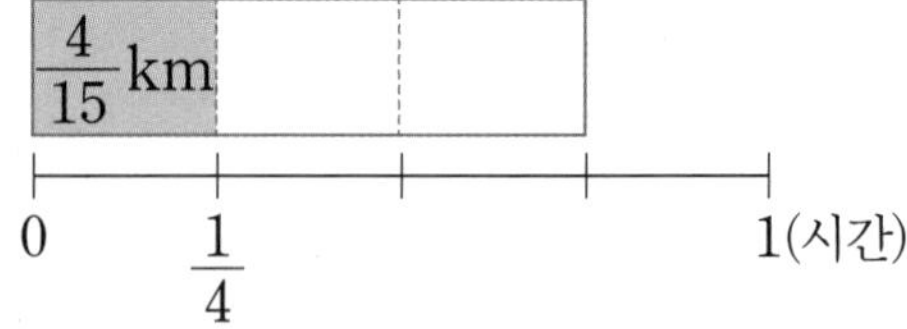

$$\frac{4}{5} \div 3 = \left(\frac{4}{5} \times \frac{1}{3}\right) \text{(km)}$$

② 1시간 동안 걸을 수 있는 거리 구하기

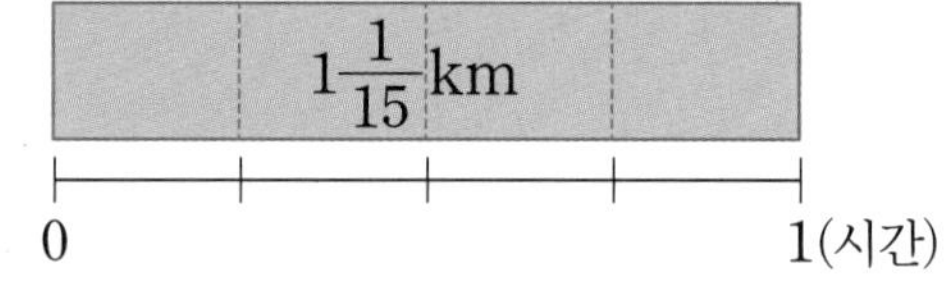

$$\frac{4}{5} \times \frac{1}{3} \times 4 = \frac{16}{15} = 1\frac{1}{15} \text{(km)}$$

● **(분수)÷(분수)를 곱셈식으로 나타내기**

나눗셈을 곱셈으로 나타냅니다.

$$\frac{4}{5} \div \frac{3}{4} = \frac{4}{5} \times \frac{1}{3} \times 4 = \frac{4}{5} \times \frac{4}{3}$$

분수의 분모와 분자를 바꿉니다.

➡ 나눗셈을 곱셈으로 나타내고 나누는 수의 분모와 분자를 바꾸어 줍니다.

$$\frac{▲}{■} \div \frac{●}{★} = \frac{▲}{■} \times \frac{★}{●}$$

1 철근 $\frac{2}{3}$ m의 무게가 $\frac{3}{4}$ kg입니다. 철근 1 m의 무게를 구해 보세요.

① □ 안에 알맞은 수를 써넣으세요.

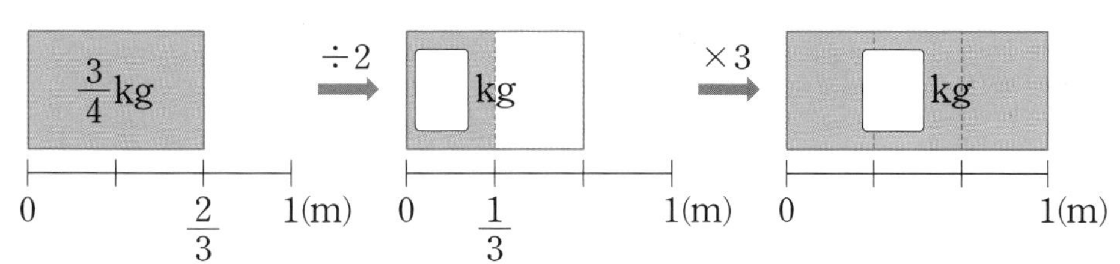

$\frac{1}{3}$ m는 $\frac{2}{3}$ m를 2로 나눈 것과 같아요.

• $\left(\text{철근 } \frac{1}{3}\text{ m의 무게}\right) = \frac{3}{4} \div 2 = \frac{3}{4} \times \frac{1}{\square} = \frac{\square}{\square}$ (kg)

• (철근 1 m의 무게) $= \frac{3}{4} \times \frac{1}{\square} \times \square = \frac{\square}{\square} = \square$ (kg)

② □ 안에 알맞은 수를 써넣어 곱셈식으로 나타내어 보세요.

$$\frac{3}{4} \div \frac{2}{3} = \frac{3}{4} \times \frac{1}{\square} \times \square = \frac{3}{4} \times \frac{\square}{\square} = \frac{\square}{\square} = \square$$

1

2 □ 안에 알맞은 수를 써넣으세요.

① $\frac{2}{7} \div \frac{5}{6} = \frac{2}{7} \times \frac{\square}{\square} = \frac{\square}{\square}$

② $\frac{7}{10} \div \frac{2}{5} = \frac{7}{10} \times \frac{5}{\square} = \frac{\square}{\square} = \square$ (약분: 5 위 □, 10 아래 □)

6학년 1학기 때 배웠어요

(분수)÷(자연수)를 분수의 곱셈으로 나타내기

자연수를 $\frac{1}{(\text{자연수})}$로 바꾼 다음 곱하여 계산합니다.

(분수)÷(자연수)
$=(\text{분수})\times\frac{1}{(\text{자연수})}$

3 나눗셈식을 곱셈식으로 나타내어 계산해 보세요.

① $\frac{1}{7} \div \frac{2}{5}$

② $\frac{7}{8} \div \frac{4}{5}$

③ $\frac{5}{6} \div \frac{5}{8}$

④ $\frac{5}{9} \div \frac{7}{12}$

나누는 분수의 분모와 분자를 바꾸어 분수의 곱셈으로 나타내어 계산해요.

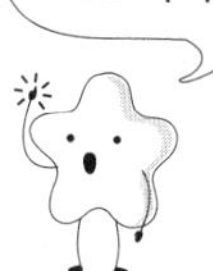

(분수)÷(분수) 계산하기

● **(자연수)÷(분수)의 계산 알아보기**

• $3\div\frac{8}{9}$의 계산

$$3\div\frac{8}{9}=3\times\frac{9}{8}=\frac{27}{8}=3\frac{3}{8}$$

➡ 나눗셈을 곱셈으로 나타내고 나누는 수의 분모와 분자를 바꾸어 줍니다.

● **(가분수)÷(분수)의 계산 알아보기**

• $\frac{4}{3}\div\frac{5}{7}$의 계산

방법 1 통분하여 계산하기

$$\frac{4}{3}\div\frac{5}{7}=\frac{28}{21}\div\frac{15}{21}$$ → 통분하기

$$=28\div15$$ → 분자끼리 나누기

$$=\frac{28}{15}=1\frac{13}{15}$$

방법 2 분수의 곱셈으로 나타내어 계산하기

$$\frac{4}{3}\div\frac{5}{7}=\frac{4}{3}\times\frac{7}{5}$$

$$=\frac{28}{15}=1\frac{13}{15}$$

● **(대분수)÷(분수)의 계산 알아보기**

• $1\frac{1}{4}\div\frac{3}{5}$의 계산

방법 1 통분하여 계산하기

$$1\frac{1}{4}\div\frac{3}{5}=\frac{5}{4}\div\frac{3}{5}$$ → 가분수로 나타내기

$$=\frac{25}{20}\div\frac{12}{20}$$ → 통분하기

$$=25\div12$$ → 분자끼리 나누기

$$=\frac{25}{12}=2\frac{1}{12}$$

대분수로 나타내기

방법 2 분수의 곱셈으로 나타내어 계산하기

$$1\frac{1}{4}\div\frac{3}{5}=\frac{5}{4}\div\frac{3}{5}$$ → 가분수로 나타내기

$$=\frac{5}{4}\times\frac{5}{3}$$ → 곱셈으로 나타내기

$$=\frac{25}{12}=2\frac{1}{12}$$

대분수로 나타내기

1

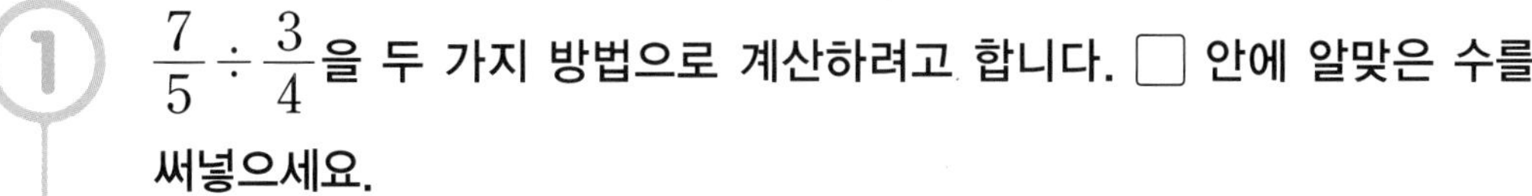

$\frac{7}{5} \div \frac{3}{4}$을 두 가지 방법으로 계산하려고 합니다. □ 안에 알맞은 수를 써넣으세요.

① 분모를 같게 하여 계산해 보세요.

$$\frac{7}{5} \div \frac{3}{4} = \frac{\square}{20} \div \frac{\square}{20} = \square \div \square = \frac{\square}{\square} = \square$$

② 분수의 곱셈으로 나타내어 계산해 보세요.

$$\frac{7}{5} \div \frac{3}{4} = \frac{7}{5} \times \frac{\square}{\square} = \frac{\square}{\square} = \square$$

2

□ 안에 알맞은 수를 써넣어 $1\frac{1}{3} \div \frac{5}{6}$를 계산해 보세요.

방법 1 $1\frac{1}{3} \div \frac{5}{6} = \frac{4}{3} \div \frac{5}{6} = \frac{\square}{6} \div \frac{5}{6} = \square \div 5 = \frac{\square}{5} = \square$

방법 2 $1\frac{1}{3} \div \frac{5}{6} = \frac{4}{3} \div \frac{5}{6} = \frac{4}{\cancel{3}_{\square}} \times \frac{\cancel{6}^{\square}}{\square} = \frac{\square}{\square} = \square$

(대분수)÷(분수)는 대분수를 가분수로 나타내어 계산해요.

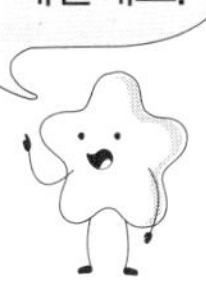

3

보기 와 같이 계산해 보세요.

보기

$$6 \div \frac{5}{8} = 6 \times \frac{8}{5} = \frac{48}{5} = 9\frac{3}{5}$$

나눗셈을 곱셈으로 나타내고 나누는 수의 분모와 분자를 바꾸어 계산해요.

① $9 \div \frac{2}{3}$

② $8 \div \frac{6}{7}$

4

계산해 보세요.

① $\frac{9}{7} \div \frac{2}{5}$

② $\frac{7}{3} \div \frac{5}{6}$

③ $1\frac{2}{9} \div \frac{3}{7}$

④ $4\frac{1}{2} \div \frac{3}{5}$

대분수를 가분수로 나타낸 후 나눗셈을 곱셈으로 나타내어 계산해요.

기본기 강화 문제

12 (자연수)÷(분수)의 계산 연습

• 보기 와 같이 계산해 보세요.

보기

$$6 \div \frac{3}{8} = (6 \div 3) \times 8 = 16$$

1 $14 \div \frac{7}{9}$

2 $8 \div \frac{4}{5}$

3 $15 \div \frac{5}{7}$

4 $18 \div \frac{3}{5}$

5 $24 \div \frac{4}{7}$

6 $12 \div \frac{3}{4}$

7 $16 \div \frac{4}{11}$

13 (분수)÷(분수)를 (분수)×(분수)로 나타내어 계산하기

• 나눗셈식을 곱셈식으로 나타내어 계산해 보세요.

1 $\frac{1}{6} \div \frac{5}{7}$

2 $\frac{2}{5} \div \frac{7}{10}$

3 $\frac{4}{5} \div \frac{3}{4}$

4 $\frac{5}{6} \div \frac{3}{5}$

5 $\frac{3}{10} \div \frac{2}{9}$

6 $\frac{7}{8} \div \frac{11}{12}$

7 $\frac{5}{8} \div \frac{1}{2}$

8 $\frac{2}{3} \div \frac{4}{9}$

14 (자연수) ÷ (분수)를 (자연수) × (분수)로 나타내어 계산하기

• 나눗셈식을 곱셈식으로 나타내어 계산해 보세요.

1 $9 \div \frac{5}{8}$

2 $5 \div \frac{2}{3}$

3 $4 \div \frac{3}{7}$

4 $13 \div \frac{4}{5}$

5 $2 \div \frac{4}{7}$

6 $12 \div \frac{8}{9}$

7 $10 \div \frac{6}{7}$

8 $16 \div \frac{6}{11}$

15 (가분수) ÷ (분수)를 두 가지 방법으로 계산하기

• 나눗셈을 두 가지 방법으로 계산해 보세요.

1 $\frac{5}{4} \div \frac{2}{3}$

방법 1

방법 2

2 $\frac{7}{6} \div \frac{4}{9}$

방법 1

방법 2

3 $\frac{10}{9} \div \frac{4}{5}$

방법 1

방법 2

16 (대분수) ÷ (분수)를 두 가지 방법으로 계산하기

● 나눗셈을 두 가지 방법으로 계산해 보세요.

1 $2\frac{1}{4} \div \frac{2}{7}$

방법 1

방법 2

2 $1\frac{5}{6} \div \frac{2}{3}$

방법 1

방법 2

3 $3\frac{1}{2} \div \frac{3}{4}$

방법 1

방법 2

17 정해진 수로 나누기

● 빈칸에 알맞은 수를 써넣으세요.

1

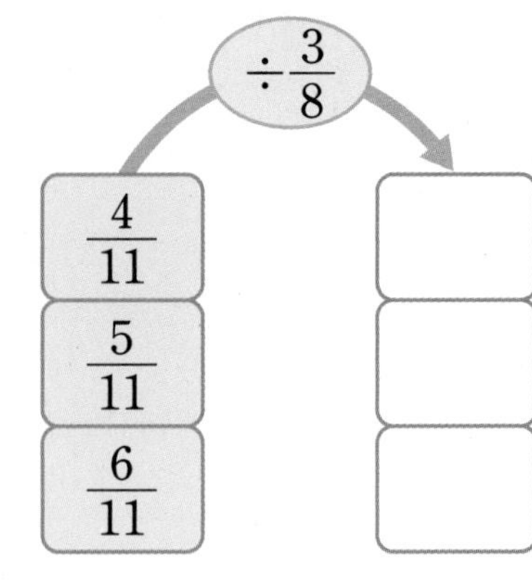

2

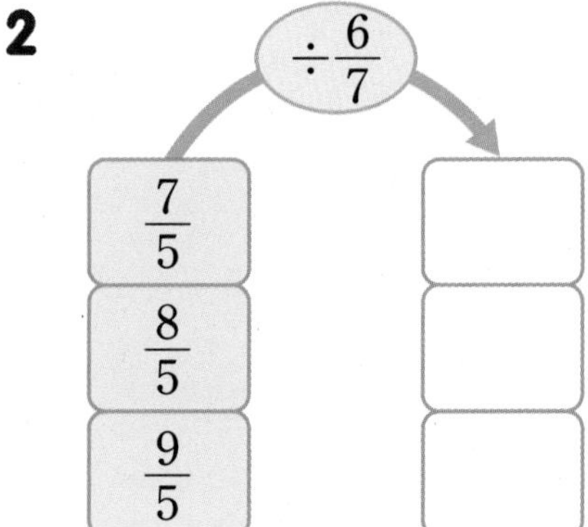

3

$\div \frac{5}{6}$

$1\frac{7}{8}$

$2\frac{7}{8}$

$3\frac{7}{8}$

18 계산 결과가 맞는지 확인하기

• 보기 와 같이 나눗셈의 몫을 구하고 계산 결과가 맞는지 확인해 보세요.

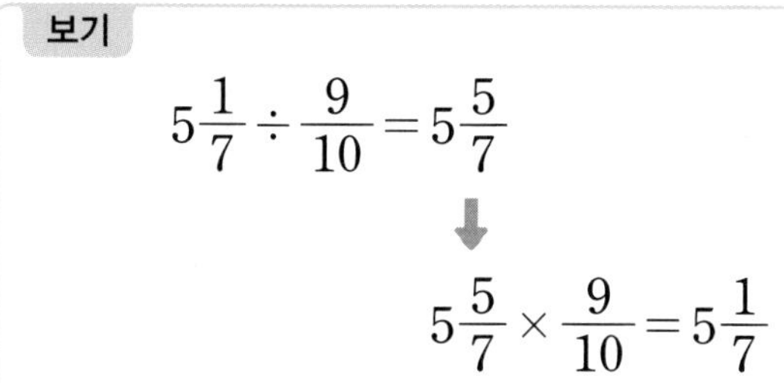
보기

$$5\frac{1}{7} \div \frac{9}{10} = 5\frac{5}{7}$$

$$5\frac{5}{7} \times \frac{9}{10} = 5\frac{1}{7}$$

1 $15 \div \frac{3}{4} = \square$

$\square \times \frac{3}{4} = \square$

2 $\frac{9}{13} \div \frac{6}{7} = \square$

$\square \times \frac{6}{7} = \square$

3 $1\frac{1}{8} \div \frac{5}{6} = \square$

$\square \times \square = \square$

4 $3\frac{2}{3} \div \frac{8}{9} = \square$

$\square \times \square = \square$

19 잘못 계산한 곳 찾아 바르게 계산하기

• 잘못 계산한 곳을 찾아 바르게 계산해 보세요.

1

$$12 \div \frac{1}{3} = 12 \div 3 = 4$$

➡

2

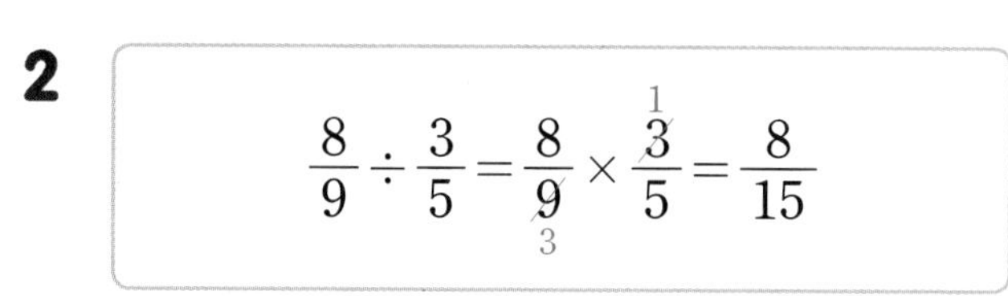

$$\frac{8}{9} \div \frac{3}{5} = \frac{8}{9} \times \frac{3}{5} = \frac{8}{15}$$

➡

3

$$\frac{15}{7} \div \frac{3}{14} = \frac{30}{14} \div \frac{3}{14} = \frac{30 \div 3}{14} = \frac{5}{7}$$

➡

4

$$2\frac{4}{5} \div \frac{9}{10} = 2\frac{4}{5} \times \frac{10}{9} = 2\frac{8}{9}$$

➡

20 길 찾기

• 계산 결과가 가장 큰 것의 기호를 따라 가면 강아지의 집을 찾을 수 있다고 합니다. 강아지의 집을 찾아 ○표 하세요.

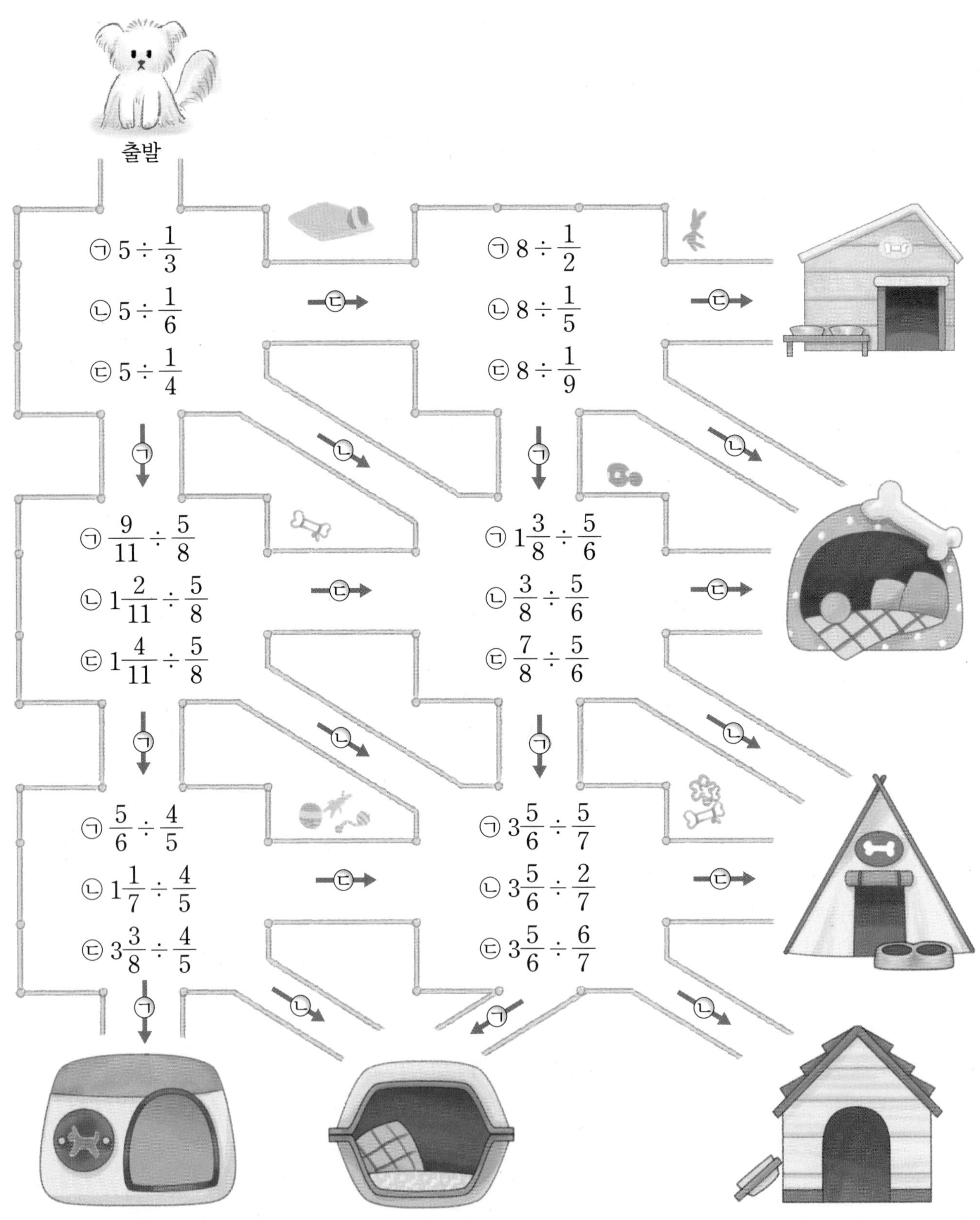

➲ 정답과 풀이 8쪽

21 계산 결과가 가장 큰 나눗셈식 만들기

• 다음 분수 중 2개를 골라 계산 결과가 가장 큰 나눗셈식을 만들고 계산해 보세요.

1 $\frac{1}{4}$ $\frac{5}{8}$ $\frac{1}{8}$ $\frac{3}{4}$

□ ÷ □ = □

2 $\frac{5}{3}$ $\frac{5}{11}$ $\frac{5}{7}$ $\frac{5}{9}$

□ ÷ □ = □

3 $\frac{2}{9}$ $1\frac{5}{9}$ $\frac{7}{9}$ $1\frac{8}{9}$

□ ÷ □ = □

4 $\frac{4}{7}$ $3\frac{1}{5}$ $1\frac{2}{3}$ $2\frac{1}{6}$

□ ÷ □ = □

5 $\frac{8}{5}$ $\frac{2}{3}$ $\frac{5}{6}$ $1\frac{2}{5}$

□ ÷ □ = □

22 어떤 수 구하기

1 어떤 수에 $\frac{5}{6}$를 곱하였더니 $\frac{3}{7}$이 되었습니다. 어떤 수를 구해 보세요.

어떤 수를 ■라고 하면 $■ \times \frac{5}{6} = \frac{□}{□}$이므로

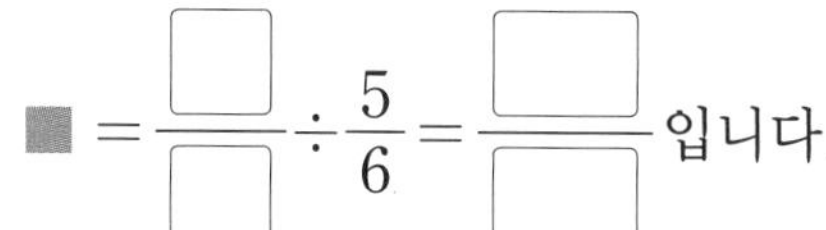

$■ = \frac{□}{□} \div \frac{5}{6} = \frac{□}{□}$입니다.

따라서 어떤 수는 $\frac{□}{□}$입니다.

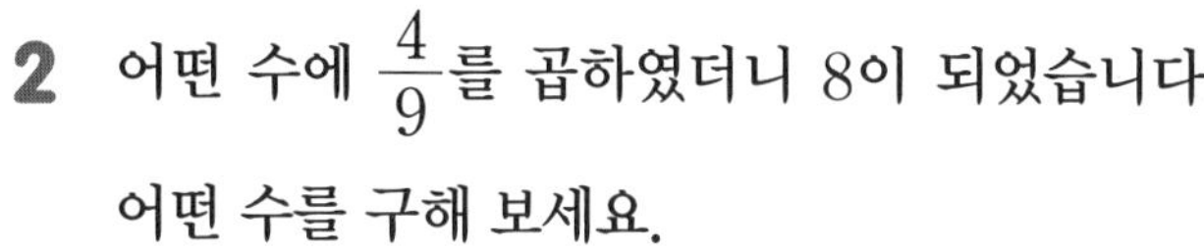

2 어떤 수에 $\frac{4}{9}$를 곱하였더니 8이 되었습니다. 어떤 수를 구해 보세요.

( )

3 $\frac{4}{7}$에 어떤 가분수를 곱하였더니 $1\frac{3}{8}$이 되었습니다. 어떤 가분수를 구해 보세요.

( )

4 $\frac{2}{5}$에 어떤 대분수를 곱하였더니 $3\frac{3}{4}$이 되었습니다. 어떤 대분수를 구해 보세요.

( )

1

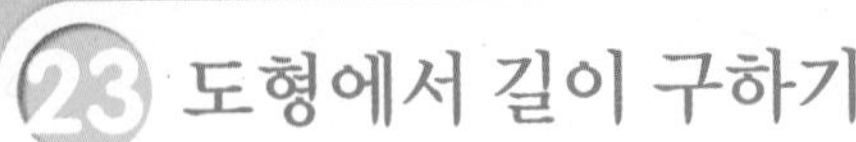

23 도형에서 길이 구하기

1 넓이가 $2\ m^2$인 평행사변형 모양의 텃밭이 있습니다. 이 텃밭의 밑변의 길이가 $\frac{4}{5}$ m일 때 높이는 몇 m인지 구해 보세요.

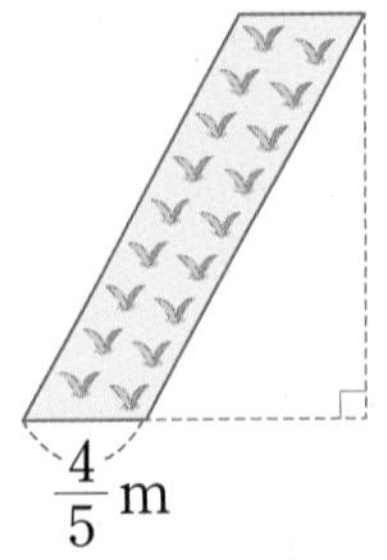

(평행사변형의 높이)

=(넓이)÷(밑변의 길이)

$=2\div\frac{\square}{\square}=\square$ (m)

2 넓이가 $2\frac{2}{5}\ m^2$인 직사각형이 있습니다. 이 직사각형의 세로가 $\frac{6}{7}$ m일 때 가로는 몇 m인지 구해 보세요.

$\frac{6}{7}$ m

$2\frac{2}{5}\ m^2$

(　　　　　　　　)

3 넓이가 $\frac{20}{81}\ m^2$인 삼각형의 밑변의 길이는 $\frac{8}{9}$ m입니다. 이 삼각형의 높이는 몇 m인지 구해 보세요.

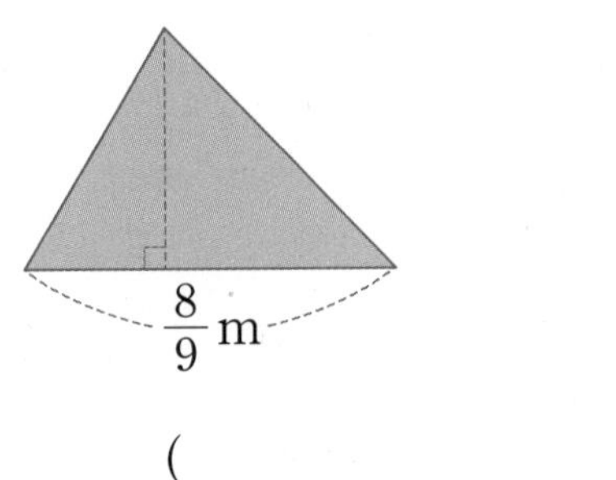

(　　　　　　　　)

24 분수의 나눗셈의 활용(2)

1 돼지고기 10 kg을 한 봉지에 $\frac{5}{8}$ kg씩 나누어 담으려고 합니다. 필요한 봉지는 몇 봉지인지 구해 보세요.

(필요한 봉지 수)

=(전체 돼지고기의 무게)

÷(한 봉지에 담는 돼지고기의 무게)

$=10\div\frac{\square}{\square}=\square$ (봉지)

2 화단에서 자라는 해바라기의 키는 $2\frac{1}{6}$ m이고 봉선화의 키는 $\frac{3}{5}$ m입니다. 해바라기의 키는 봉선화의 키의 몇 배인지 구해 보세요.

식 ....

답 ....

3 굵기가 일정한 철근 $\frac{7}{8}$ m의 무게가 $1\frac{2}{5}$ kg입니다. 철근 1 m의 무게를 구해 보세요.

식 ....

답 ....

4 휘발유 $\frac{4}{9}$ L로 $6\frac{2}{3}$ km를 가는 자동차가 있습니다. 이 자동차는 휘발유 1 L로 몇 km를 갈 수 있는지 구해 보세요.

(　　　　　　　　)

단원 평가

점수 | 확인

1 그림을 보고 □ 안에 알맞은 수를 써넣으세요.

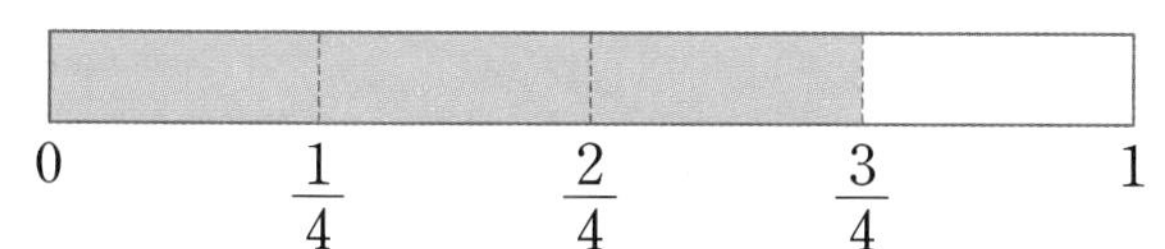

• $\frac{3}{4}$에는 $\frac{1}{4}$이 □번 들어갑니다.

• $\frac{3}{4} \div \frac{1}{4} = □$

2 □ 안에 알맞은 수를 써넣으세요.

$\frac{12}{13}$는 $\frac{1}{13}$이 □개, $\frac{3}{13}$은 $\frac{1}{13}$이 □개이므로 $\frac{12}{13} \div \frac{3}{13} = □$입니다.

3 관계있는 것끼리 이어 보세요.

$4 \div \frac{2}{9}$ •	• $4 \times \frac{9}{2}$
$6 \div \frac{3}{8}$ •	• $8 \times \frac{7}{6}$
$8 \div \frac{6}{7}$ •	• $6 \times \frac{8}{3}$

4 보기 와 같이 계산해 보세요.

보기

$\frac{6}{7} \div \frac{2}{3} = \frac{\overset{3}{\cancel{6}}}{7} \times \frac{3}{\underset{1}{\cancel{2}}} = \frac{9}{7} = 1\frac{2}{7}$

$\frac{7}{8} \div \frac{3}{4}$

5 계산해 보세요.

(1) $\frac{9}{4} \div \frac{2}{7}$

(2) $3\frac{1}{5} \div \frac{4}{9}$

6 계산 결과가 가장 큰 것은 어느 것일까요?

( )

① $2 \div \frac{1}{12}$　② $5 \div \frac{1}{7}$　③ $4 \div \frac{1}{8}$

④ $3 \div \frac{1}{9}$　⑤ $6 \div \frac{1}{6}$

7 가장 큰 수를 가장 작은 수로 나눈 몫을 구해 보세요.

$\frac{10}{13}$　$\frac{4}{13}$　$\frac{12}{13}$

( )

8 다음 중 잘못 계산한 것의 기호를 찾아 쓰고 바르게 계산해 보세요.

㉠ $8 \div \frac{3}{4} = 8 \times \frac{4}{3} = \frac{32}{3} = 10\frac{2}{3}$

㉡ $9 \div \frac{5}{6} = \overset{3}{\cancel{9}} \times \frac{5}{\underset{2}{\cancel{6}}} = \frac{15}{2} = 7\frac{1}{2}$

( )

바른 계산 ....

1

9 □ 안에 알맞은 수를 써넣으세요.

$$\square \times \frac{1}{2} = 3\frac{3}{5}$$

10 몫이 자연수가 아닌 것을 찾아 ○표 하세요.

$\frac{9}{11} \div \frac{3}{11}$ ( ) $\frac{5}{9} \div \frac{2}{9}$ ( ) $\frac{10}{13} \div \frac{5}{13}$ ( )

11 계산 결과를 비교하여 ○ 안에 >, =, <를 알맞게 써넣으세요.

$$10 \div \frac{2}{5} \bigcirc 15 \div \frac{5}{6}$$

12 ㉠, ㉡, ㉢에 알맞은 수의 합을 구해 보세요.

$$\frac{6}{7} \div \frac{9}{10} = \frac{6}{7} \times \frac{㉠}{㉡} = \frac{20}{㉢}$$

( )

13 계산 결과가 1보다 작은 것을 찾아 기호를 써 보세요.

㉠ $\frac{5}{6} \div \frac{3}{4}$ ㉡ $\frac{4}{7} \div \frac{2}{3}$ ㉢ $\frac{5}{8} \div \frac{2}{5}$

( )

14 위인전의 무게는 $\frac{3}{17}$ kg이고 백과사전의 무게는 $\frac{15}{17}$ kg입니다. 백과사전의 무게는 위인전의 무게의 몇 배인지 구해 보세요.

식 ....

답 ....

15 길이가 $\frac{6}{7}$ m인 색 테이프가 있습니다. 한 사람에게 $\frac{2}{21}$ m씩 나누어 준다면 몇 명에게 줄 수 있는지 구해 보세요.

식 ....

답 ....

16 수연이와 민석이는 과학 실험을 하기 위해 물 4 L를 비커에 $\frac{2}{5}$ L씩 나누어 담으려고 합니다. 비커는 모두 몇 개 필요한지 구해 보세요.

( )

17 넓이가 $\frac{21}{40}$ m^2인 삼각형이 있습니다. 밑변의 길이가 $\frac{7}{8}$ m일 때 높이는 몇 m인지 구해 보세요.

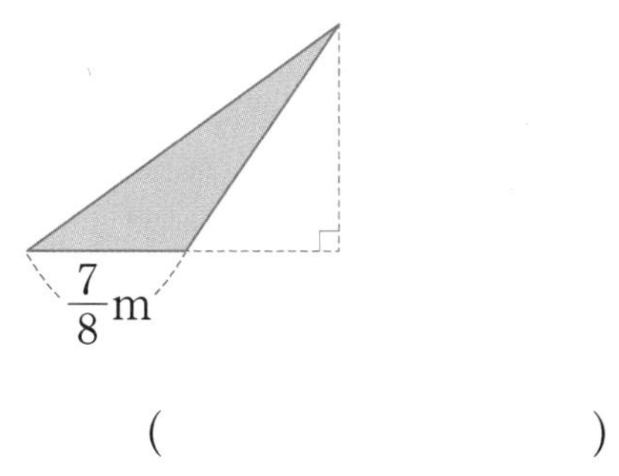

( )

18 윤하가 $3\frac{1}{8}$ km를 걸어가는 데 45분이 걸렸습니다. 윤하가 같은 빠르기로 걸을 때 한 시간 동안 갈 수 있는 거리는 몇 km인지 구해 보세요.

( )

서술형 문제

정답과 풀이 9쪽

19 $\frac{9}{10}$는 $\frac{3}{4}$의 몇 배인지 보기 와 같이 풀이 과정을 쓰고 답을 구해 보세요.

보기

$\frac{3}{5}$은 $\frac{6}{7}$의 $\frac{3}{5} \div \frac{6}{7} = \frac{\cancel{3}^{1}}{5} \times \frac{7}{\cancel{6}_{2}} = \frac{7}{10}$(배)입니다.

답 $\frac{7}{10}$배

$\frac{9}{10}$는 $\frac{3}{4}$의

답

20 넓이가 각각 $1\frac{1}{15}$ m^2, $2\frac{2}{7}$ m^2인 두 직사각형의 가로가 $\frac{2}{3}$ m로 같을 때 넓이가 $2\frac{2}{7}$ m^2인 직사각형의 세로는 몇 m인지 보기 와 같이 풀이 과정을 쓰고 답을 구해 보세요.

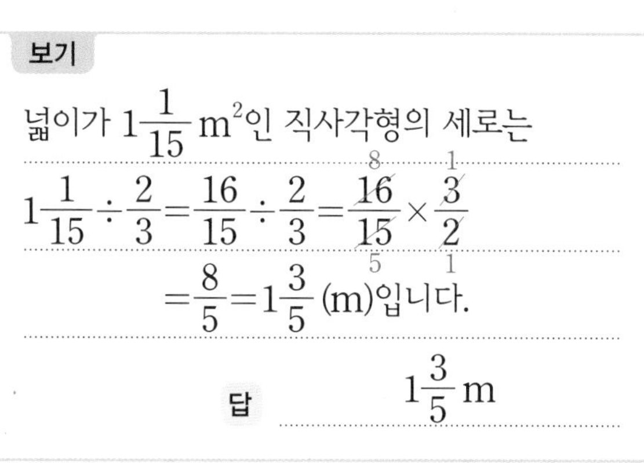
보기

넓이가 $1\frac{1}{15}$ m^2인 직사각형의 세로는

$1\frac{1}{15} \div \frac{2}{3} = \frac{16}{15} \div \frac{2}{3} = \frac{\cancel{16}^{8}}{\cancel{15}_{5}} \times \frac{\cancel{3}^{1}}{\cancel{2}_{1}}$

$= \frac{8}{5} = 1\frac{3}{5}$ (m)입니다.

답 $1\frac{3}{5}$ m

넓이가 $2\frac{2}{7}$ m^2인 직사각형의 세로는

답

1

2 소수의 나눗셈

친구들이 심은 딸기를 수확하여 바구니에 똑같이 나누어 담으려고 해요.
딸기를 담을 바구니가 몇 개 필요한지 ☐ 안에 알맞은 수를 써넣으세요.

1 (소수) ÷ (소수) (1)

● **단위를 변환하여 11.6÷0.4 계산하기**

색 테이프 11.6 cm를 0.4 cm씩 자르려고 합니다.

11.6 cm=116 mm, 0.4 cm=4 mm입니다. → 1 cm는 10 mm입니다.

색 테이프 11.6 cm를 0.4 cm씩 자르는 것은 색 테이프 116 mm를 4 mm씩 자르는 것과 같습니다.

$$11.6 \div 0.4$$

10배 ↓ ↓ 10배

$$116 \div 4 = 29 \Rightarrow 11.6 \div 0.4 = 29$$

● **단위를 변환하여 1.16÷0.04 계산하기**

리본 1.16 m를 0.04 m씩 자르려고 합니다.

1.16 m=116 cm, 0.04 m=4 cm입니다. → 1 m는 100 cm입니다.

리본 1.16 m를 0.04 m씩 자르는 것은 리본 116 cm를 4 cm씩 자르는 것과 같습니다.

$$1.16 \div 0.04$$

100배 ↓ ↓ 100배

$$116 \div 4 = 29 \Rightarrow 1.16 \div 0.04 = 29$$

● **자연수의 나눗셈을 이용하여 11.6÷0.4, 1.16÷0.04 계산하기**

$$11.6 \div 0.4$$

10배 ↓ ↓ 10배

$$116 \div 4 = 29$$

$$11.6 \div 0.4 = 29$$

$$1.16 \div 0.04$$

100배 ↓ ↓ 100배

$$116 \div 4 = 29$$

$$1.16 \div 0.04 = 29$$

(소수)÷(소수)에서 나누어지는 수와 나누는 수를 똑같이 10배 또는 100배 하여 (자연수)÷(자연수)로 계산할 수 있습니다.

정답과 풀이 11쪽

1 $3.5\div0.7$은 얼마인지 알아보려고 합니다. 물음에 답하세요.

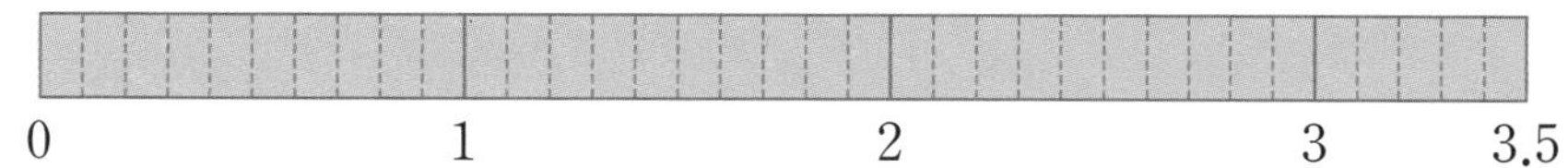

① 그림에 0.7씩 선을 그어 표시해 보세요.

② $3.5\div0.7$은 얼마일까요?

( )

3.5에서 0.7을 몇 번 덜어 낼 수 있는지 알아보아요.

2 설명을 읽고 □ 안에 알맞은 수를 써넣으세요.

띠 골판지 56.7 cm를 0.9 cm씩 자르려고 합니다.
56.7 cm=□ mm, 0.9 cm=9 mm입니다.
띠 골판지 56.7 cm를 0.9 cm씩 자르는 것은 띠 골판지 □ mm를 9 mm씩 자르는 것과 같습니다.

$56.7\div0.9=$ □ $\div9$
□ $\div9=$ □
$56.7\div0.9=$ □

cm를 mm로 바꾸면 소수의 나눗셈을 자연수의 나눗셈으로 고칠 수 있어요.

3 소수의 나눗셈을 자연수의 나눗셈을 이용하여 계산하려고 합니다. □ 안에 알맞은 수를 써넣으세요.

①

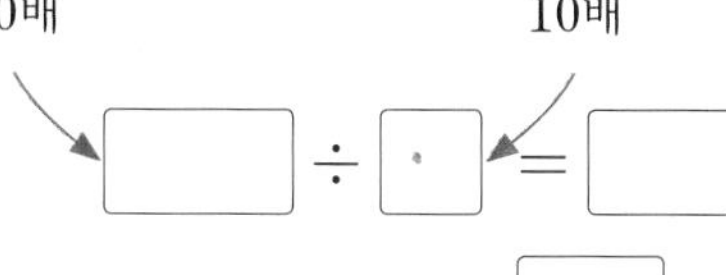

□ ÷ □ = □

$48.8\div0.8=$ □

②

$1.75\div0.05$

100배 100배

□ ÷ □ = □

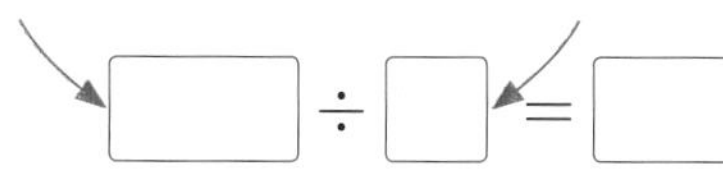

$1.75\div0.05=$ □

나누어지는 수와 나누는 수를 똑같이 10배 또는 100배 하여도 몫은 변하지 않아요.

2 (소수)÷(소수)(2)

자릿수가 같은 (소수)÷(소수)

• 3.6÷0.3의 계산

방법 1 분수의 나눗셈으로 계산하기

$$3.6 \div 0.3 = \frac{36}{10} \div \frac{3}{10}$$ → 분모가 10인 분수로 나타내기

$$= 36 \div 3 = 12$$

방법 2 자연수의 나눗셈을 이용하여 계산하기

10배

$$3.6 \div 0.3 = 12 \rightarrow 36 \div 3 = 12$$

10배

→ 나누어지는 수와 나누는 수를 똑같이 10배 하여 계산합니다.

방법 3 세로로 계산하기

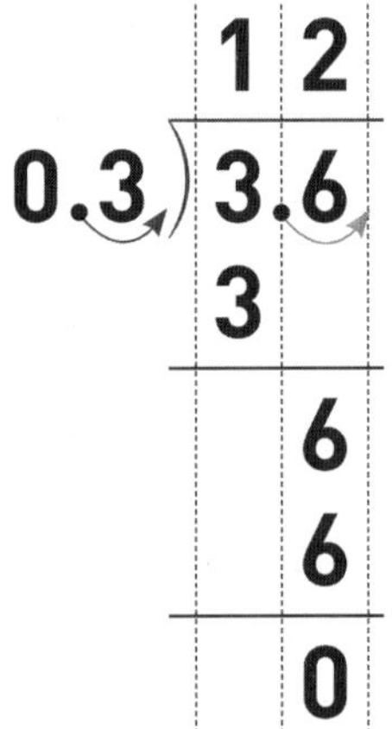

나누어지는 수와 나누는 수의 소수점을 똑같이 오른쪽으로 한 자리씩 옮겨 계산합니다.

• 1.82÷0.26의 계산

방법 1 분수의 나눗셈으로 계산하기

$$1.82 \div 0.26 = \frac{182}{100} \div \frac{26}{100}$$ → 분모가 100인 분수로 나타내기

$$= 182 \div 26 = 7$$

방법 2 자연수의 나눗셈을 이용하여 계산하기

100배

$$1.82 \div 0.26 = 7 \rightarrow 182 \div 26 = 7$$

100배

→ 나누어지는 수와 나누는 수를 똑같이 100배 하여 계산합니다.

방법 3 세로로 계산하기

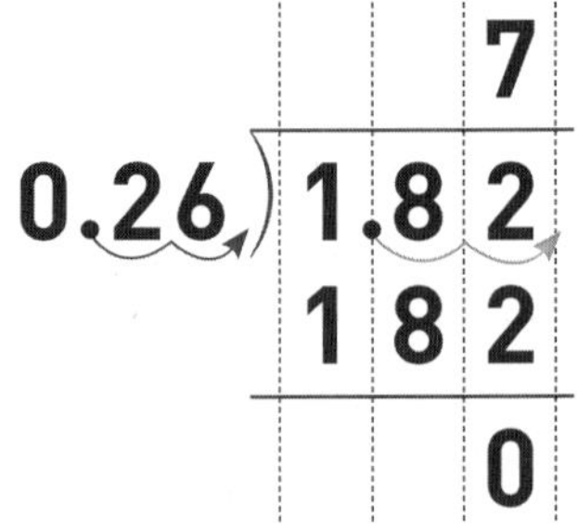

나누어지는 수와 나누는 수의 소수점을 똑같이 오른쪽으로 두 자리씩 옮겨 계산합니다.

정답과 풀이 11쪽

1 소수의 나눗셈을 분수의 나눗셈으로 바꾸어 계산하려고 합니다. □ 안에 알맞은 수를 써넣으세요.

소수 한 자리 수는 분모가 10인 분수로, 소수 두 자리 수는 분모가 100인 분수로 바꾸어 계산할 수 있어요.

① $7.2 \div 0.9 = \frac{\square}{10} \div \frac{\square}{10} = \square \div \square = \square$

② $3.84 \div 0.32 = \frac{\square}{100} \div \frac{\square}{100} = \square \div \square = \square$

2 □ 안에 알맞은 수를 써넣으세요.

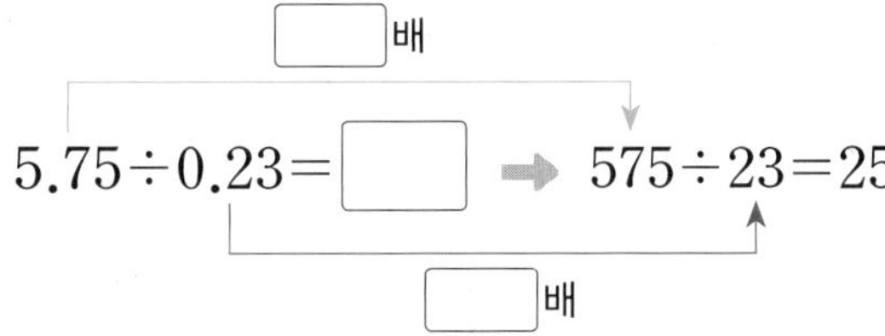

나누어지는 수와 나누는 수에 같은 수를 곱하면 몫은 변하지 않아요.

3 □ 안에 알맞은 수를 써넣으세요.

①

②

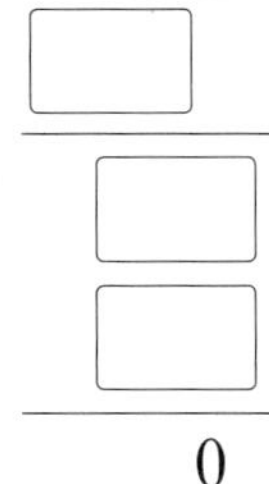

4 계산해 보세요.

① $4.2 \div 0.6$

② $1.17 \div 0.13$

③ $0.4 \overline{)\, 5.2}$

④ $0.74 \overline{)\, 23.68}$

나누어지는 수와 나누는 수가 소수 한 자리 수이면 소수점을 오른쪽으로 한 자리씩 옮기고, 두 자리 수이면 오른쪽으로 두 자리씩 옮겨요.

2

(소수)÷(소수)(3)

자릿수가 다른 (소수)÷(소수)

• 6.72÷2.4를 672÷240을 이용하여 계산하기

방법 1 자연수의 나눗셈을 이용하여 계산하기 → 나누어지는 수와 나누는 수를 똑같이 100배 하여 계산합니다.

$$6.72 \div 2.4 = 2.8$$

100배 ↓ ↓ 100배 (몫이 같습니다.)

$$672 \div 240 = 2.8$$

방법 2 세로로 계산하기

2.4) 6.7 2 → 2.40) 6.7 2 → 240) 672.0

나누어지는 수와 나누는 수의 소수점을 똑같이 오른쪽으로 두 자리씩 옮겨 계산합니다.

		2.	8
240) 6	7	2.	0
4	8	0	
1	9	2	0
1	9	2	0
			0

• 6.72÷2.4를 67.2÷24를 이용하여 계산하기

방법 1 (소수)÷(자연수)를 이용하여 계산하기 → 나누어지는 수와 나누는 수를 똑같이 10배 하여 계산합니다.

$$6.72 \div 2.4 = 2.8$$

10배 ↓ ↓ 10배 (몫이 같습니다.)

$$67.2 \div 24 = 2.8$$

방법 2 세로로 계산하기

2.4) 6.7 2 → 2.4) 6.7 2 → 24) 67.2

나누어지는 수와 나누는 수의 소수점을 똑같이 오른쪽으로 한 자리씩 옮겨 계산합니다.

	2.	8
24) 6	7.	2
4	8	
1	9	2
1	9	2
		0

정답과 풀이 12쪽

1 8.64÷5.4를 계산하려고 합니다. □ 안에 알맞은 수를 써넣으세요.

> 8.64÷5.4는 8.64와 5.4를 100배씩 하여 계산하면
> □÷□=□입니다.

2 5.75÷2.5를 계산하려고 합니다. □ 안에 알맞은 수를 써넣으세요.

> 5.75÷2.5는 5.75와 2.5를 10배씩 하여 계산하면
> □÷□=□입니다.

3 7.68÷3.2를 두 가지 방법으로 계산하려고 합니다. □ 안에 알맞은 수를 써넣으세요.

방법 1

3.20) 7.68 0 → 몫 □, □, □, □, 0

방법 2

3.2) 7.6 8 → 몫 □, □, □, □, 0

4 계산해 보세요.

① 1.95÷1.5

② 2.38÷0.7

③ 3.6) 9.3 6

④ 1.3) 2.2 1

기본기 강화 문제

① 단위를 변환하여 나눗셈의 몫 구하기

• □ 안에 알맞은 수를 써넣으세요.

1 끈 18.2 cm를 0.7 cm씩 자르려고 합니다.

18.2 cm = □ mm,

0.7 cm = 7 mm입니다.

끈 18.2 cm를 0.7 cm씩 자르는 것은 끈 □ mm를 7 mm씩 자르는 것과 같습니다.

➡ 18.2÷0.7 = □ ÷7

□ ÷7 = □

18.2÷0.7 = □

2 철사 2.19 m를 0.03 m씩 자르려고 합니다.

2.19 m = □ cm,

0.03 m = 3 cm입니다.

철사 2.19 m를 0.03 m씩 자르는 것은 철사 □ cm를 3 cm씩 자르는 것과 같습니다.

➡ 2.19÷0.03 = □ ÷3

□ ÷3 = □

2.19÷0.03 = □

3 리본 5.34 m를 0.06 m씩 자르려고 합니다.

5.34 m = □ cm,

0.06 m = □ cm입니다.

리본 5.34 m를 0.06 m씩 자르는 것은 리본 □ cm를 6 cm씩 자르는 것과 같습니다.

➡ 5.34÷0.06 = □ ÷6

□ ÷6 = □

5.34÷0.06 = □

② 자릿수가 같은 소수의 나눗셈을 분수의 나눗셈으로 바꾸어 계산하기

• 보기 와 같이 분수의 나눗셈으로 계산해 보세요.

보기

$4.2 \div 0.7 = \frac{42}{10} \div \frac{7}{10} = 42 \div 7 = 6$

$4.76 \div 0.28 = \frac{476}{100} \div \frac{28}{100} = 476 \div 28 = 17$

1 8.1÷0.9

2 7.2÷0.6

3 12.8÷0.8

4 9.15÷0.15

5 8.16÷0.34

6 9.99÷0.27

7 6.76÷0.52

3 기린 찾기

• 계산 결과가 다른 기린을 찾아 기호를 써 보세요.

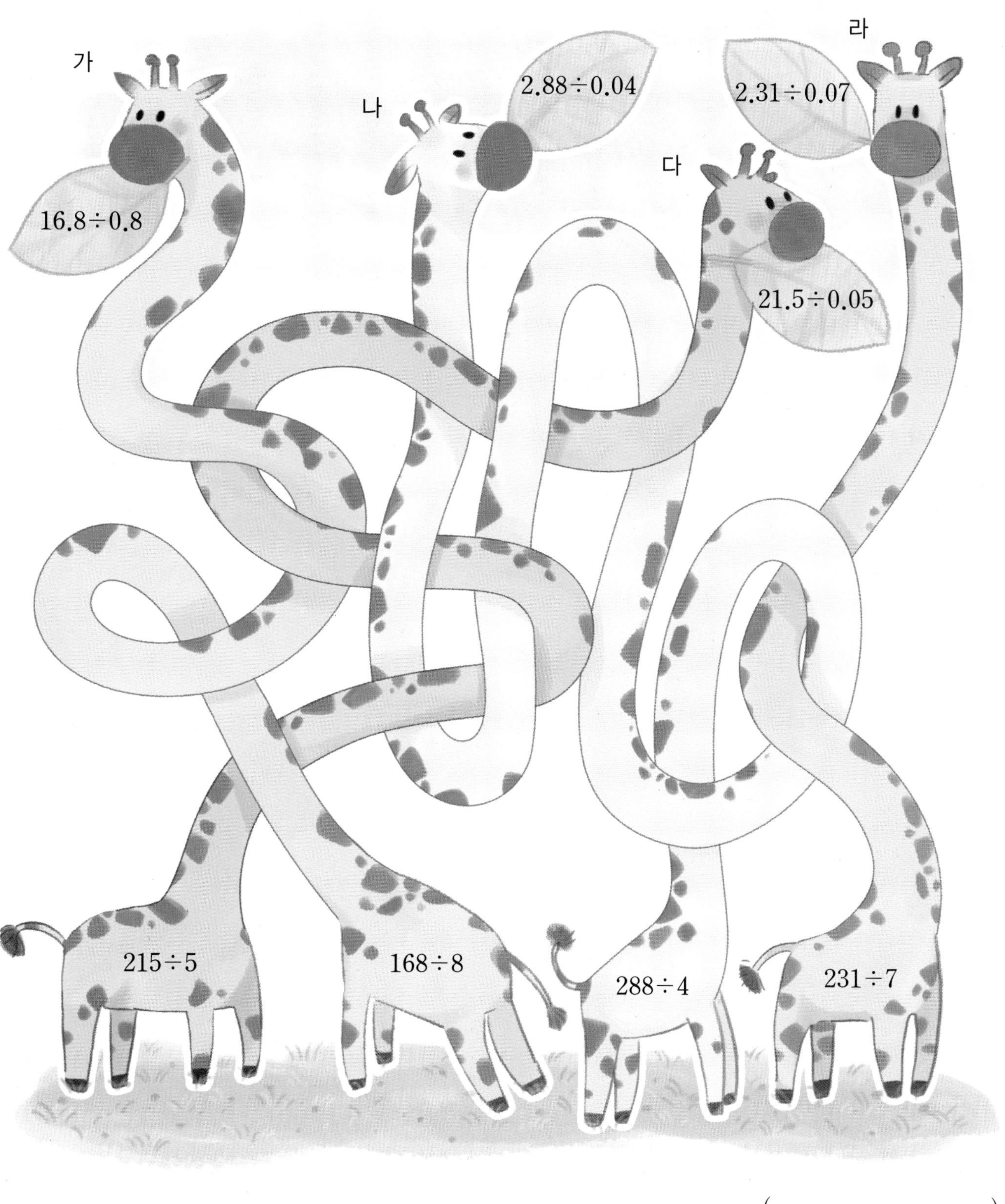

(   )

4 자릿수가 같은 소수의 나눗셈 연습

• 계산해 보세요.

1 $0.3\overline{)\,2.7}$

2 $0.6\overline{)\,9.6}$

3 $0.7\overline{)\,51.8}$

4 $3.2\overline{)\,44.8}$

5 $0.36\overline{)\,1.44}$

6 $0.14\overline{)\,1.12}$

7 $0.47\overline{)\,7.99}$

8 $0.69\overline{)\,8.97}$

5 자릿수가 다른 소수의 나눗셈을 분수의 나눗셈으로 바꾸어 계산하기

• □ 안에 알맞은 수를 써넣으세요.

1 $1.96\div0.7=\frac{19.6}{10}\div\frac{\square}{10}$

$=\square\div\square=\square$

$1.96\div0.7=\frac{196}{100}\div\frac{\square}{100}$

$=\square\div\square=\square$

2 $2.28\div1.2=\frac{22.8}{10}\div\frac{\square}{10}$

$=\square\div\square=\square$

$2.28\div1.2=\frac{228}{100}\div\frac{\square}{100}$

$=\square\div\square=\square$

3 $9.45\div4.5=\frac{94.5}{10}\div\frac{\square}{\square}$

$=\square\div\square=\square$

$9.45\div4.5=\frac{945}{100}\div\frac{\square}{\square}$

$=\square\div\square=\square$

4 $8.58\div3.3=\frac{85.8}{10}\div\frac{\square}{\square}$

$=\square\div\square=\square$

$8.58\div3.3=\frac{858}{100}\div\frac{\square}{\square}$

$=\square\div\square=\square$

정답과 풀이 13쪽

6 자릿수가 다른 소수의 나눗셈 연습

• 계산해 보세요.

1 $0.6\overline{)5.04}$

2 $0.9\overline{)1.44}$

3 $6.8\overline{)5.44}$

4 $3.7\overline{)9.62}$

5 $1.2\overline{)6.24}$

6 $7.2\overline{)9.36}$

7 $1.5\overline{)2.25}$

8 $4.1\overline{)7.79}$

7 나눗셈식을 이용하여 □ 안에 알맞은 수 구하기

• □ 안에 알맞은 수를 써넣으세요.

1 $391 \div 23 = 17$ → $39.1 \div 2.3 =$ □

2 $648 \div 2 = 324$ → $6.48 \div 0.02 =$ □

3 $25.2 \div 9 = 2.8$ → $2.52 \div 0.9 =$ □

4 $663 \div 170 = 3.9$ → $6.63 \div 1.7 =$ □

5 $36.8 \div 8 = 4.6$ → $3.68 \div$ □ $= 4.6$

6 $864 \div 120 = 7.2$ → $8.64 \div$ □ $= 7.2$

7 $427 \div 61 = 7$ → □ $\div 0.61 = 7$

8 $70.2 \div 54 = 1.3$ → □ $\div 5.4 = 1.3$

8 계산 결과 비교하기(1)

• 계산 결과를 비교하여 ○ 안에 >, =, <를 알맞게 써넣으세요.

1 $7.6 \div 0.4$ ○ $8.5 \div 0.5$

2 $11.2 \div 1.6$ ○ $13.8 \div 2.3$

3 $9.24 \div 0.66$ ○ $4.86 \div 0.27$

4 $9.75 \div 0.39$ ○ $5.25 \div 0.15$

5 $3.42 \div 0.6$ ○ $4.56 \div 0.8$

6 $5.18 \div 1.4$ ○ $8.28 \div 2.3$

7 $4.26 \div 7.1$ ○ $5.31 \div 5.9$

8 $9.72 \div 2.7$ ○ $5.52 \div 1.2$

9 잘못 계산한 곳을 찾아 바르게 계산하기(1)

• 잘못 계산한 곳을 찾아 바르게 계산해 보세요.

1

$$\begin{array}{r} 3.2 \\ 1.8\overline{)\,5\,7.6} \\ 5\,4 \\ \hline 3\,6 \\ 3\,6 \\ \hline 0 \end{array} \Rightarrow \quad 1.8\overline{)\,5\,7.6}$$

2

$$\begin{array}{r} 0.1\,9 \\ 0.47\overline{)\,8.9\,3} \\ 4\,7 \\ \hline 4\,2\,3 \\ 4\,2\,3 \\ \hline 0 \end{array} \Rightarrow \quad 0.47\overline{)\,8.9\,3}$$

3

$$\begin{array}{r} 1.0\,3 \\ 2.5\overline{)\,3.2\,5} \\ 2\,5 \\ \hline 7\,5 \\ 7\,5 \\ \hline 0 \end{array} \Rightarrow \quad 2.5\overline{)\,3.2\,5}$$

4

$$\begin{array}{r} 0.2\,4 \\ 2.6\overline{)\,6.2\,4} \\ 5\,2 \\ \hline 1\,0\,4 \\ 1\,0\,4 \\ \hline 0 \end{array} \Rightarrow \quad 2.6\overline{)\,6.2\,4}$$

10 조건을 만족하는 나눗셈식 만들기

• 조건 을 만족하는 나눗셈식을 찾아 계산해 보세요.

1

조건
- 966÷3을 이용하여 풀 수 있습니다.
- 나누어지는 수와 나누는 수를 각각 10 배 하면 966÷3이 됩니다.

□÷□=□

2

조건
- 104÷4를 이용하여 풀 수 있습니다.
- 나누어지는 수와 나누는 수를 각각 10 배 하면 104÷4가 됩니다.

3

조건
- 224÷7을 이용하여 풀 수 있습니다.
- 나누어지는 수와 나누는 수를 각각 100 배 하면 224÷7이 됩니다.

4

조건
- 385÷35를 이용하여 풀 수 있습니다.
- 나누어지는 수와 나누는 수를 각각 100 배 하면 385÷35가 됩니다.

□÷□=□

11 소수의 나눗셈의 활용(1)

1 음료수 1.5 L를 한 사람당 0.5 L씩 나누어 주려고 합니다. 음료수를 몇 명에게 나누어 줄 수 있는지 구해 보세요.

(나누어 줄 수 있는 사람 수)
=(전체 음료수의 양)
÷(한 사람당 나누어 주는 음료수의 양)
=□÷0.5=□(명)

2 리본 7.29 m를 0.27 m씩 잘라 고리를 만들려고 합니다. 고리를 몇 개 만들 수 있을까요?

(　　　　　　)

3 소금물 4.3 L에는 68.37 g의 소금이 녹아 있습니다. 같은 소금물 1 L에는 몇 g의 소금이 녹아 있을까요?

(　　　　　　)

4 집에서 은행까지의 거리는 1.4 km이고, 집에서 우체국까지의 거리는 2.24 km입니다. 집에서 우체국까지의 거리는 집에서 은행까지의 거리의 몇 배인지 구해 보세요.

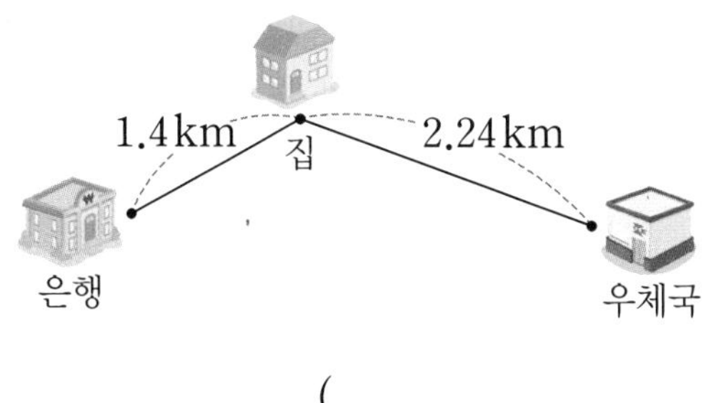

(　　　　　　)

2

4 (자연수) ÷ (소수)

● $9 \div 2.25$의 계산

방법 1 분수의 나눗셈으로 계산하기

$$9 \div 2.25 = \frac{900}{100} \div \frac{225}{100}$$

→ 분모가 100인 분수로 나타내기

$$= 900 \div 225$$
$$= 4$$

방법 2 자연수의 나눗셈을 이용하여 계산하기

100배

$$9 \div 2.25 = 4 \rightarrow 900 \div 225 = 4$$

100배

나누어지는 수와 나누는 수를 100배씩 해도 몫은 변하지 않으므로 $9 \div 2.25$의 몫은 $900 \div 225$의 몫인 4와 같습니다.

방법 3 세로로 계산하기

$2.25\overline{)9}$ → $2.25\overline{)9.00}$ → $225\overline{)900}$

		4
9	0	0
9	0	0
		0

나누는 수가 자연수가 되도록 나누어지는 수와 나누는 수의 소수점을 똑같이 옮겨 계산합니다.

개념 자세히 보기

• **소수점을 오른쪽으로 옮길 때에는 나누어지는 수와 나누는 수의 소수점을 똑같이 옮겨야 해요!**

예

$0.34\overline{)17.00}$ 몫 50, 170, 0 (○)

$0.34\overline{)17.0}$ 몫 5, 170, 0 (×)

➲ 정답과 풀이 15쪽

1 소수의 나눗셈을 분수의 나눗셈으로 바꾸어 계산하려고 합니다. □ 안에 알맞은 수를 써넣으세요.

나누는 수에 따라 분모가 10 또는 100인 분수로 바꾸어 계산해요.

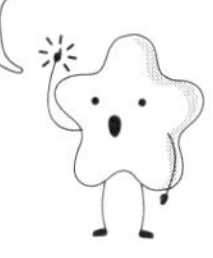

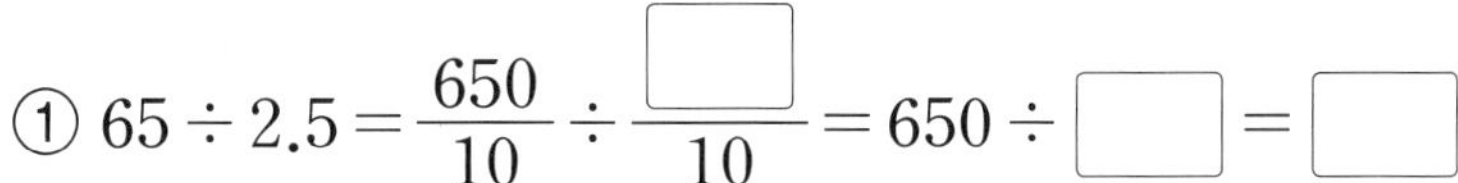

① $65 \div 2.5 = \frac{650}{10} \div \frac{\square}{10} = 650 \div \square = \square$

② $53 \div 1.06 = \frac{5300}{100} \div \frac{\square}{100} = \square \div \square = \square$

2 □ 안에 알맞은 수를 써넣으세요.

$15 \div 2.5 = \square \Rightarrow 150 \div 25 = 6$

(15 → 150: □배, 2.5 → 25: □배)

3 □ 안에 알맞은 수를 써넣으세요.

나누어지는 수와 나누는 수에 똑같이 10 또는 100을 곱하여도 몫이 변하지 않으므로 나누어지는 수와 나누는 수의 소수점을 오른쪽으로 똑같이 옮겨서 계산해요.

① $1.5\overline{)9} \Rightarrow 1.5\overline{)9.0}$ (몫: □, □, 나머지: □)

② $0.24\overline{)6} \Rightarrow 0.24\overline{)6.00}$ (몫: □, 48, □, □, 나머지: □)

4 계산해 보세요.

나누는 수가 자연수가 되도록 나누어지는 수와 나누는 수의 소수점을 오른쪽으로 똑같이 옮겨서 계산해요.

① $6.5\overline{)52}$

② $1.2\overline{)78}$

③ $1.25\overline{)45}$

2

5 몫을 반올림하여 나타내기

● 16÷7의 계산

$$\begin{array}{r} 2.285 \\ 7\overline{)16.000} \\ 14 \\ \hline 20 \\ 14 \\ \hline 60 \\ 56 \\ \hline 40 \\ 35 \\ \hline 5 \end{array}$$

• 몫을 반올림하여 일의 자리까지 나타내기

$16 \div 7 = 2.2\cdots \rightarrow 2$

└→ 몫의 소수 첫째 자리 숫자가 2이므로 버림합니다.

• 몫을 반올림하여 소수 첫째 자리까지 나타내기

$16 \div 7 = 2.28\cdots \rightarrow 2.3$

└→ 몫의 소수 둘째 자리 숫자가 8이므로 올림합니다.

• 몫을 반올림하여 소수 둘째 자리까지 나타내기

$16 \div 7 = 2.285\cdots \rightarrow 2.29$

└→ 몫의 소수 셋째 자리 숫자가 5이므로 올림합니다.

개념 자세히 보기

● (소수)÷(소수)의 몫을 반올림하여 나타낼 때에는 두 소수의 소수점을 똑같이 오른쪽으로 옮겨 나누는 소수를 자연수로 나타낸 후 계산해요!

$0.3\overline{)1.7} \rightarrow$

$$\begin{array}{r} 5.666 \\ 0.3\overline{)1.7000} \\ 15 \\ \hline 20 \\ 18 \\ \hline 20 \\ 18 \\ \hline 20 \\ 18 \\ \hline 2 \end{array}$$

→ 몫의 소수점의 자리는 나누어지는 수의 옮긴 소수점의 자리와 같습니다.

• 몫을 반올림하여 소수 첫째 자리까지 나타내기:
몫을 소수 둘째 자리까지 구한 다음 소수 둘째 자리에서 반올림합니다.
$5.66\cdots \rightarrow 5.7$

• 몫을 반올림하여 소수 둘째 자리까지 나타내기:
몫을 소수 셋째 자리까지 구한 다음 소수 셋째 자리에서 반올림합니다.
$5.666\cdots \rightarrow 5.67$

➔ 정답과 풀이 15쪽

1 나눗셈식의 몫을 보고 □ 안에 알맞은 수를 써넣으세요.

$$\begin{array}{r} 2.166 \\ 6\overline{)13.000} \\ \underline{12} \\ 10 \\ \underline{6} \\ 40 \\ \underline{36} \\ 40 \\ \underline{36} \\ 4 \end{array}$$

① 13 ÷ 6의 몫을 반올림하여 일의 자리까지 나타내면 □입니다.

② 13 ÷ 6의 몫을 반올림하여 소수 첫째 자리까지 나타내면 □입니다.

③ 13 ÷ 6의 몫을 반올림하여 소수 둘째 자리까지 나타내면 □입니다.

5학년 때 배웠어요

어림하기

반올림: 구하려는 자리 바로 아래 자리의 숫자가 0, 1, 2, 3, 4이면 버리고, 5, 6, 7, 8, 9이면 올리는 방법

예 반올림하여 소수 첫째 자리까지 나타내기
37.26 → 37.3

2 1.8÷0.7의 몫을 반올림하여 나타내어 보세요.

① 1.8 ÷ 0.7의 몫을 반올림하여 일의 자리까지 나타내어 보세요.

( )

② 1.8 ÷ 0.7의 몫을 반올림하여 소수 첫째 자리까지 나타내어 보세요.

( )

③ 1.8 ÷ 0.7의 몫을 반올림하여 소수 둘째 자리까지 나타내어 보세요.

( )

3 몫을 반올림하여 소수 첫째 자리까지 나타내어 보세요.

① $9\overline{)5.9}$

( )

② $0.7\overline{)1.2}$

( )

몫을 반올림하여 소수 첫째 자리까지 나타내려면 몫을 소수 둘째 자리까지 구해야 해요.

6 나누어 주고 남는 양 알아보기

쌀 23.6 kg을 한 봉지에 4 kg씩 나누어 담을 때, 나누어 담을 수 있는 봉지 수와 남는 쌀의 양 구하기

● 덜어 내는 방법으로 알아보기

$$23.6-4-4-4-4-4=3.6$$

남는 쌀의 양

5번 → 나누어 담을 수 있는 봉지 수

23.6에서 4를 5번 빼면 3.6이 남습니다.

➡ 나누어 담을 수 있는 봉지 수: 5봉지
남는 쌀의 양: 3.6 kg

● 세로로 계산하는 방법으로 알아보기

```
      5     → 나누어 담을 수 있는 봉지 수
  4 ) 2 3.6    (4: 한 봉지에 담는 쌀의 양)
      2 0      (20: 나누어 담는 쌀의 양)
      ----
        3.6  → 남는 쌀의 양
```

23.6÷4의 몫을 자연수까지 구하면 5이고, 3.6이 남습니다.

➡ 나누어 담을 수 있는 봉지 수: 5봉지
남는 쌀의 양: 3.6 kg

개념 자세히 보기

• 나누어 주고 남는 양의 소수점은 나누어지는 수의 소수점의 자리에 맞추어 찍어야 해요!

예

```
      5              5
  4 ) 2 3.6      4 ) 2 3.6
      2 0            2 0
      ----           ----
        3.6            3 6
  (  ○  )         (  ×  )
```

➲ 정답과 풀이 16쪽

1 □ 안에 알맞은 수를 써넣으세요.

① 22.4 − 3 − 3 − 3 − 3 − 3 − 3 − 3 = □

② 22.4에서 3을 □번 덜어 내면 □가 남습니다.

22.4에서 3을 몇 번 덜어 낼 수 있는지 확인해요.

[**2~4**] 철사 31.8 m를 한 사람당 5 m씩 나누어 주려고 합니다. 나누어 줄 수 있는 사람 수와 남는 철사는 몇 m인지 알아보기 위해 다음과 같이 계산했습니다. 물음에 답하세요.

31.8−5−5−5−5−5−5=□

2 위의 □ 안에 알맞은 수를 구해 보세요.

( )

3 계산식을 보고 나누어 줄 수 있는 사람 수와 남는 철사의 길이를 구해 보세요.

나누어 줄 수 있는 사람 수 ( )
남는 철사의 길이 ( )

4 나누어 줄 수 있는 사람 수와 남는 철사의 길이를 알아보기 위해 다음과 같이 계산했습니다. □ 안에 알맞은 수를 써넣으세요.

```
      □
5 ) 3 1.8
    3 0
   ------
     □
```

나누어 줄 수 있는 사람 수: □명

남는 철사의 길이: □ m

사람 수는 소수가 아닌 자연수이므로 나눗셈의 몫을 자연수까지만 구해야 해요.

기본기 강화 문제

12 (자연수) ÷ (소수)를 분수의 나눗셈으로 바꾸어 계산하기

• 보기 와 같이 분수의 나눗셈으로 계산해 보세요.

보기

$$48 \div 1.2 = \frac{480}{10} \div \frac{12}{10} = 480 \div 12 = 40$$

1 $27 \div 5.4$

2 $12 \div 1.5$

3 $85 \div 3.4$

4 $5 \div 1.25$

5 $15 \div 0.75$

6 $9 \div 0.36$

7 $62 \div 1.24$

13 여러 가지 수로 나누기

• □ 안에 알맞은 수를 써넣으세요.

1 $54 \div 6 =$ □

$54 \div 0.6 =$ □

$54 \div 0.06 =$ □

2 $117 \div 9 =$ □

$117 \div 0.9 =$ □

$117 \div 0.09 =$ □

3 $295 \div 5 =$ □

$295 \div 0.5 =$ □

$295 \div 0.05 =$ □

4 $32 \div 0.04 =$ □

$32 \div 0.4 =$ □

$32 \div 4 =$ □

5 $72 \div 0.08 =$ □

$72 \div 0.8 =$ □

$72 \div 8 =$ □

6 $133 \div 0.07 =$ □

$133 \div 0.7 =$ □

$133 \div 7 =$ □

14 사자성어 완성하기

• 수 카드의 앞면에 쓰인 나눗셈을 계산하고 몫이 큰 것부터 차례로 뒷면에 쓰인 글자를 늘어놓아 사자성어를 완성해 보세요.

1

사자성어: □□□□(靑山流水)

뜻: 푸른 산에 흐르는 맑은 물이라는 뜻으로 막힘없이 말을 잘하는 것을 비유하여 사용합니다.

2

사자성어: □□□□(事必歸正)

뜻: 처음에는 비뚤어져 그릇된 방향으로 나가더라도 일은 반드시 바른 데로 돌아간다는 뜻입니다.

15 정해진 수로 나누기

• □ 안에 알맞은 수를 써넣으세요.

1 $2.85 \div 0.03 = \square$

$28.5 \div 0.03 = \square$

$285 \div 0.03 = \square$

2 $1.68 \div 0.07 = \square$

$16.8 \div 0.07 = \square$

$168 \div 0.07 = \square$

3 $1.92 \div 0.06 = \square$

$19.2 \div 0.06 = \square$

$192 \div 0.06 = \square$

4 $312 \div 0.08 = \square$

$31.2 \div 0.08 = \square$

$3.12 \div 0.08 = \square$

5 $264 \div 0.04 = \square$

$26.4 \div 0.04 = \square$

$2.64 \div 0.04 = \square$

6 $185 \div 0.05 = \square$

$18.5 \div 0.05 = \square$

$1.85 \div 0.05 = \square$

16 몫을 반올림하여 일의 자리까지 나타내기

• 몫을 반올림하여 일의 자리까지 나타내어 보세요.

1 $3\overline{)8}$

(　　　　　　)

2 $7\overline{)23}$

(　　　　　　)

3 $6\overline{)58}$

(　　　　　　)

4 $0.3\overline{)1.3}$

(　　　　　　)

5 $1.1\overline{)9.1}$

(　　　　　　)

정답과 풀이 16쪽

17 몫을 반올림하여 소수 첫째 자리까지 나타내기

• 몫을 반올림하여 소수 첫째 자리까지 나타내어 보세요.

1

$9\overline{)6.8}$

( )

2

$4\overline{)5.7}$

( )

3

$6\overline{)13.7}$

( )

4

$2.3\overline{)16.4}$

( )

18 몫을 반올림하여 소수 둘째 자리까지 나타내기

• 몫을 반올림하여 소수 둘째 자리까지 나타내어 보세요.

1

$6\overline{)34}$

( )

2

$7\overline{)43.6}$

( )

3

$3\overline{)9.2}$

( )

4

$1.8\overline{)7.1}$

( )

19 나눗셈의 몫과 나머지 구하기

● 나눗셈의 몫을 자연수까지 구했을 때 몫과 나머지를 구해 보세요.

1

$4\overline{)9.7}$

몫 (　　　　　　)
나머지 (　　　　　　)

2

$2\overline{)6.9}$

몫 (　　　　　　)
나머지 (　　　　　　)

3

$7\overline{)15.4}$

몫 (　　　　　　)
나머지 (　　　　　　)

4

$6\overline{)52.8}$

몫 (　　　　　　)
나머지 (　　　　　　)

5

$3\overline{)13.5}$

몫 (　　　　　　)
나머지 (　　　　　　)

20 뺄셈식을 이용하여 나누어 주고 남는 양 알아보기

1 포도주스 14.4 L를 한 병에 2 L씩 나누어 담으려고 합니다. 나누어 담을 수 있는 병 수와 남는 포도주스의 양을 알기 위해 다음과 같이 계산했습니다. □ 안에 알맞은 수를 써넣으세요.

$14.4-2-2-2-2-2-2-2=\square$

나누어 줄 수 있는 병 수: □병

남는 포도주스의 양: □ L

2 리본 45.6 m를 한 사람당 8 m씩 나누어 주려고 합니다. 나누어 줄 수 있는 사람 수와 남는 리본의 길이를 알기 위해 다음과 같이 계산했습니다. □ 안에 알맞은 수를 써넣으세요.

$45.6-8-8-8-8-8=\square$

나누어 줄 수 있는 사람 수: □명

남는 리본의 길이: □ m

3 사과 21.9 kg을 한 상자에 7 kg씩 나누어 담으려고 합니다. 나누어 담을 수 있는 상자 수와 남는 사과의 양을 알기 위해 다음과 같이 계산했습니다. □ 안에 알맞은 수를 써넣으세요.

$21.9-7-7-7=\square$

나누어 담을 수 있는 상자 수: □상자

남는 사과의 양: □ kg

➲ 정답과 풀이 18쪽

21 나눗셈식을 이용하여 나누어 주고 남는 양 알아보기

1 밀가루 29.8 kg을 한 봉지에 3 kg씩 나누어 담으려고 합니다. 나누어 담을 수 있는 봉지 수와 남는 밀가루의 양을 알기 위해 다음과 같이 계산했습니다. □ 안에 알맞은 수를 써넣으세요.

3) 2 9.8 → 몫: □
2 7
□

나누어 담을 수 있는 봉지 수: □봉지

남는 밀가루의 양: □ kg

2 페인트 17.2 L를 한 통에 4 L씩 나누어 담으려고 합니다. 나누어 담을 수 있는 통 수와 남는 페인트의 양을 알기 위해 다음과 같이 계산했습니다. □ 안에 알맞은 수를 써넣으세요.

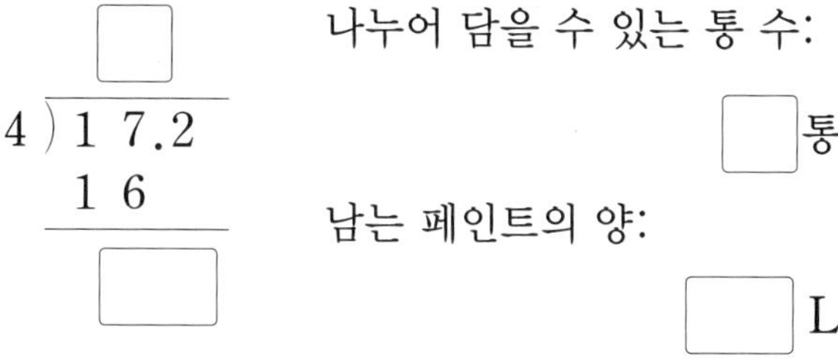

4) 1 7.2 → 몫: □
1 6
□

나누어 담을 수 있는 통 수: □통

남는 페인트의 양: □ L

3 철사 48.3 m를 한 사람당 8 m씩 나누어 주려고 합니다. 나누어 줄 수 있는 사람 수와 남는 철사의 길이를 알기 위해 다음과 같이 계산했습니다. □ 안에 알맞은 수를 써넣으세요.

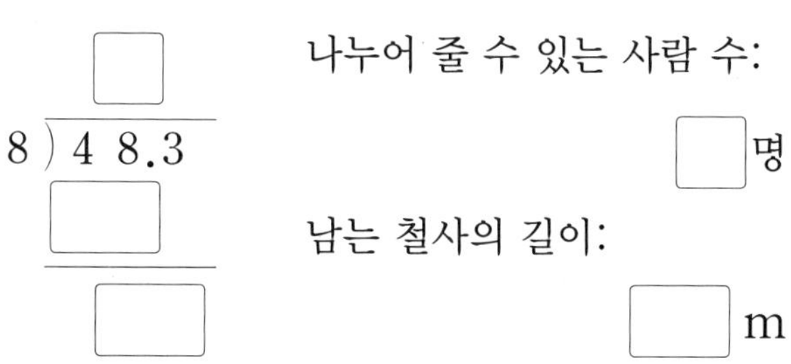

8) 4 8.3 → 몫: □
□
□

나누어 줄 수 있는 사람 수: □명

남는 철사의 길이: □ m

22 잘못 계산한 곳을 찾아 바르게 계산하기(2)

1 물 22.5 L를 한 사람당 3 L씩 나누어 줄 때 나누어 줄 수 있는 사람 수와 남는 물은 몇 L인지 알기 위해 다음과 같이 계산했습니다. 잘못 계산한 곳을 찾아 바르게 계산해 보세요.

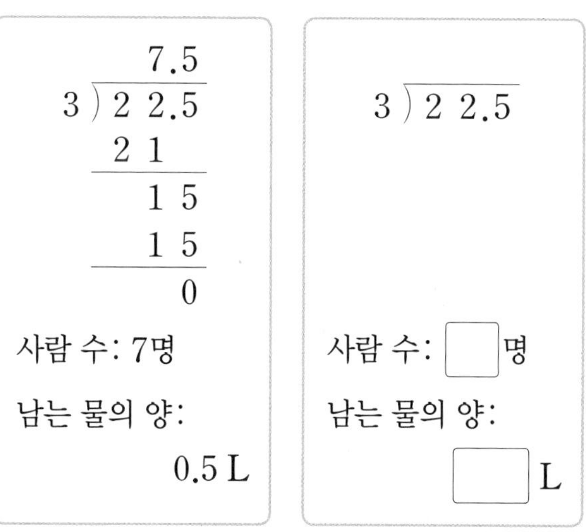

잘못된 계산	바른 계산
3) 2 2.5 = 7.5 2 1 1 5 1 5 0	3) 2 2.5
사람 수: 7명	사람 수: □명
남는 물의 양: 0.5 L	남는 물의 양: □ L

2 밤 36.6 kg을 한 봉지에 4 kg씩 나누어 담으려고 합니다. 나누어 담을 수 있는 봉지 수와 남는 밤은 몇 kg인지 알기 위해 다음과 같이 계산했습니다. 잘못 계산한 곳을 찾아 바르게 계산해 보세요.

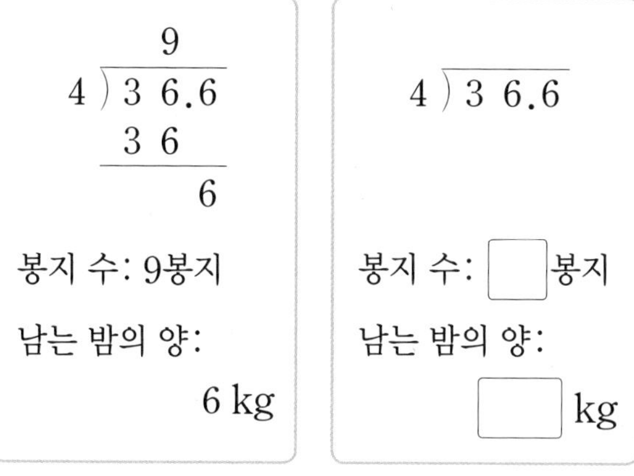

잘못된 계산	바른 계산
4) 3 6.6 = 9 3 6 6	4) 3 6.6
봉지 수: 9봉지	봉지 수: □봉지
남는 밤의 양: 6 kg	남는 밤의 양: □ kg

2

23 계산 결과 비교하기(2)

● 계산 결과를 비교하여 더 큰 것의 기호를 써 보세요.

1

㉠ 48÷9의 몫을 반올림하여 일의 자리까지 나타낸 수
㉡ 48÷9

( )

2

㉠ 8.3÷6의 몫을 반올림하여 소수 첫째 자리까지 나타낸 수
㉡ 8.3÷6

( )

3

㉠ 63÷11의 몫을 반올림하여 일의 자리까지 나타낸 수
㉡ 63÷11의 몫을 반올림하여 소수 첫째 자리까지 나타낸 수

( )

4

㉠ 2.3÷0.7의 몫을 반올림하여 일의 자리까지 나타낸 수
㉡ 2.3÷0.7의 몫을 반올림하여 소수 둘째 자리까지 나타낸 수

( )

5

㉠ 1.5÷1.3의 몫을 반올림하여 소수 둘째 자리까지 나타낸 수
㉡ 1.5÷1.3의 몫을 반올림하여 소수 첫째 자리까지 나타낸 수

( )

24 어떤 수 구하기

1 어떤 수에 0.48을 곱했더니 7.68이 되었습니다. 어떤 수는 얼마일까요?

( )

2 어떤 수에 0.5를 곱했더니 26이 되었습니다. 어떤 수는 얼마일까요?

( )

3 어떤 수에 4.5를 곱했더니 36이 되었습니다. 어떤 수는 얼마일까요?

( )

4 1.3에 어떤 수를 곱했더니 5.59가 되었습니다. 어떤 수는 얼마일까요?

( )

5 3.5에 어떤 수를 곱했더니 5.95가 되었습니다. 어떤 수는 얼마일까요?

( )

25 도형에서 길이 구하기

1 넓이가 7.28 cm^2인 직사각형이 있습니다. 이 직사각형의 가로가 2.6 cm일 때 세로는 몇 cm일까요?

(　　　　　　　)

2 넓이가 7 m^2인 직사각형이 있습니다. 세로가 1.4 m일 때 가로는 몇 m일까요?

1.4 m

(　　　　　　　)

3 넓이가 13 cm^2인 평행사변형이 있습니다. 이 평행사변형의 밑변의 길이가 3.25 cm일 때 높이는 몇 cm일까요?

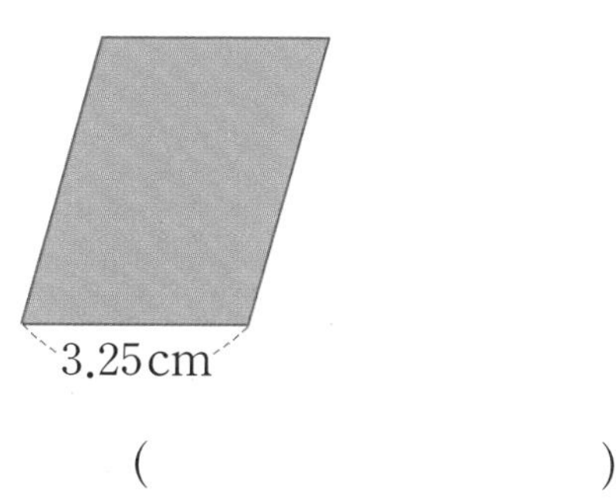

(　　　　　　　)

4 넓이가 8.97 cm^2인 삼각형이 있습니다. 이 삼각형의 밑변의 길이가 4.6 cm일 때 삼각형의 높이는 몇 cm일까요?

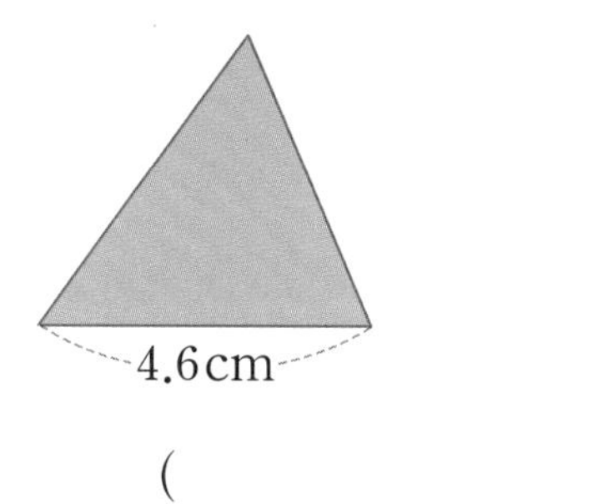

(　　　　　　　)

26 수 카드를 이용하여 나눗셈식 만들기

1 수 카드 2, 3, 7 을 한 번씩만 사용하여 다음과 같이 나눗셈식을 만들려고 합니다. 몫이 가장 큰 나눗셈식을 만들고 몫을 구해 보세요.

□.□□ ÷ 1.2

(　　　　　　　)

2 수 카드 4, 6, 7 을 한 번씩만 사용하여 다음과 같이 나눗셈식을 만들려고 합니다. 몫이 가장 큰 나눗셈식을 만들고 몫을 구해 보세요.

□□ ÷ 0.□

(　　　　　　　)

3 수 카드 2, 3, 4 를 한 번씩만 사용하여 다음과 같이 나눗셈식을 만들려고 합니다. 몫이 가장 작은 나눗셈식을 만들고 몫을 구해 보세요.

□.□□ ÷ 0.6

(　　　　　　　)

4 수 카드 2, 4, 8 을 한 번씩만 사용하여 다음과 같이 나눗셈식을 만들려고 합니다. 몫이 가장 작은 나눗셈식을 만들고 몫을 구해 보세요.

□□ ÷ 0.□

(　　　　　　　)

2

정답과 풀이 20쪽

27 몫의 소수점 아래 숫자들의 규칙 찾기

• 몫의 소수 일곱째 자리 숫자를 구해 보세요.

1 16÷3

( )

2 25÷9

( )

3 4÷11

( )

• 몫의 소수 여덟째 자리 숫자를 구해 보세요.

4 43÷6

( )

5 28÷9

( )

6 12÷11

( )

28 소수의 나눗셈의 활용(2)

1 소고기 3 kg을 한 봉지에 0.6 kg씩 나누어 담으려고 합니다. 필요한 봉지는 몇 봉지인지 구해 보세요.

(필요한 봉지 수)
=(전체 소고기의 양)
÷(한 봉지에 담는 소고기의 양)
=3÷□=□(봉지)

2 페인트 4 L로 벽 한 면을 모두 칠할 수 있습니다. 같은 크기의 벽면을 칠한다고 할 때 페인트 18.8 L로 벽 몇 면을 칠할 수 있고, 남는 페인트는 몇 L일까요?

칠할 수 있는 벽면의 수 ( )
남는 페인트의 양 ( )

3 민성이의 몸무게는 55.6 kg이고 동생의 몸무게는 23 kg입니다. 민성이의 몸무게는 동생의 몸무게의 몇 배인지 반올림하여 소수 둘째 자리까지 나타내어 보세요.

( )

4 어느 달리기 선수가 42.2 km를 2.4시간 만에 완주했습니다. 이 선수가 일정한 빠르기로 1시간 동안 달린 거리는 몇 km인지 반올림하여 소수 첫째 자리까지 나타내어 보세요.

( )

단원 평가

점수 확인

1 1.2÷0.3의 몫을 구하려고 합니다. 그림을 0.3씩 나누어 보고, □ 안에 알맞은 수를 써넣으세요.

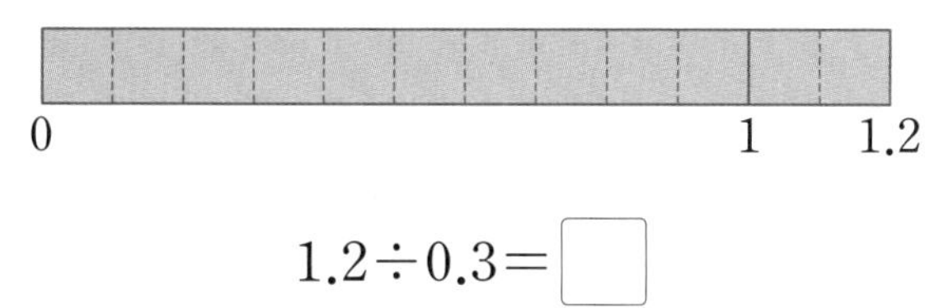

1.2÷0.3=□

2 2.36÷0.04를 자연수의 나눗셈을 이용하여 계산해 보세요.

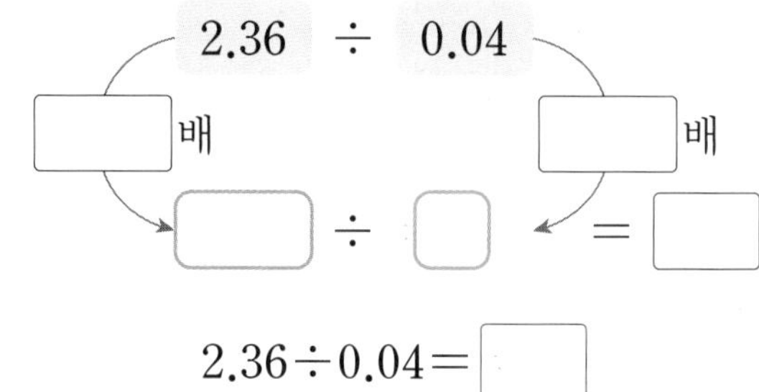

2.36÷0.04=□

3 □ 안에 알맞은 수를 써넣으세요.

(1) $10.8 \div 0.9 = \frac{108}{10} \div \frac{\square}{10}$
$= \square \div \square = \square$

(2) $2.55 \div 0.17 = \frac{\square}{100} \div \frac{\square}{100}$
$= \square \div \square = \square$

4 계산해 보세요.

(1) $2.9 \overline{)\,17.4}$

(2) $0.34 \overline{)\,9.18}$

5 □ 안에 알맞은 수를 써넣으세요.

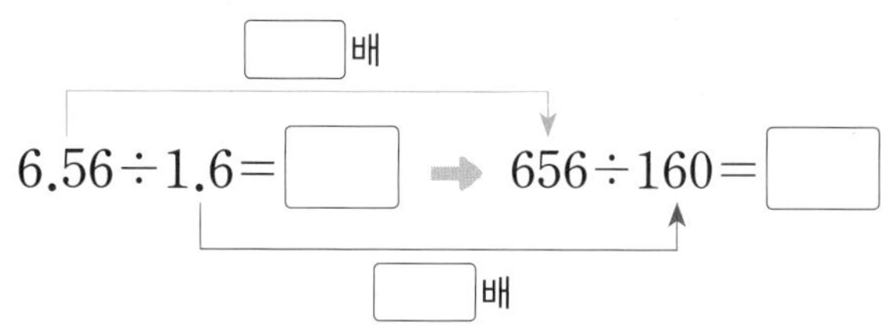

6 5.32÷2.8을 계산하기 위해 소수점을 바르게 옮긴 것을 모두 찾아 기호를 써 보세요.

㉠ 532÷28	㉡ 53.2÷28
㉢ 532÷280	㉣ 5.32÷28

( )

7 보기 와 같이 분수의 나눗셈으로 계산해 보세요.

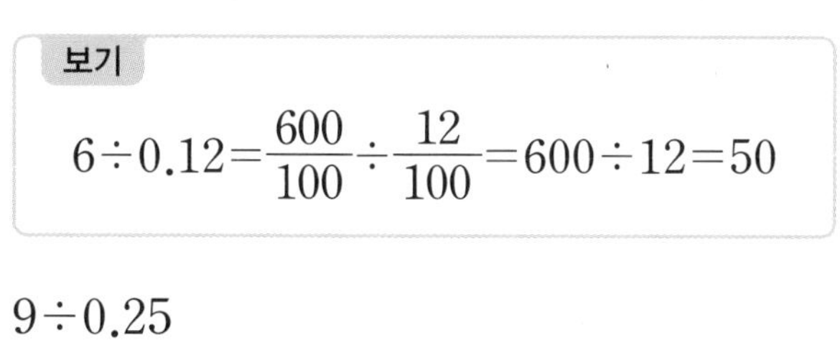

보기

$6 \div 0.12 = \frac{600}{100} \div \frac{12}{100} = 600 \div 12 = 50$

9÷0.25

8 나눗셈의 몫을 자연수까지 구했을 때의 나머지는 어느 것일까요? ( )

13.8÷6

① 18 ② 0.18 ③ 2.3
④ 1.8 ⑤ 0.3

9 큰 수를 작은 수로 나눈 몫을 빈칸에 써넣으세요.

2.7	8.37

10 가장 큰 수를 가장 작은 수로 나눈 몫을 구해 보세요.

4.48	2.87	3.9	1.6

( )

11 몫이 큰 것부터 차례로 기호를 써 보세요.

㉠ $12.6 \div 0.84$
㉡ $1.26 \div 8.4$
㉢ $1.26 \div 0.84$

( )

12 몫을 반올림하여 소수 둘째 자리까지 나타내어 보세요.

$97.4 \div 7$

( )

13 집에서 학교까지의 거리는 2.08 km이고 집에서 도서관까지의 거리는 0.65 km입니다. 집에서 학교까지의 거리는 집에서 도서관까지의 거리의 몇 배일까요?

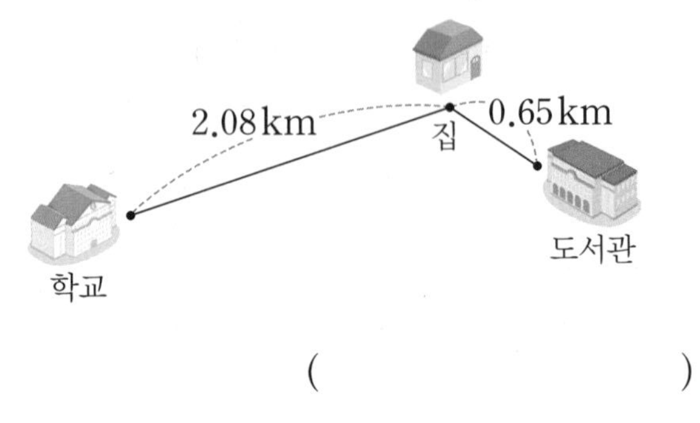

( )

14 넓이가 $8.12\ cm^2$인 평행사변형입니다. □ 안에 알맞은 수를 써넣으세요.

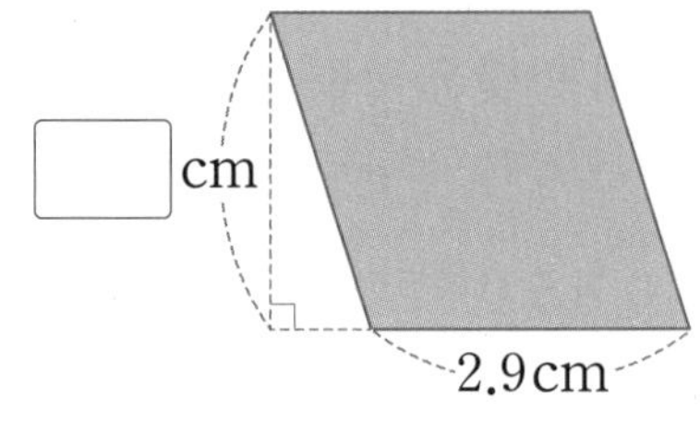

15 대나무 0.68 m로 대나무 피리 한 개를 만들 수 있습니다. 대나무 17 m로 만들 수 있는 같은 길이의 대나무 피리는 몇 개인지 식을 쓰고 답을 구해 보세요.

식 ....

답 ....

서술형 문제

정답과 풀이 20쪽

16 버스가 4.2시간 동안 400 km를 달렸습니다. 이 버스가 일정한 빠르기로 달렸을 때 한 시간 동안 달린 거리는 몇 km인지 반올림하여 소수 둘째 자리까지 나타내어 보세요.

( )

17 끈 4 m로 상자 하나를 포장할 수 있습니다. 길이가 174.8 m인 끈으로 똑같은 모양의 상자를 몇 상자까지 포장할 수 있고 남는 끈은 몇 m인지 차례로 써 보세요.

( ), ( )

18 수 카드 3, 6, 9를 한 번씩만 사용하여 다음과 같이 나눗셈식을 만들려고 합니다. 몫이 가장 큰 나눗셈식을 만들고 몫을 구해 보세요.

□□ ÷ 0.□

( )

19 5.8÷9의 몫을 구할 때, 몫의 소수 여덟째 자리 숫자는 무엇인지 보기 와 같이 풀이 과정을 쓰고 답을 구해 보세요.

보기

2.5÷3=0.833…이므로 소수 둘째 자리부터 숫자 3이 반복됩니다. 따라서 몫의 소수 여덟째 자리 숫자는 3입니다.

답 3

5.8÷9

답

20 호두 30 kg과 밤 21.2 kg을 한 봉지에 각각 0.4 kg씩 담으려고 합니다. 밤을 몇 봉지에 나누어 담을 수 있는지 보기 와 같이 풀이 과정을 쓰고 답을 구해 보세요.

보기

호두 30 kg을 한 봉지에 0.4 kg씩 담으면 30÷0.4=300÷4=75(봉지)에 나누어 담을 수 있습니다.

답 75봉지

밤 21.2 kg을 한 봉지에 0.4 kg씩 담으면

답

2

3 공간과 입체

민호와 친구들이 눈 축제에서 이글루 사진을 찍었어요. 각자 다른 위치에서 찍은 이글루 사진을 공유하고 있네요. 누가 찍은 사진인지 알아보고 대화창에 친구의 이름을 알맞게 써넣으세요.

1 어느 방향에서 보았는지 알아보기 쌓은 모양과 쌓기나무의 개수 알아보기(1)

● 여러 방향에서 본 모양 알아보기

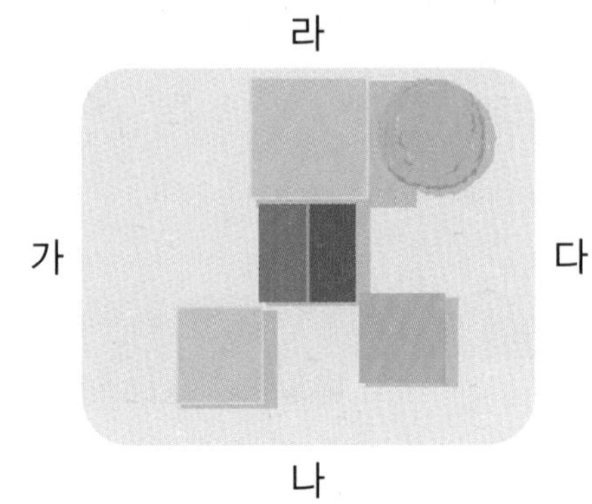

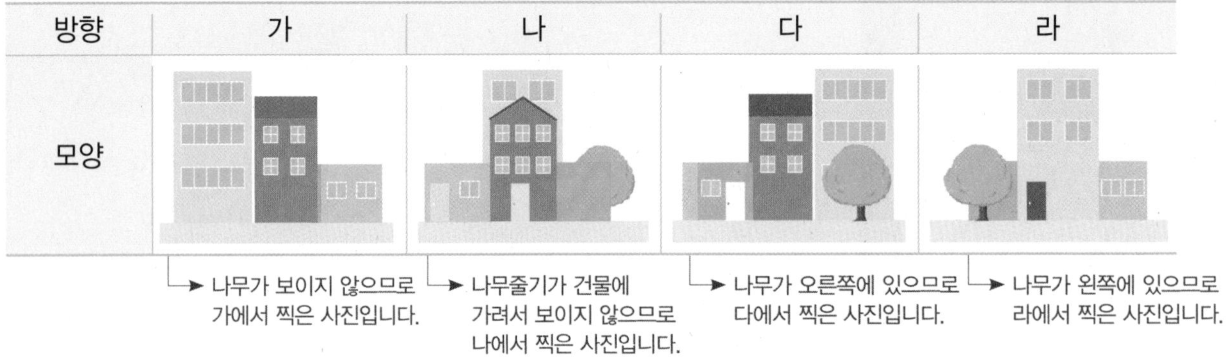

→ 나무가 보이지 않으므로 가에서 찍은 사진입니다.
→ 나무줄기가 건물에 가려서 보이지 않으므로 나에서 찍은 사진입니다.
→ 나무가 오른쪽에 있으므로 다에서 찍은 사진입니다.
→ 나무가 왼쪽에 있으므로 라에서 찍은 사진입니다.

● 위에서 본 모양을 보고 쌓은 모양과 쌓기나무의 개수 알아보기

• 쌓기나무로 쌓은 모양에서 보이는 위의 면과 위에서 본 모양이 같은 경우

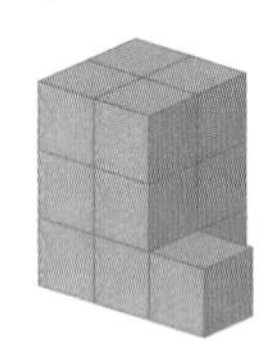

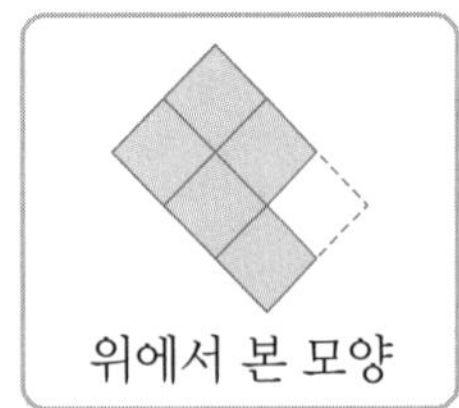

➡ 같은 모양이므로 뒤에서 보았을 때 쌓은 모양은 다음과 같습니다.

(쌓기나무의 개수)$=\underset{1층}{\underline{5}}+\underset{2층}{\underline{4}}+\underset{3층}{\underline{4}}=13$(개)

• 쌓기나무로 쌓은 모양에서 보이는 위의 면과 위에서 본 모양이 다른 경우

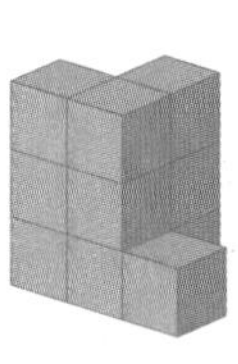

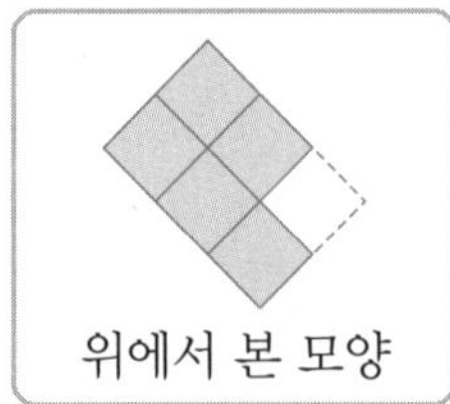

➡ 다른 모양이므로 뒤에서 보았을 때 쌓은 모양은 다음과 같이 2가지입니다.

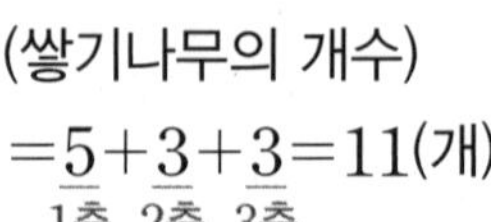

(쌓기나무의 개수)
$=\underset{1층}{\underline{5}}+\underset{2층}{\underline{3}}+\underset{3층}{\underline{3}}=11$(개)

(쌓기나무의 개수)
$=\underset{1층}{\underline{5}}+\underset{2층}{\underline{4}}+\underset{3층}{\underline{3}}=12$(개)

➲ 정답과 풀이 22쪽

1 배를 타고 여러 방향에서 사진을 찍었습니다. 각 사진은 어느 배에서 찍은 것인지 찾아 번호를 써 보세요.

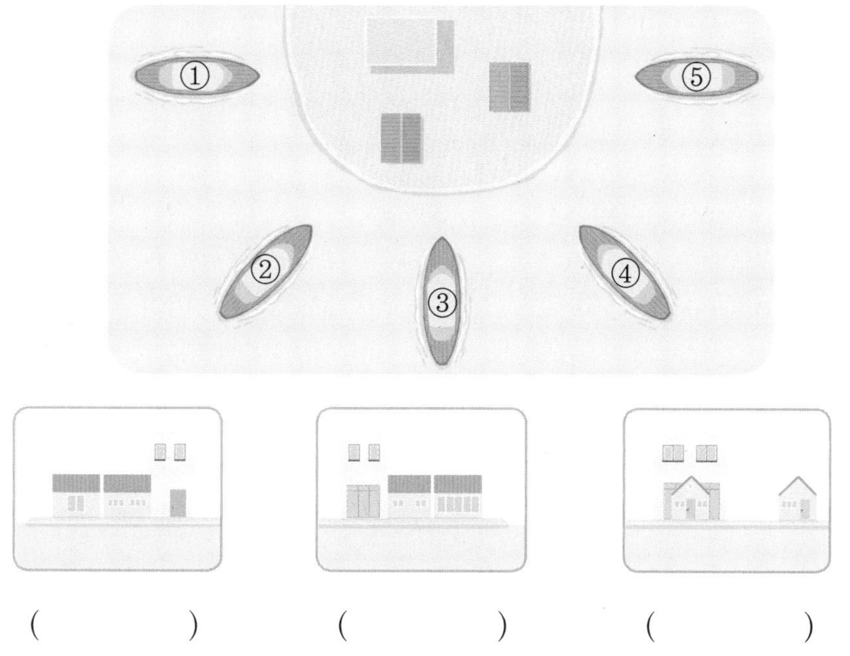

( ) ( ) ( )

3

2 쌓기나무를 왼쪽과 같은 모양으로 쌓았습니다. 돌렸을 때 왼쪽 그림과 같은 모양을 만들 수 없는 경우를 찾아 기호를 써 보세요.

수직 방향으로 안 보이는 부분들이 있기 때문에 쌓은 모양이 여러 가지가 나올 수 있어요.

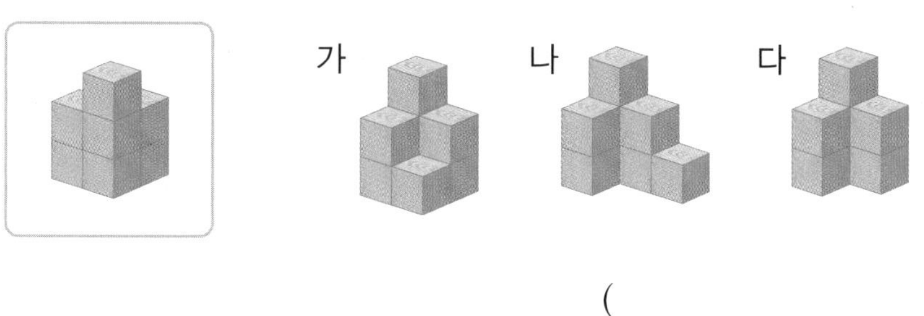

( )

3 쌓기나무로 쌓은 모양을 보고 위에서 본 모양을 그렸습니다. 관계있는 것끼리 이어 보세요.

1층에 놓인 쌓기나무의 개수를 위에서부터 차례로 세어 보아요.

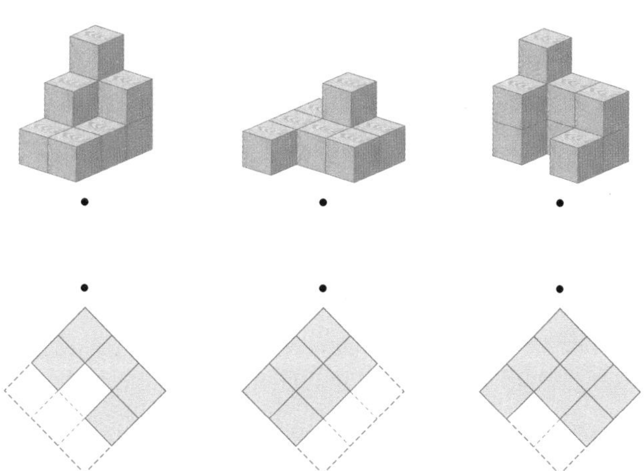

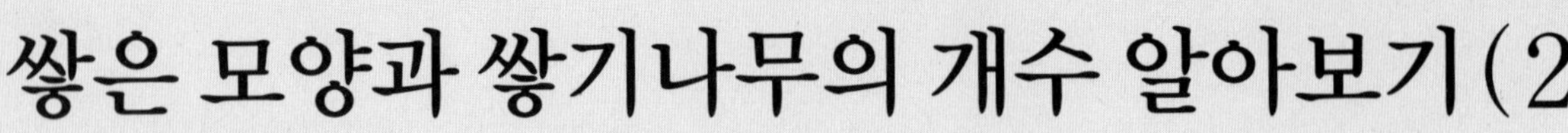

2 쌓은 모양과 쌓기나무의 개수 알아보기(2)

● 위, 앞, 옆에서 본 모양으로 쌓은 모양과 쌓기나무의 개수 알아보기

• 쌓은 모양을 보고 위, 앞, 옆에서 본 모양을 각각 그려 보기

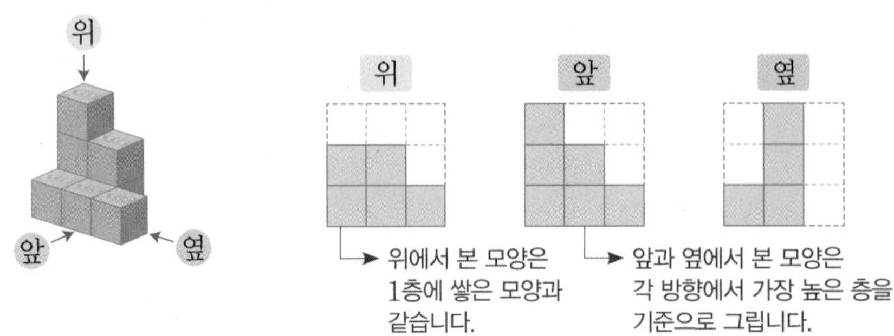

• 위, 앞, 옆에서 본 모양으로 쌓은 모양 추측하고 개수 구하기

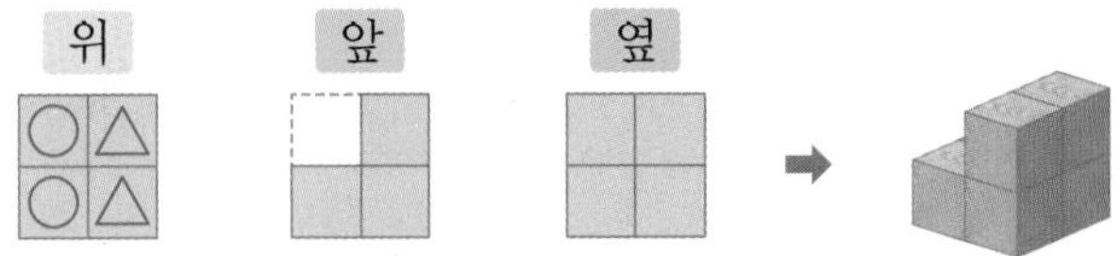

위에서 본 모양을 보면 1층의 쌓기나무는 4개입니다.

앞에서 본 모양을 보면 ○ 부분은 쌓기나무가 각각 1개이고, △ 부분은 2개 이하입니다.

옆에서 본 모양을 보면 △ 부분은 2개입니다.

➡ (똑같은 모양으로 쌓는 데 필요한 쌓기나무의 개수)$=\underset{1층}{\underline{4}}+\underset{2층}{\underline{2}}=6$(개)

● 위에서 본 모양에 수를 써서 쌓은 모양과 쌓기나무의 개수 알아보기

• 쌓기나무로 쌓은 모양을 보고 위에서 본 모양에 수를 써서 나타내기

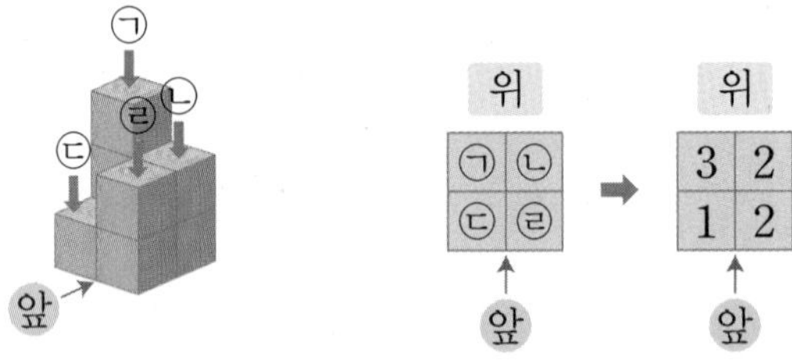

위에서 본 모양에 수를 쓰면 쌓은 모양을 정확하게 알 수 있습니다.

• 위에서 본 모양에 수를 쓴 것을 보고 쌓은 모양 알아보기

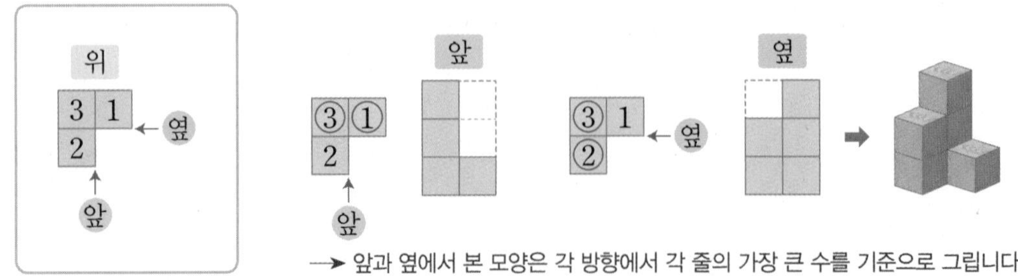

정답과 풀이 22쪽

1 쌓기나무로 쌓은 모양과 위에서 본 모양입니다. 앞과 옆에서 본 모양을 각각 그려 보세요.

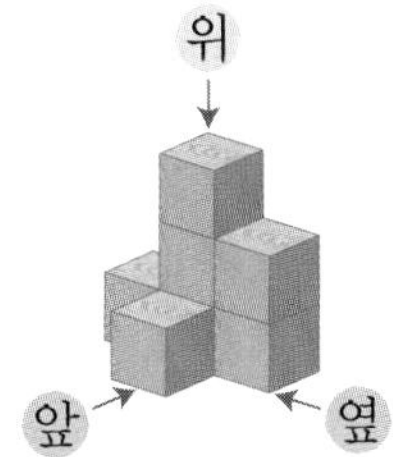

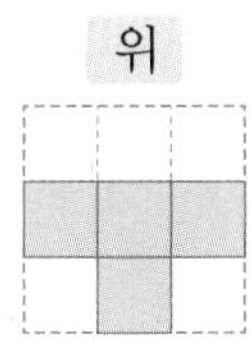

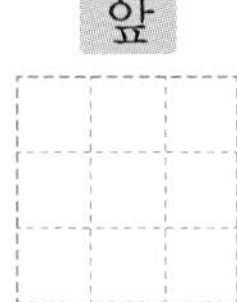

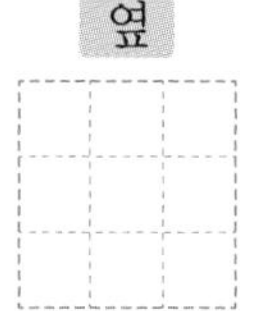

앞과 옆에서 본 모양은 각 방향에서 각 줄의 가장 높은 층의 모양과 같아요.

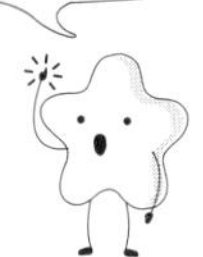

2 쌓기나무로 쌓은 모양을 위, 앞, 옆에서 본 모양입니다. 똑같은 모양으로 쌓는 데 필요한 쌓기나무의 개수를 구해 보세요.

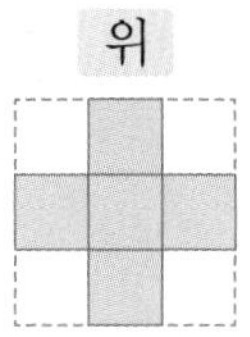

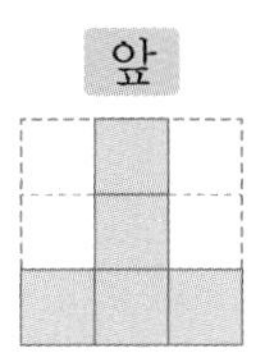

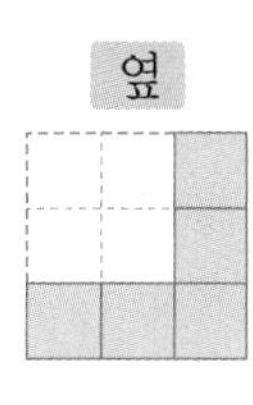

(　　　　　　　　)

3 쌓기나무로 쌓은 모양을 보고 위에서 본 모양에 수를 써 보세요.

①

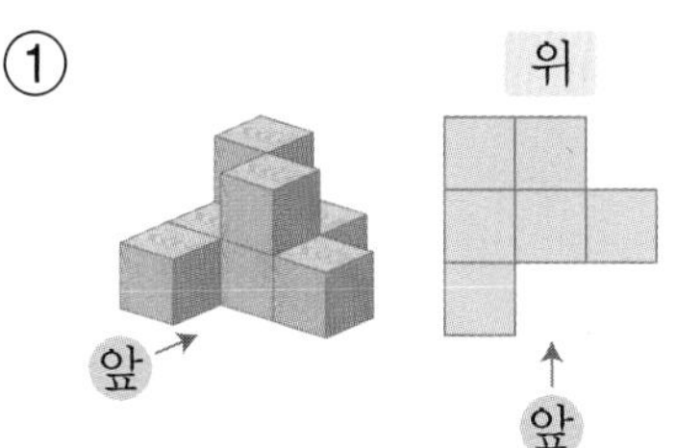

②

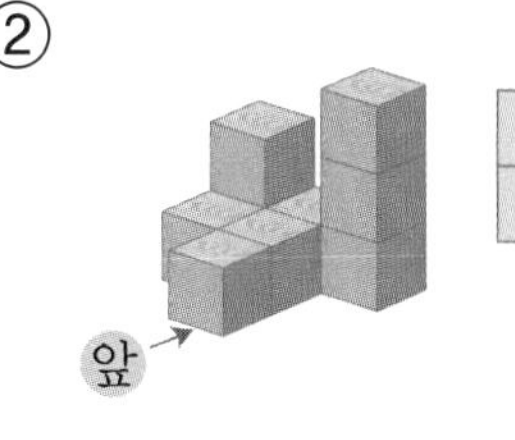

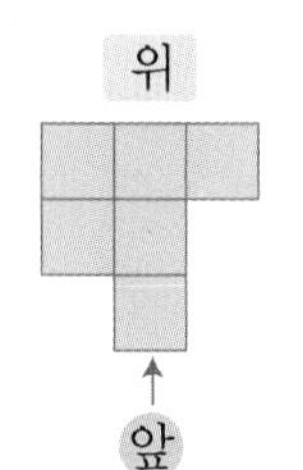

4 쌓기나무로 쌓은 모양을 보고 위에서 본 모양에 수를 썼습니다. 앞에서 본 모양을 찾아 기호를 써 보세요.

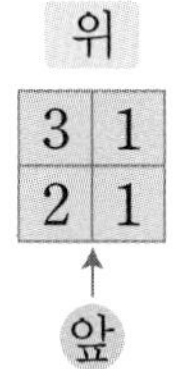

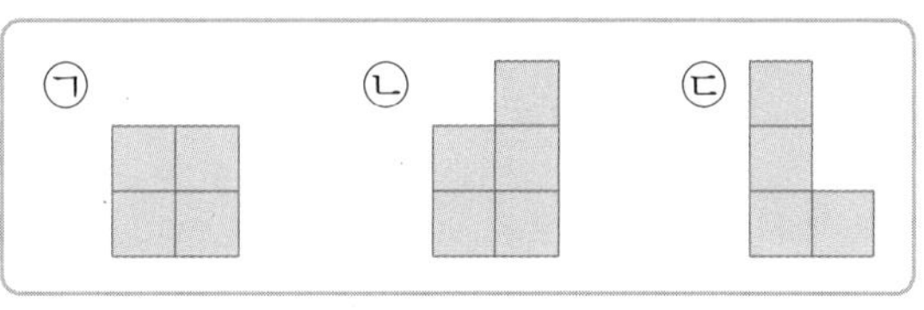

(　　　　　　　　)

앞에서 보았을 때 각 줄의 가장 높은 층의 모양을 찾아보아요.

쌓은 모양과 쌓기나무의 개수 알아보기(3)

층별로 나타낸 모양을 보고 쌓은 모양과 쌓기나무의 개수 알아보기

• 쌓기나무로 쌓은 모양을 보고 층별로 나타낸 모양 그리기

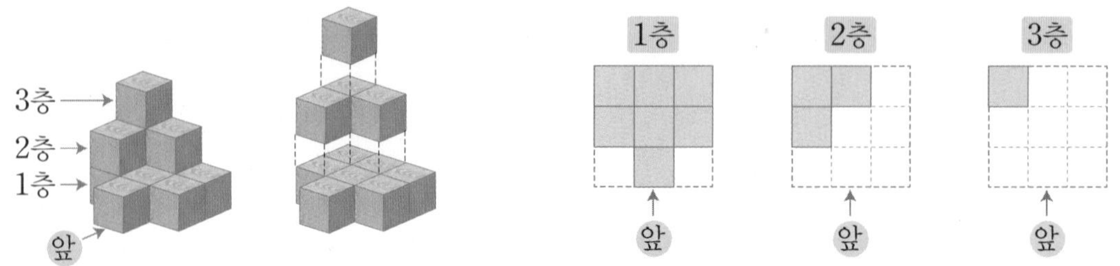

• 층별로 나타낸 모양을 보고 쌓기나무로 쌓은 모양과 개수를 알아보기

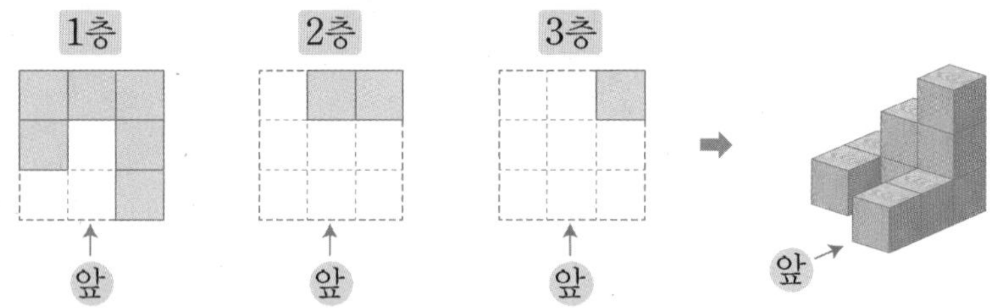

각 층에 사용된 쌓기나무의 개수는 층별로 나타낸 모양에서 색칠된 칸 수와 같습니다.

➡ (쌓기나무의 개수)$=\underset{1층}{\underline{6}}+\underset{2층}{\underline{2}}+\underset{3층}{\underline{1}}=9$(개)

여러 가지 모양 만들기

• 쌓기나무 4개로 만들 수 있는 서로 다른 모양 알아보기

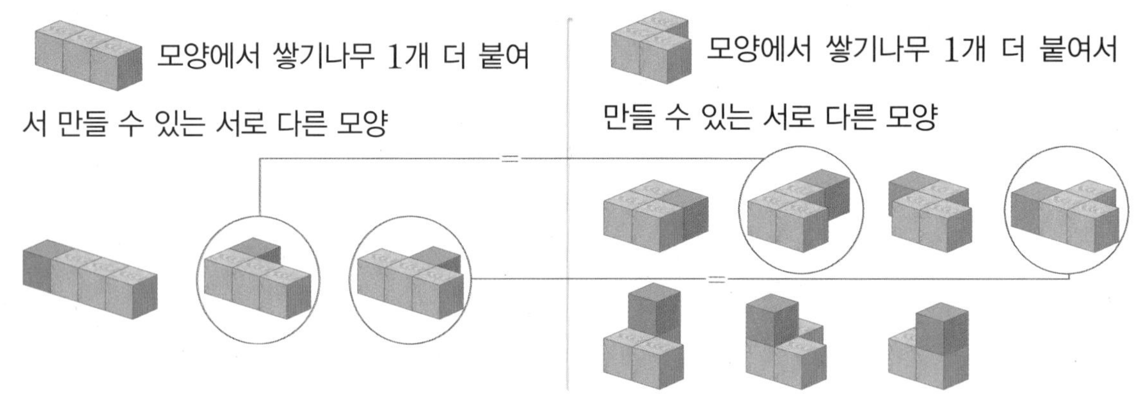

➡ 쌓기나무 4개로 만들 수 있는 서로 다른 모양은 8가지입니다.

개념 자세히 보기

• 여러 가지 모양을 만들 때 뒤집거나 돌려서 모양이 같으면 같은 모양이에요!

정답과 풀이 23쪽

1 쌓기나무로 쌓은 모양을 보고 1층과 2층 모양을 각각 그려 보세요.

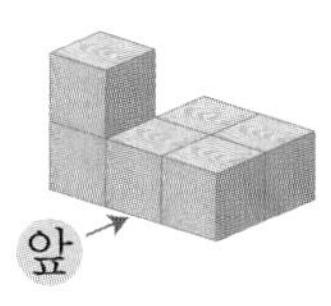

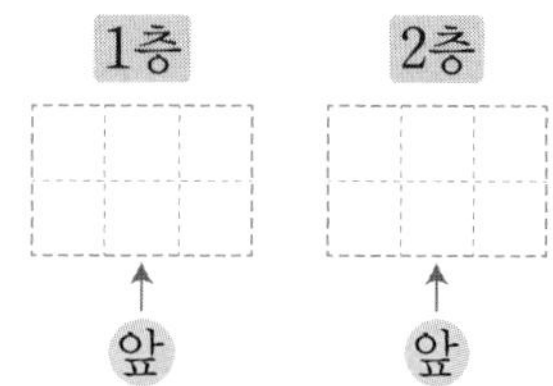

2 쌓기나무로 쌓은 모양과 1층 모양을 보고 2층 모양과 3층 모양을 각각 그려 보세요.

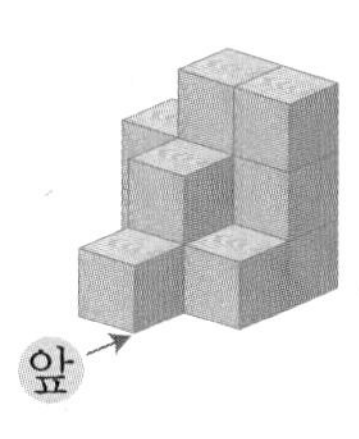

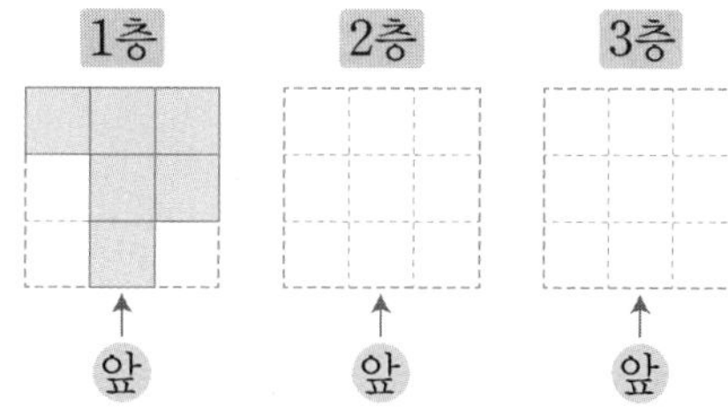

3 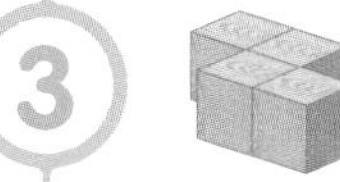 모양에 쌓기나무 1개를 더 붙여서 만들 수 있는 모양을 모두 고르세요. (　　　　)

① 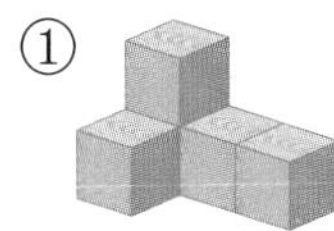 ② 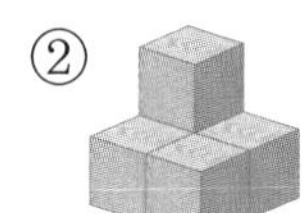 ③ 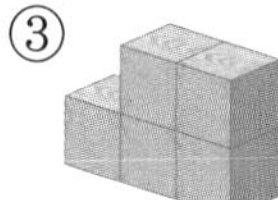 ④ 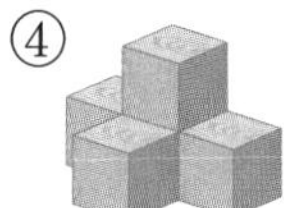 ⑤ 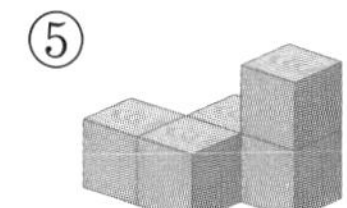

주어진 모양에 쌓기나무 1개를 더 붙인 모양을 뒤집거나 돌려 보면서 같은 모양을 찾아보아요.

4 쌓기나무 6개로 만든 모양입니다. 보기 와 같은 모양을 찾아 기호를 써 보세요.

보기

가 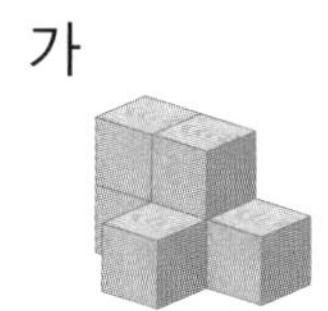 나 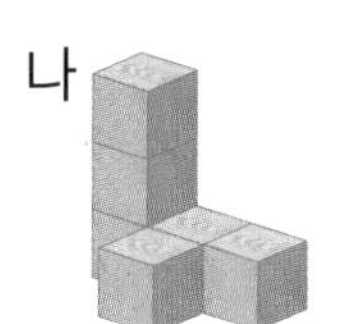 다 

(　　　　　　　　)

뒤집거나 돌렸을 때 같은 모양을 찾아보아요.

기본기 강화 문제

1 여러 방향에서 본 모양 알아보기

• 보기 와 같이 물건을 놓았을 때 찍을 수 없는 사진을 찾아 기호를 써 보세요.

1 보기

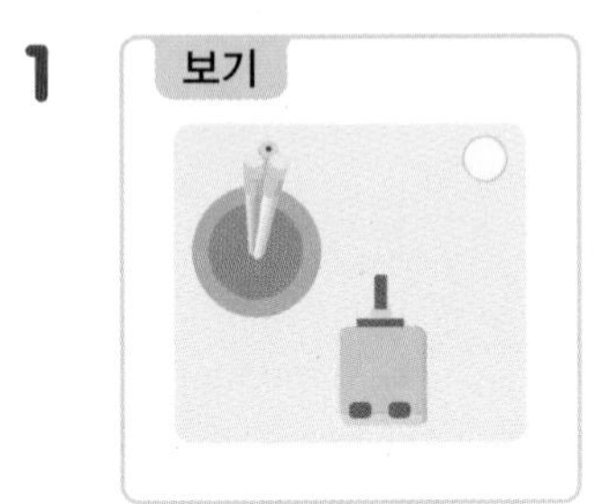

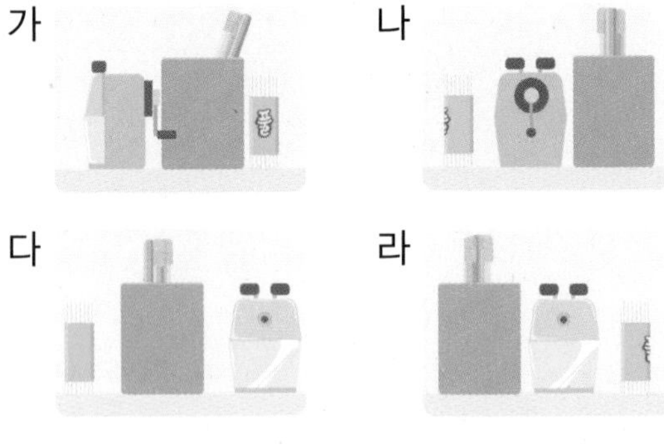

(　　　　　　　　　　)

2 보기

가　　나

다　　라

(　　　　　　　　　　)

2 쌓은 모양과 위에서 본 모양을 보고 앞, 옆에서 본 모양 그리기

• 쌓기나무로 쌓은 모양과 위에서 본 모양입니다. 앞과 옆에서 본 모양을 각각 그려 보세요.

1

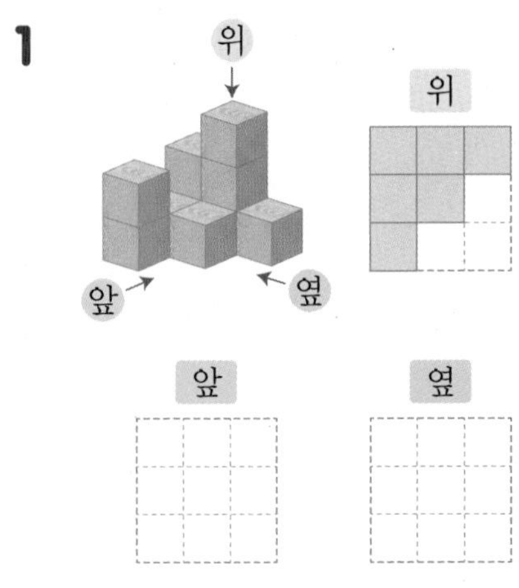

2

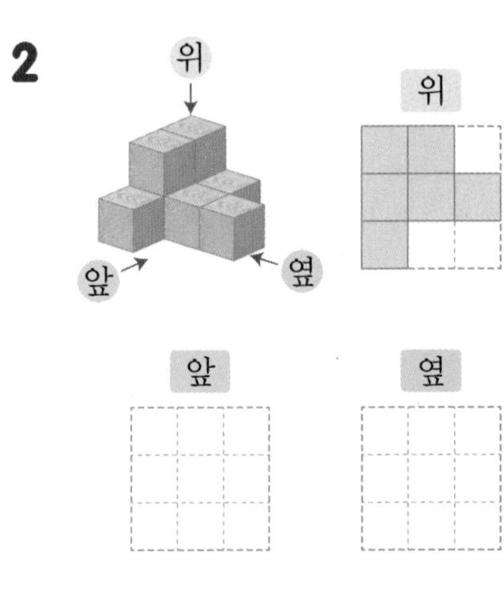

3

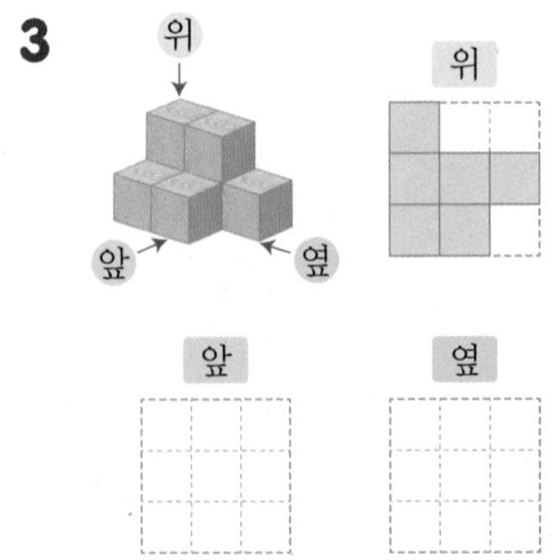

3 길 찾기

• 길을 따라 가서 주어진 모양과 똑같이 쌓는 데 필요한 쌓기나무의 개수를 구해 보세요.

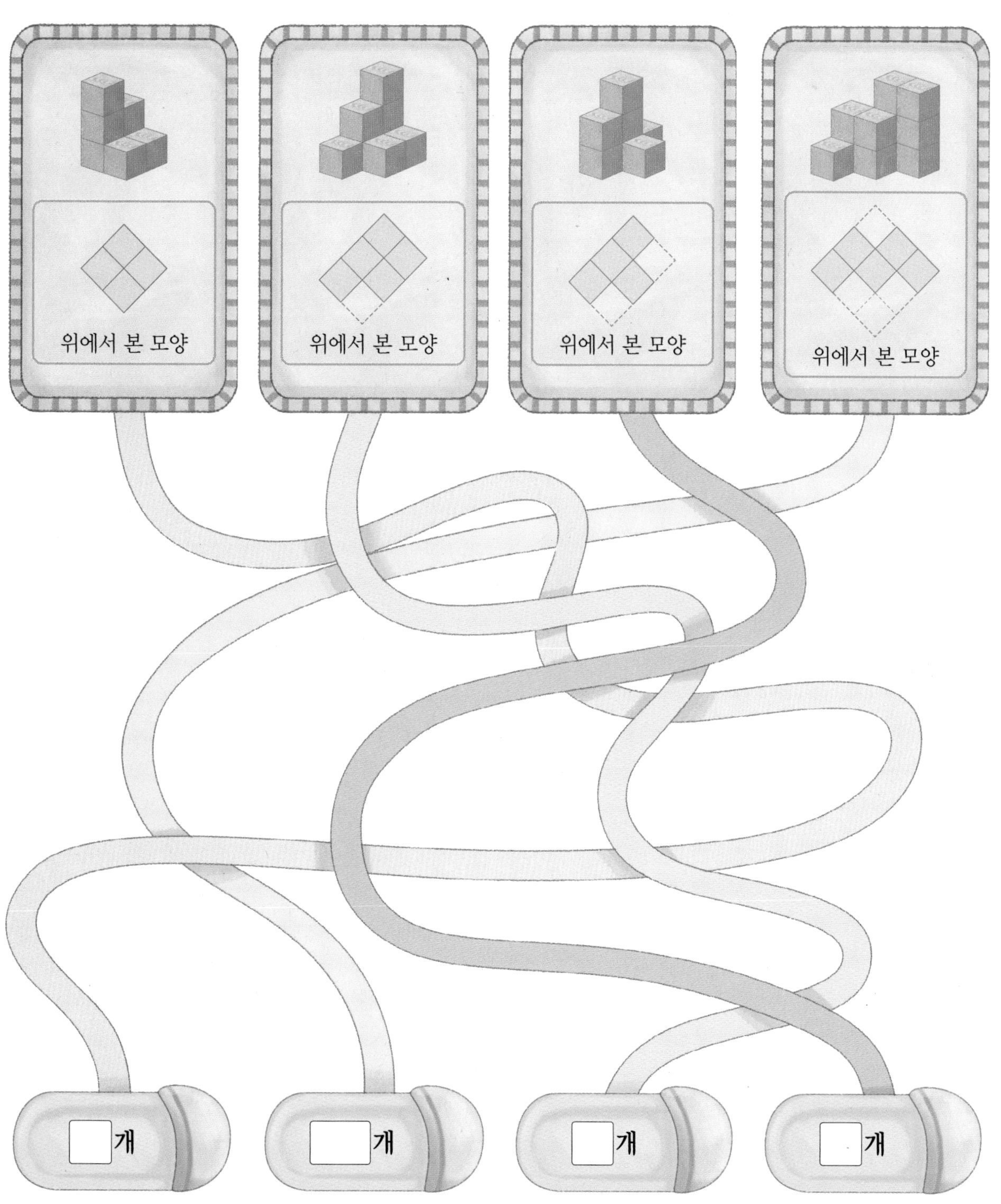

4 위, 앞, 옆에서 본 모양으로 쌓기나무의 개수 구하기

• 쌓기나무로 쌓은 모양을 위, 앞, 옆에서 본 모양입니다. 똑같은 모양으로 쌓는 데 필요한 쌓기나무의 개수를 구해 보세요.

1 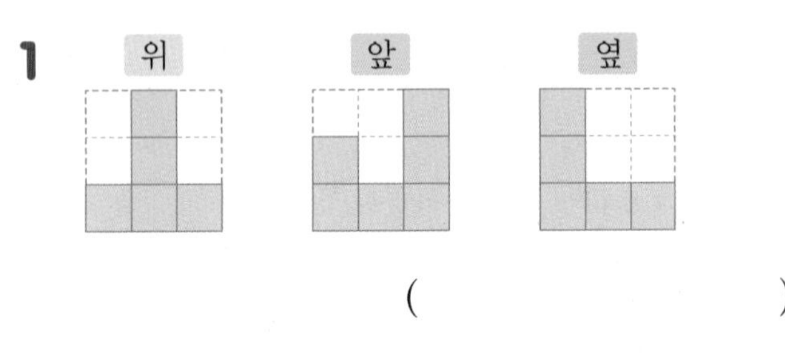

( )

2 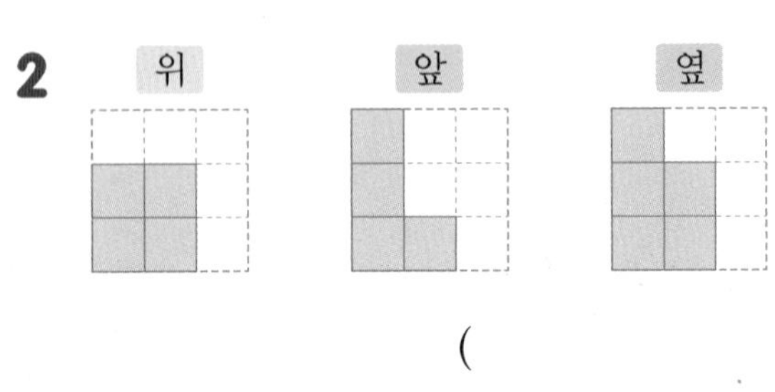

( )

3 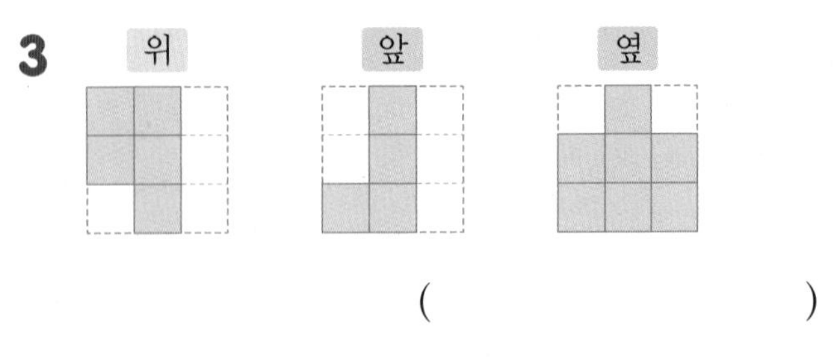

( )

4 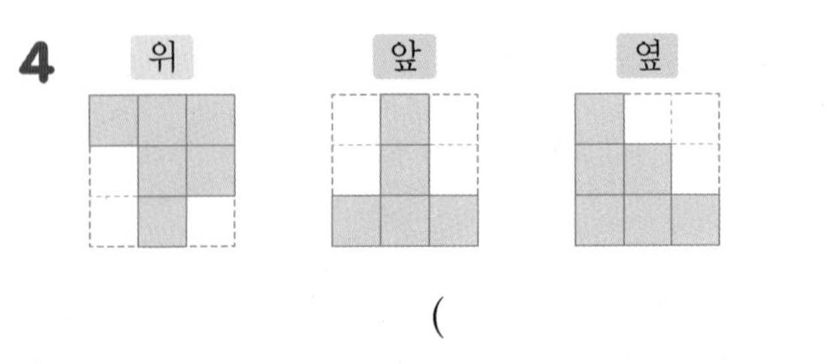

( )

5 위, 앞, 옆에서 본 모양을 보고 쌓기나무로 쌓은 모양 알아보기

• 쌓기나무로 쌓은 모양을 위, 앞, 옆에서 본 모양입니다. 가능한 모양을 모두 찾아 기호를 써 보세요.

1 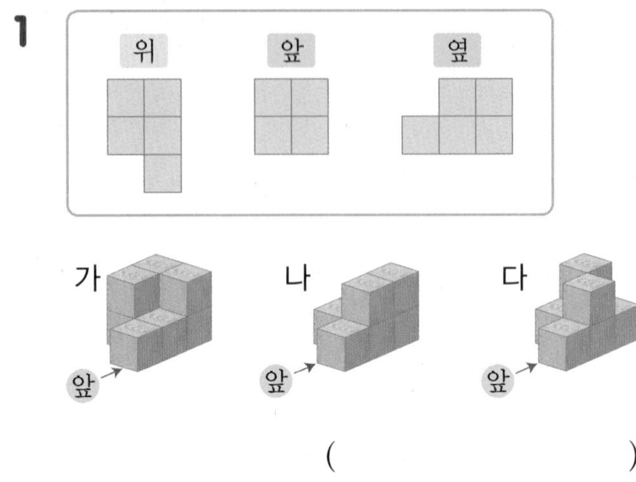

( )

2 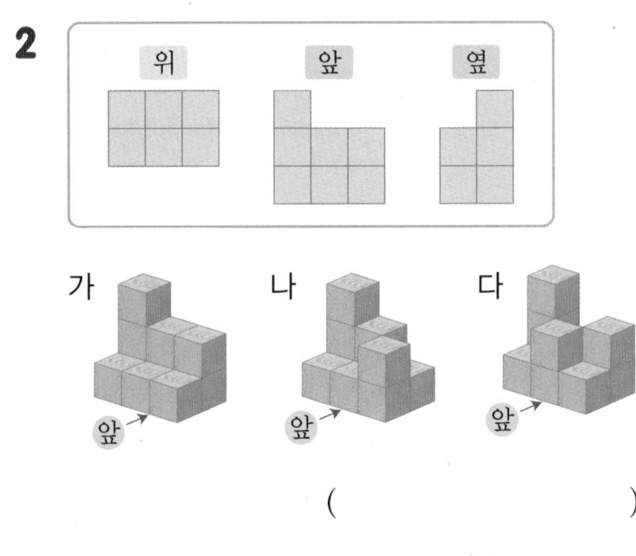

( )

3 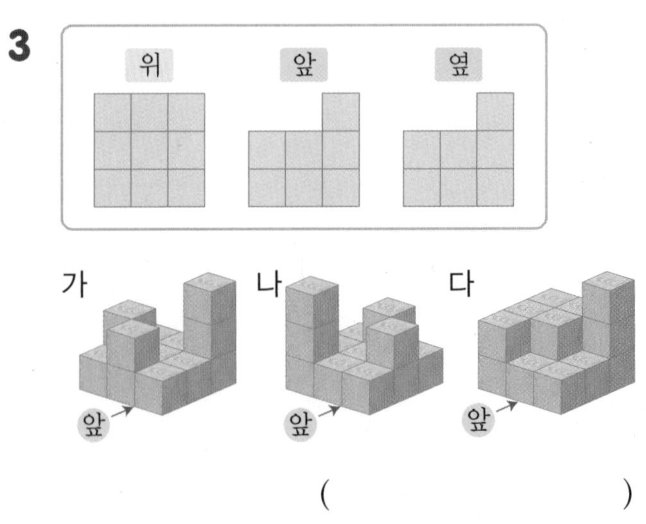

( )

정답과 풀이 23쪽

6 쌓기나무로 쌓은 모양을 보고 위에서 본 모양에 수 쓰기

• 쌓기나무로 쌓은 모양을 보고 위에서 본 모양에 수를 써 보세요.

1

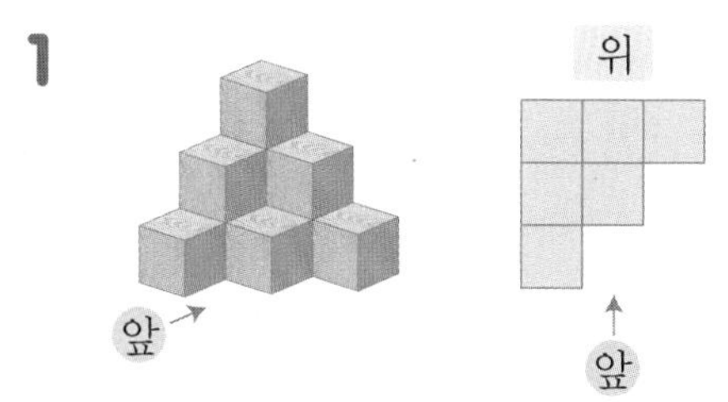

2

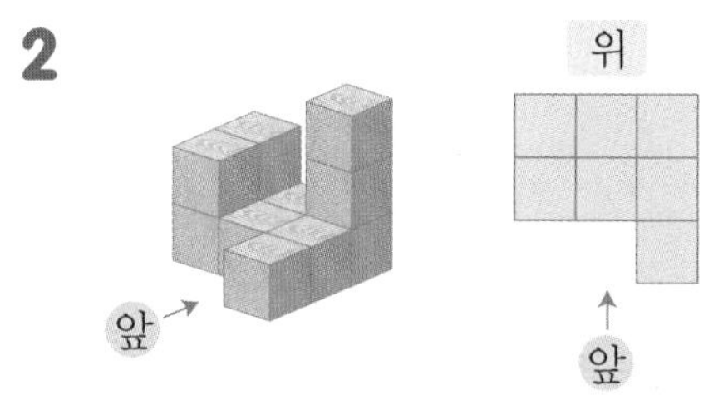

3

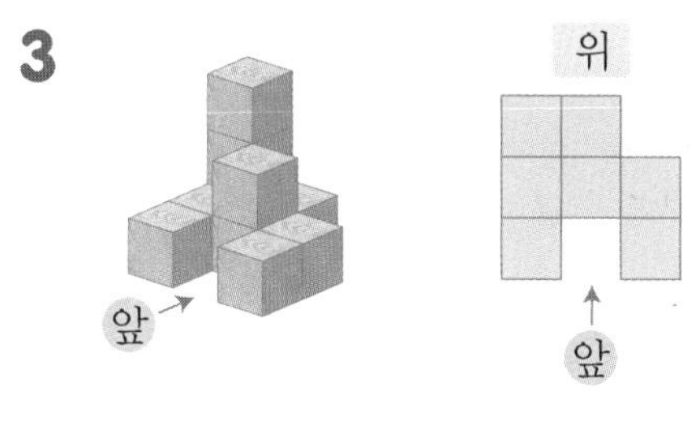

4

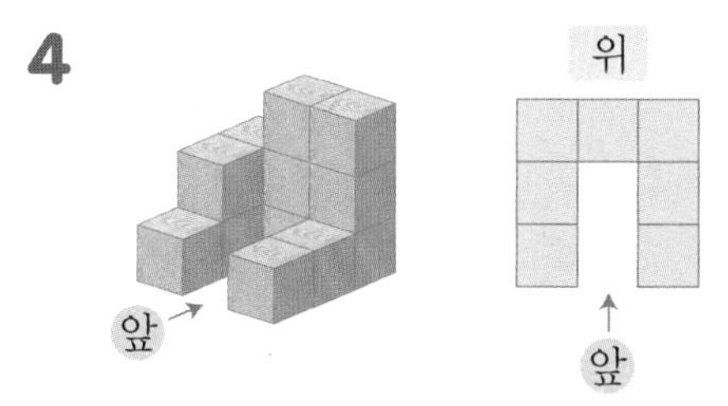

7 위에서 본 모양에 쓴 수를 보고 쌓기나무로 쌓은 모양 찾기

• 쌓기나무로 쌓은 모양을 보고 위에서 본 모양에 수를 썼습니다. 보기 에서 어떤 모양인지 찾아 기호를 써 보세요.

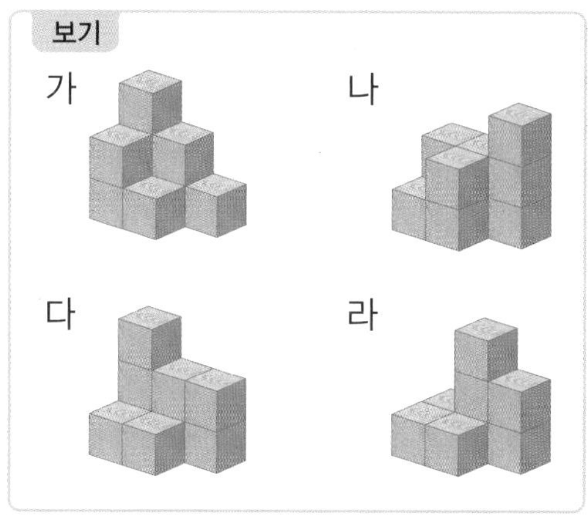

1 위

2	2	3
1	2	

(　　　　　　　　)

2 위

3	2	2
1	1	

(　　　　　　　　)

3 위

1	3	2
1	1	

(　　　　　　　　)

4 위

3	2	1
2	1	

(　　　　　　　　)

3

8 위에서 본 모양에 쓴 수를 보고 쌓기나무로 쌓은 모양 알아보기

● 쌓기나무로 쌓은 모양을 보고 위에서 본 모양에 수를 썼습니다. 앞과 옆에서 본 모양을 각각 그려 보세요.

1
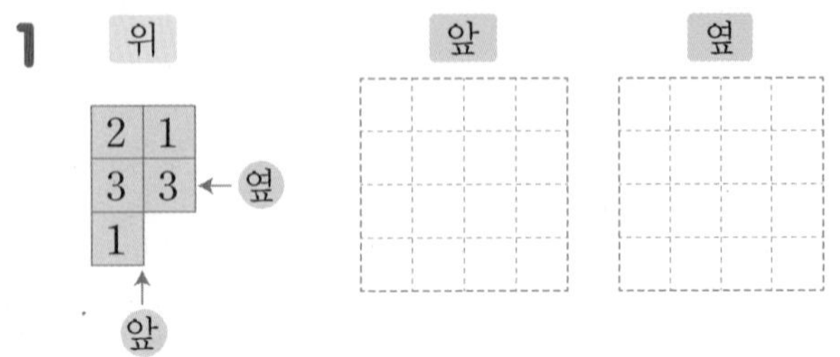

2
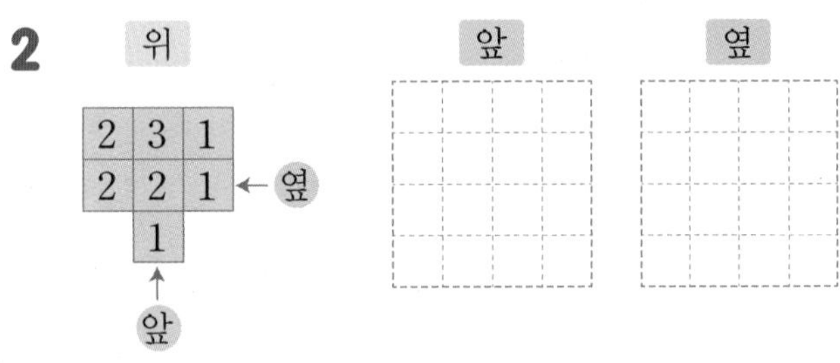

3
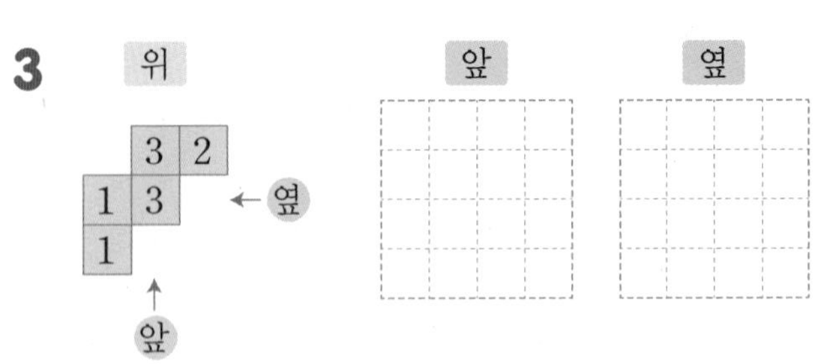

4
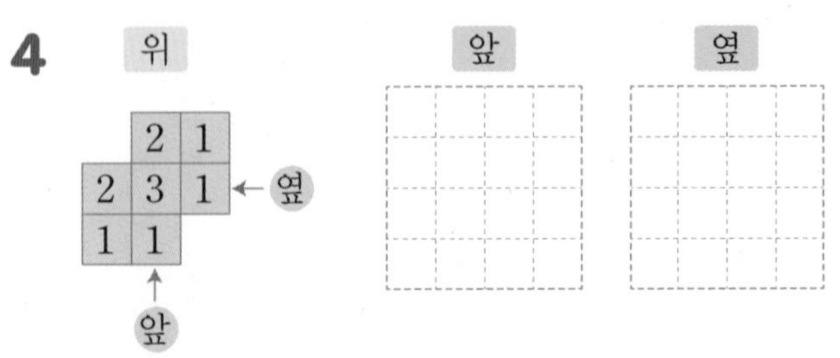

9 쌓기나무로 쌓은 모양을 보고, 층별로 나타낸 모양 그리기

● 쌓기나무로 쌓은 모양과 1층 모양을 보고 2층 모양과 3층 모양을 각각 그려 보세요.

1
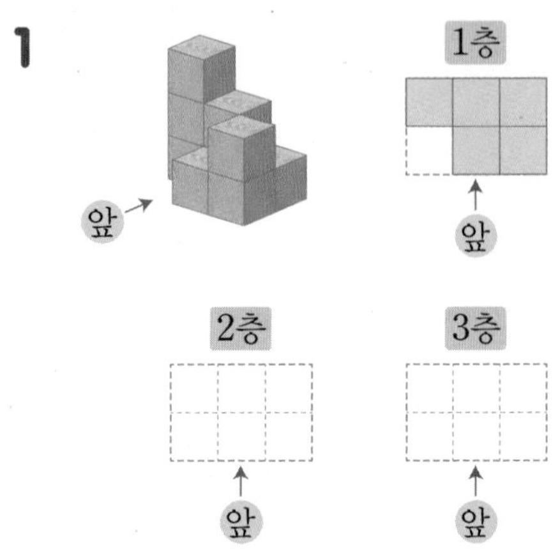

2
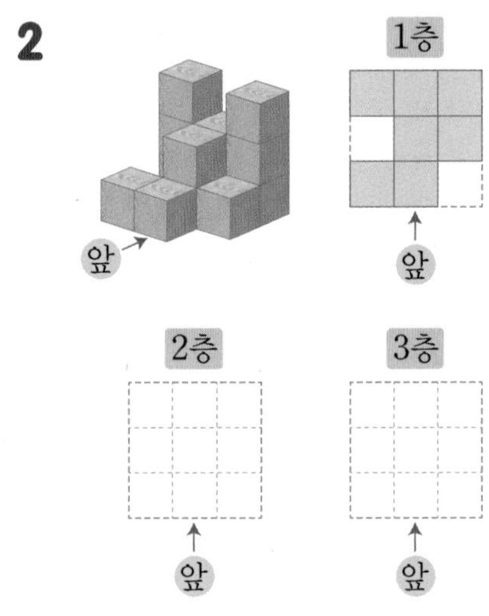

3
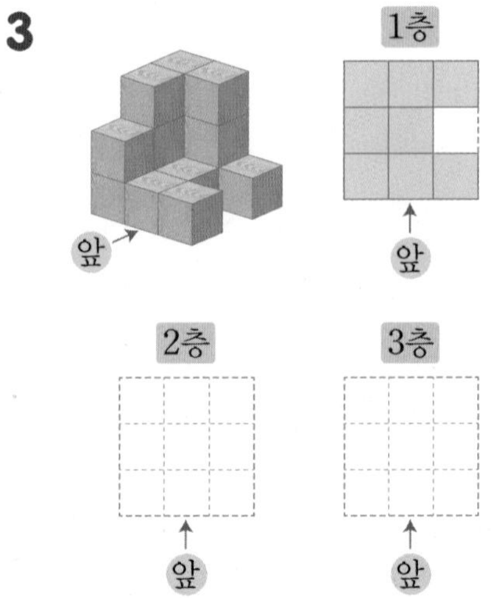

정답과 풀이 24쪽

10 층별로 나타낸 모양을 보고 쌓기나무의 모양 알아보기

• 쌓기나무로 쌓은 모양을 층별로 나타낸 모양을 보고 쌓은 모양을 찾아 기호를 써 보세요.

1

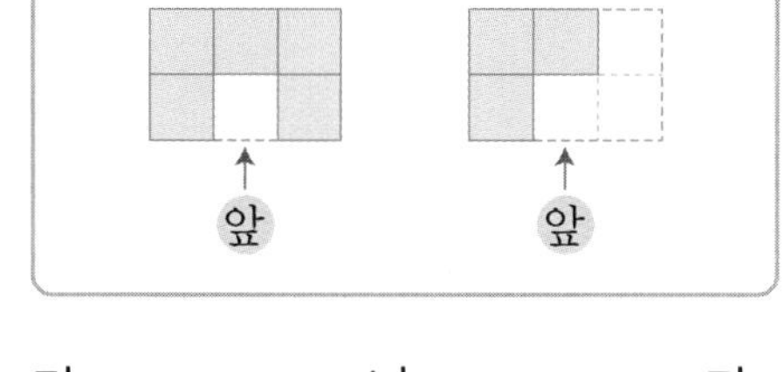

가 나 다

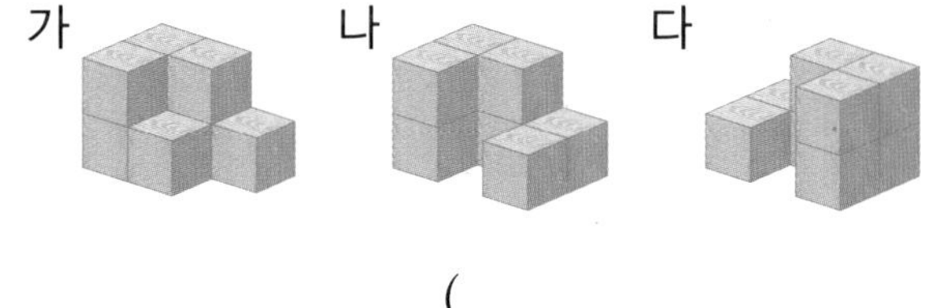

( )

2

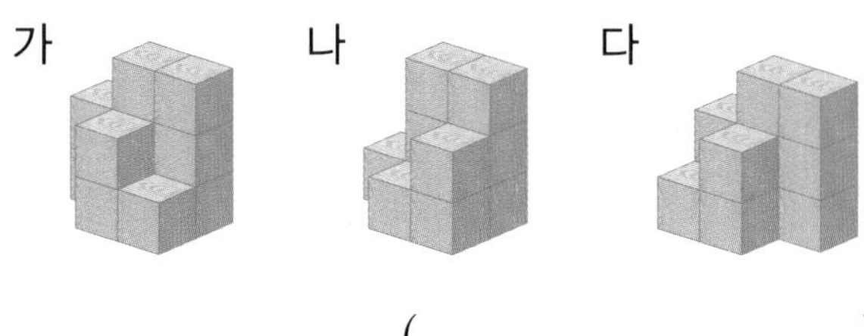

( )

3

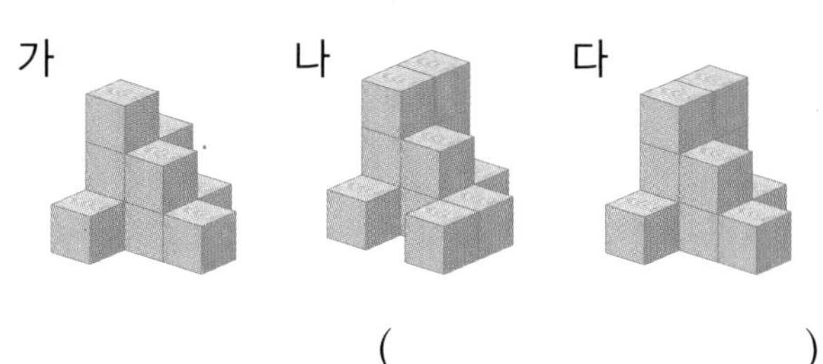

( )

11 층별로 나타낸 모양을 보고 쌓기나무의 개수 구하기

• 쌓기나무로 쌓은 모양을 층별로 나타낸 모양입니다. 위에서 본 모양에 수를 쓰는 방법으로 나타내고, 똑같은 모양을 쌓는 데 필요한 쌓기나무의 개수를 구해 보세요.

1 1층 2층 3층 위

( )

2

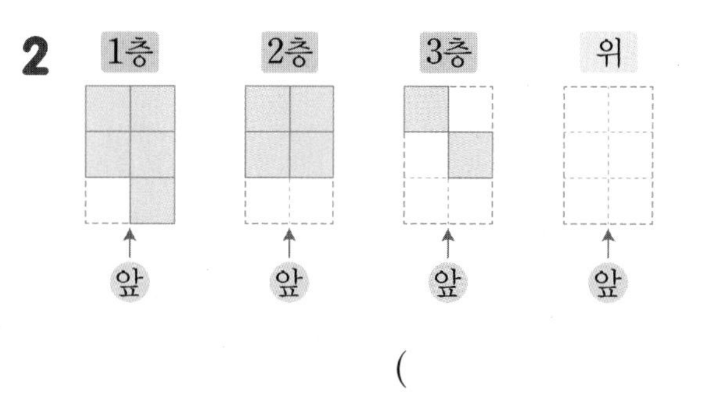

( )

• 쌓기나무로 쌓은 모양을 층별로 나타낸 모양입니다. 앞에서 본 모양을 그려 보고, 똑같은 모양을 쌓는 데 필요한 쌓기나무의 개수를 구해 보세요.

3

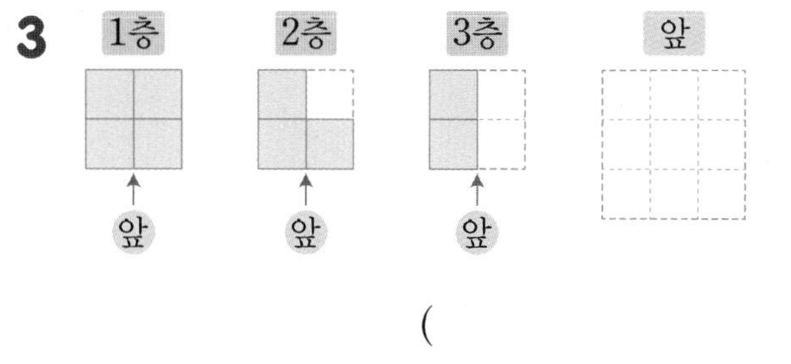

( )

4

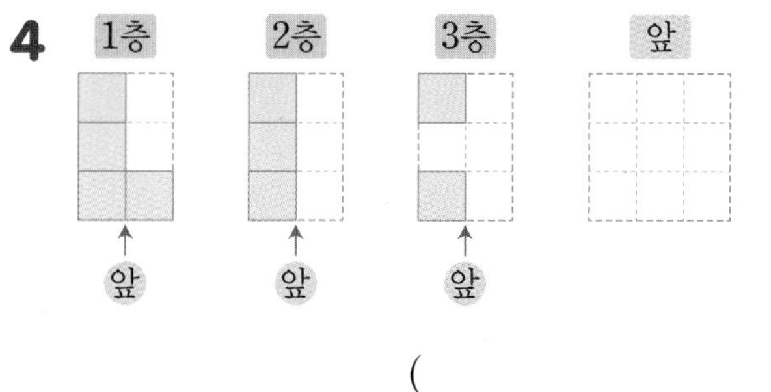

( )

3

12 쌓기나무 1개를 붙여서 만들 수 있는 모양 찾기

● 주어진 모양에 쌓기나무 1개를 붙여서 만들 수 있는 모양이 아닌 것을 찾아 기호를 써 보세요.

1

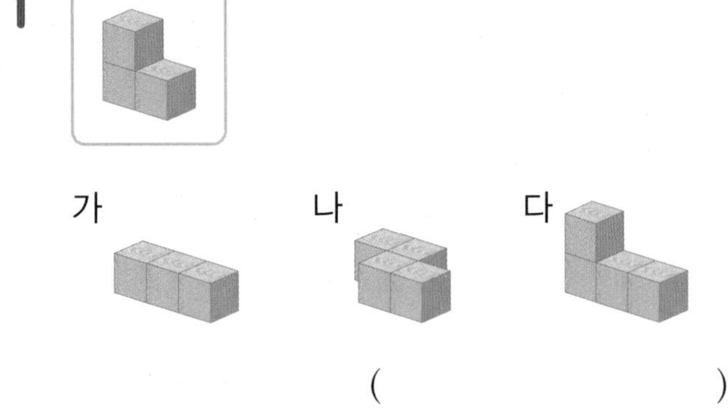

( )

2

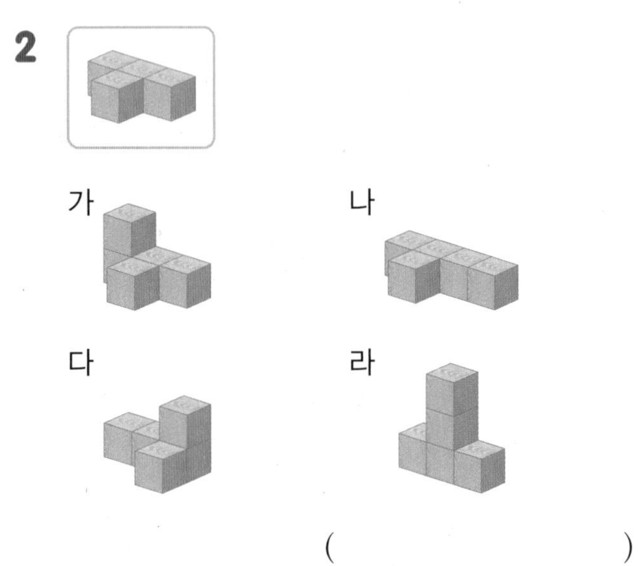

( )

3

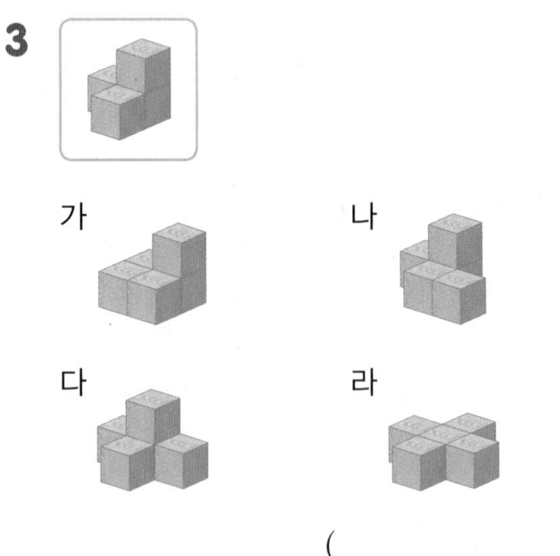

( )

13 두 가지 모양을 사용하여 여러 가지 모양 만들기

[1～2] 두 가지 모양을 사용하여 만들 수 있는 모양을 모두 찾아 기호를 써 보세요.

1

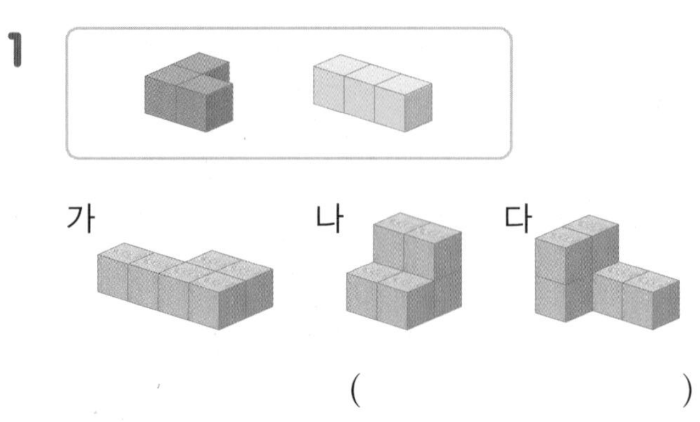

( )

2

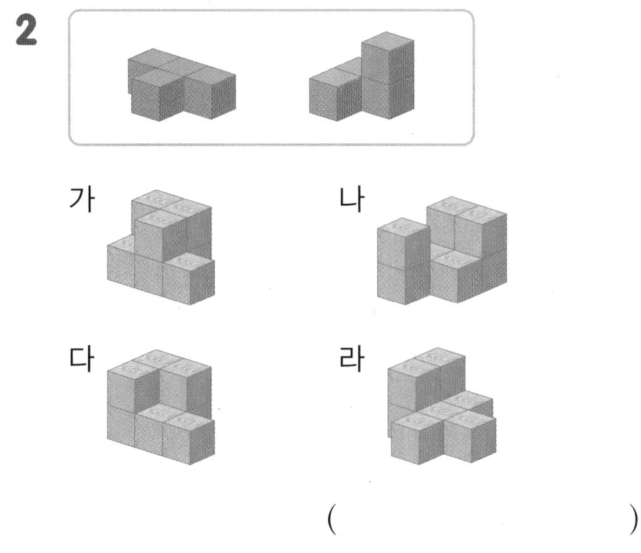

( )

3 두 가지 모양을 사용하여 새로운 모양을 만들었습니다. 어떻게 만들었는지 구분하여 색칠해 보세요.

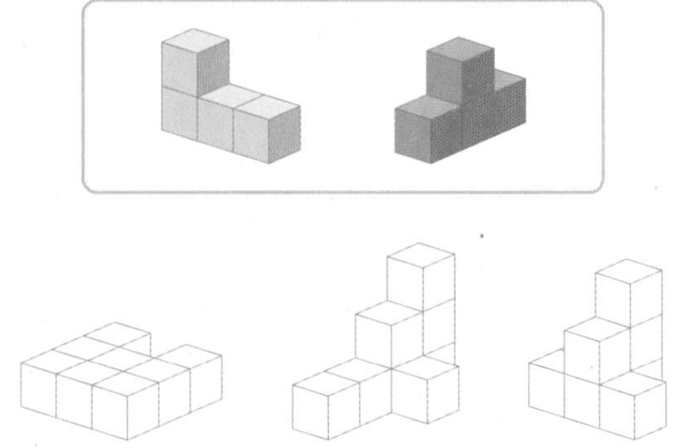

단원 평가

점수 확인

1 쌓기나무를 왼쪽과 같은 모양으로 쌓았습니다. 쌓은 모양을 위에서 본 모양에 ○표 하세요.

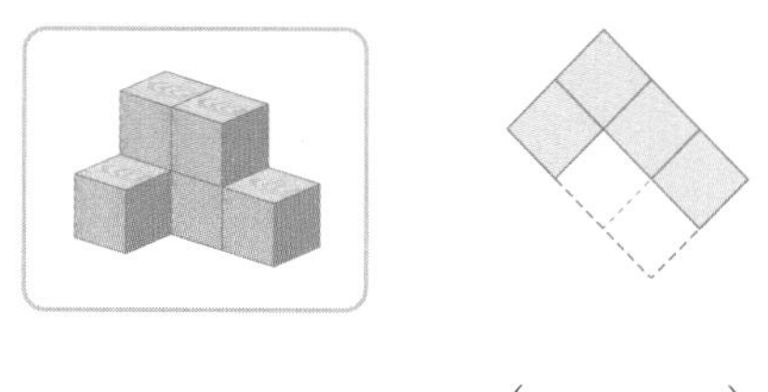

( ) ( )

2 쌓기나무를 다음과 같은 모양으로 쌓았습니다. 1층에 쌓인 쌓기나무의 개수를 구해 보세요.

( )

3 쌓기나무 7개로 쌓은 모양을 위에서 본 모양이 다른 것을 찾아 기호를 써 보세요.

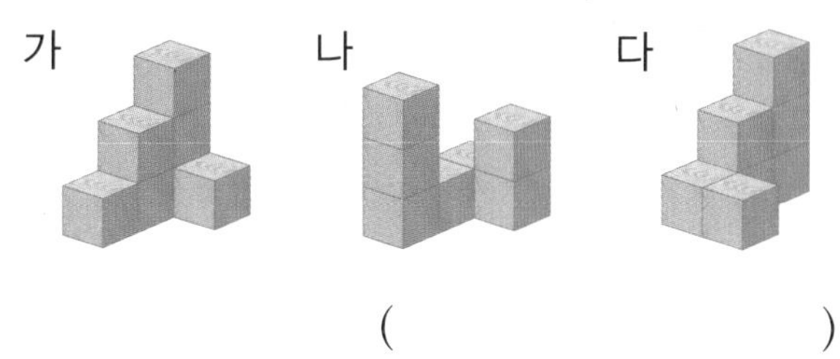

( )

4 주어진 모양과 똑같이 쌓는 데 필요한 쌓기나무의 개수를 구해 보세요.

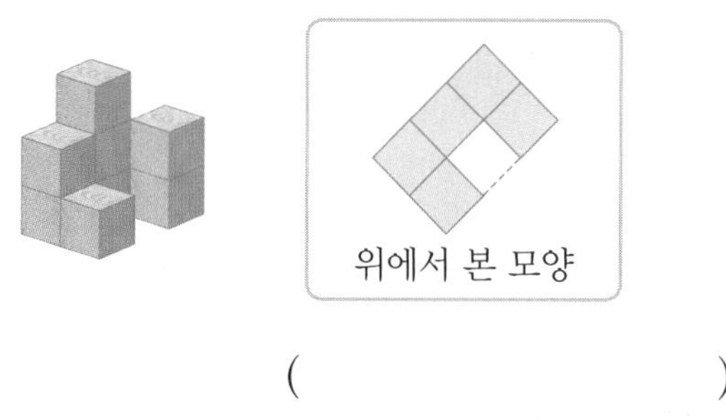

( )

5 쌓기나무로 쌓은 모양을 보고 위에서 본 모양에 수를 써 보세요.

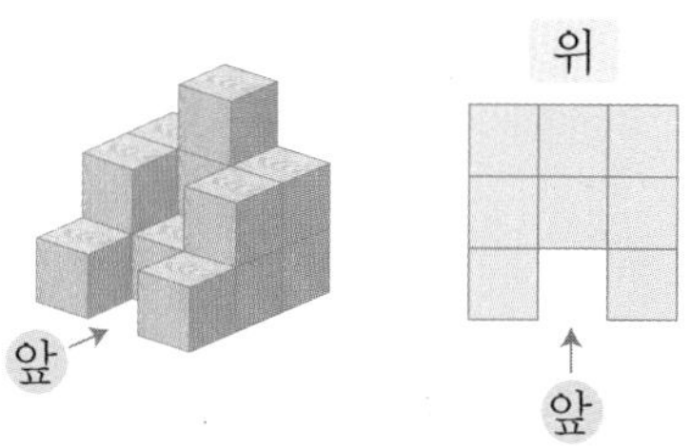

[6~7] 쌓기나무를 쌓은 모양과 위에서 본 모양을 보고 쌓기나무의 개수를 구하려고 합니다. □ 안에 알맞은 수를 써넣으세요.

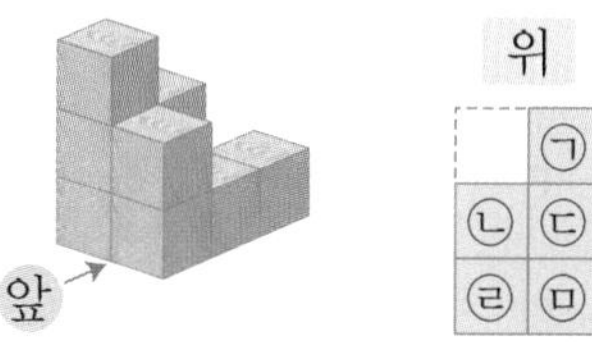

6 위에서 본 모양에 수를 쓰면 ㉠에 □개, ㉡에 □개, ㉢에 □개, ㉣에 □개, ㉤에 □개이므로 사용된 쌓기나무의 개수는 모두 □개입니다.

7 층별로 살펴보면 1층에 □개, 2층에 □개, 3층에 □개이므로 사용된 쌓기나무의 개수는 모두 □개입니다.

8 뒤집거나 돌렸을 때 보기 와 같은 모양이 되는 것을 찾아 기호를 써 보세요.

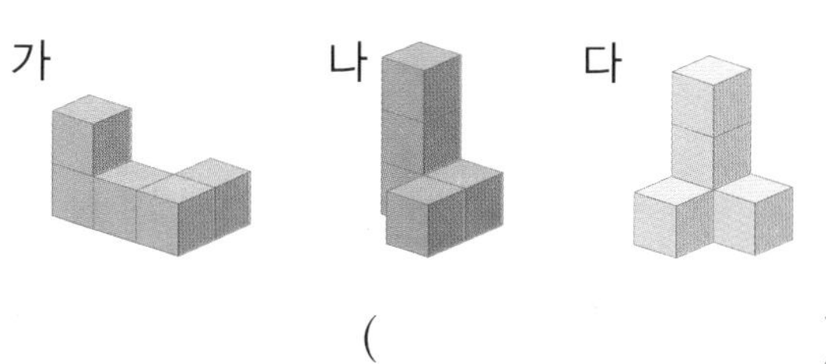

( )

3

9 쌓기나무로 쌓은 모양과 위에서 본 모양입니다. 앞과 옆에서 본 모양을 각각 그려 보세요.

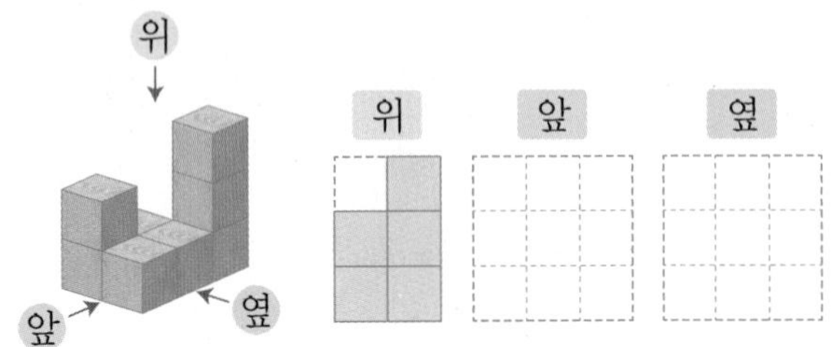

10 쌓기나무로 쌓은 모양과 1층 모양을 보고 2층 모양과 3층 모양을 각각 그려 보세요.

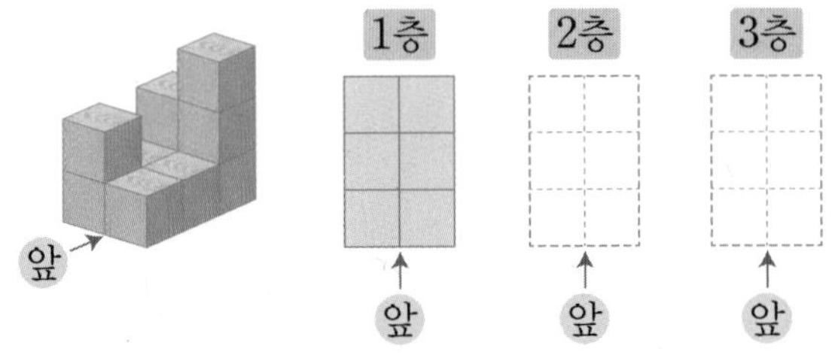

11 쌓기나무로 쌓은 모양을 위, 앞, 옆에서 본 모양입니다. 똑같은 모양으로 쌓는 데 필요한 쌓기나무의 개수를 구해 보세요.

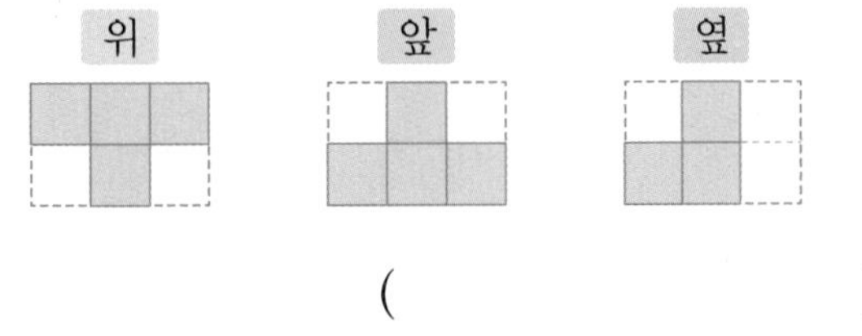

( )

12 쌓기나무로 쌓은 모양을 보고 위에서 본 모양에 수를 썼습니다. 앞과 옆에서 본 모양을 각각 그려 보세요.

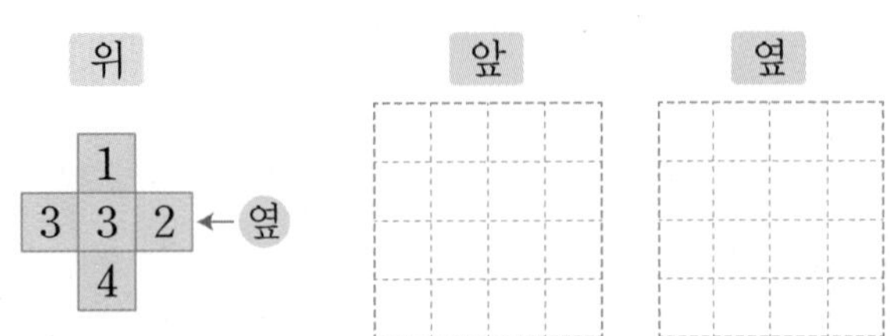

13 오른쪽 모양을 위에서 내려다보면 어떤 모양인지 찾아 기호를 써 보세요.

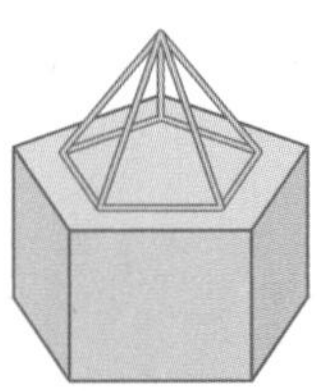

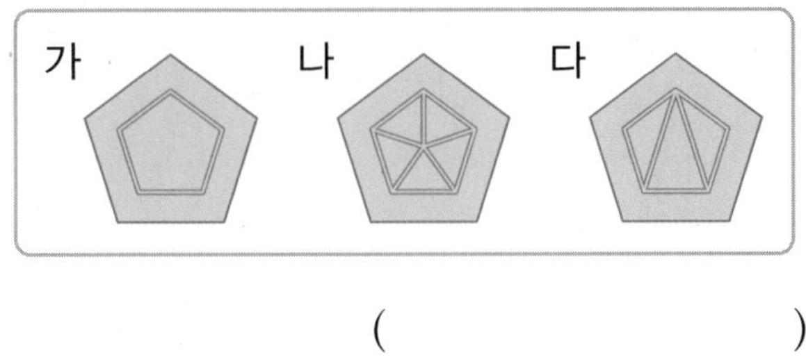

( )

14 쌓기나무로 쌓은 모양을 보고 위에서 본 모양에 수를 썼습니다. 관계있는 것끼리 이어 보세요.

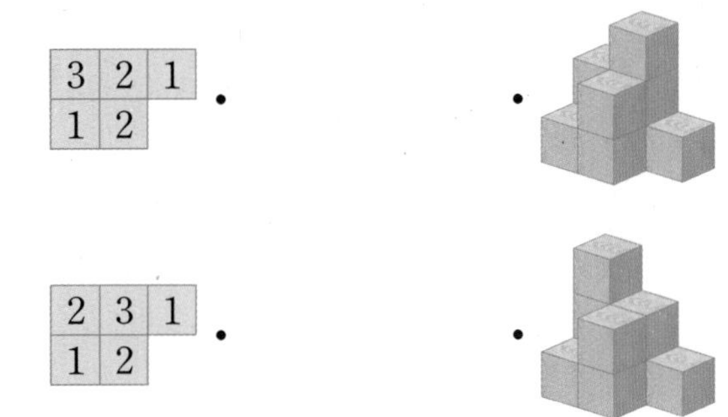

15 쌓기나무로 쌓은 모양을 층별로 나타낸 모양입니다. 위에서 본 모양에 수를 쓰는 방법으로 나타내고, 똑같은 모양으로 쌓는 데 필요한 쌓기나무의 개수를 구해 보세요.

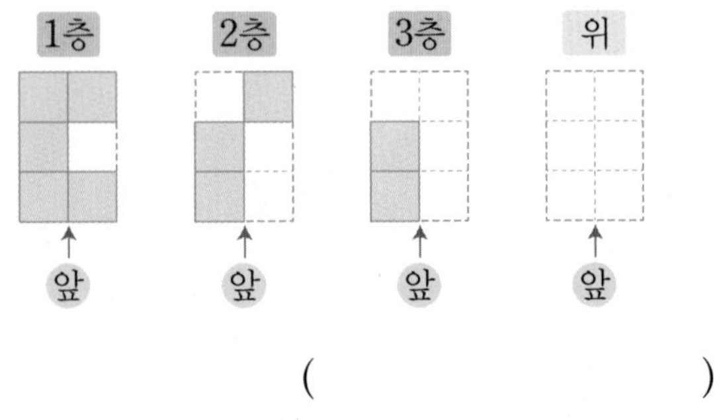

( )

서술형 문제

정답과 풀이 26쪽

16 쌓기나무를 4개씩 붙여서 만든 두 가지 모양을 사용하여 새로운 모양을 만들었습니다. 어떻게 만들었는지 구분하여 색칠해 보세요.

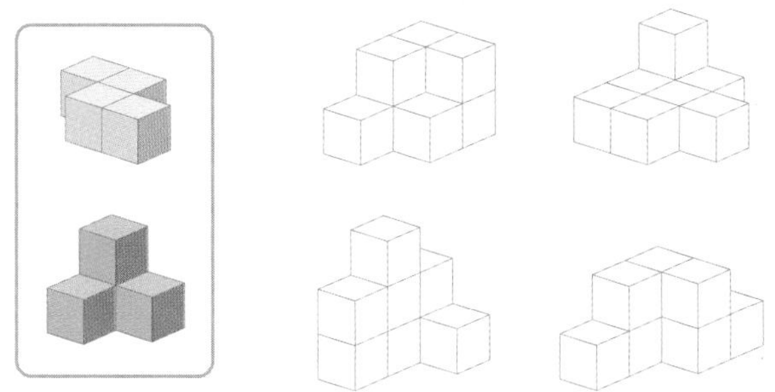

17 쌓기나무로 쌓은 모양과 위에서 본 모양입니다. 옆에서 보았을 때, 가능한 모양을 그려 보세요.

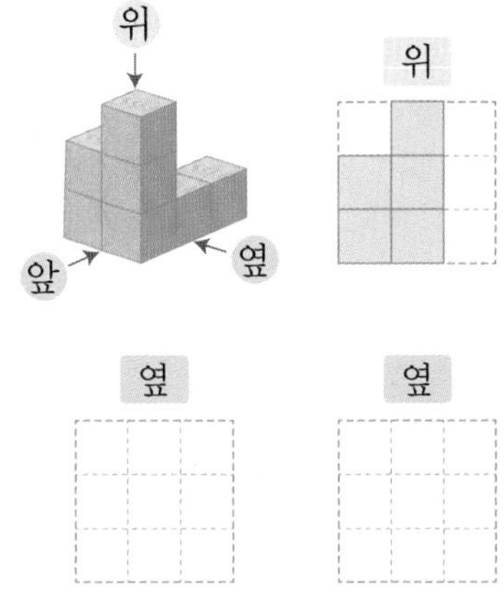

18 쌓기나무를 위, 앞, 옆에서 본 모양이 다음과 같이 되도록 만들려면 모두 몇 가지 방법으로 만들 수 있습니까?

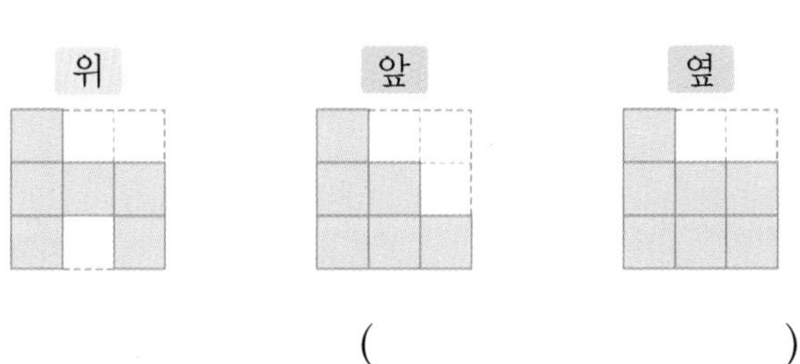

( )

19 쌓기나무로 쌓은 모양을 보고 위에서 본 모양에 수를 썼습니다. 3층에 쌓인 쌓기나무는 몇 개인지 보기 와 같이 풀이 과정을 쓰고 답을 구해 보세요.

2	3	1
	1	4
		2

보기

2층에 쌓인 쌓기나무는 그림에서 2 이상의 수가 적힌 칸 수와 같으므로 4개입니다.

답 4개

3층에 쌓인 쌓기나무는

답

20 주어진 모양과 똑같이 쌓는 데 필요한 쌓기나무는 가장 많은 경우 몇 개인지 보기 와 같이 풀이 과정을 쓰고 답을 구해 보세요.

위에서 본 모양

보기

쌓기나무가 가장 적은 경우는 1층에 6개, 2층에 3개, 3층에 1개인 경우이므로 필요한 쌓기나무는 $6+3+1=10$(개)입니다.

답 10개

쌓기나무가 가장 많은 경우는

답

비례식과 비례배분

<레몬에이드 만들기>

탄산수 100mL당
레몬 가루를 한 스푼씩 넣으세요!

내 컵에는 탄산수가 200 mL 있으니까
레몬 가루를 ☐ 스푼 넣으면 되겠다.

레몬 가루

500mL
400mL
300mL
200mL
100mL

친구들이 레몬에이드를 만들고 있어요. 레몬에이드 만들기 방법대로
레몬 가루를 각각 몇 스푼 넣어야 하는지 □ 안에 알맞은 수를 써넣으세요.

나는 벌써 완성!
탄산수 300 mL에 레몬 가루를
3스푼 넣었지.

내 컵에는 탄산수가
400 mL 있으니까 레몬 가루를
□스푼 넣어야겠어.

설탕
sugar
Sweet Honey
레몬 가루
500mL
400mL
300mL
200mL
100mL

1 비의 성질 알아보기

● **전항, 후항**

• 비 2 : 3 에서 기호 ':' 앞에 있는 2를 전항, 뒤에 있는 3을 후항이라고 합니다.

2 : 3
전항 후항

● **비의 성질(1)**

• 비의 전항과 후항에 0이 아닌 같은 수를 곱하여도 비율은 같습니다.

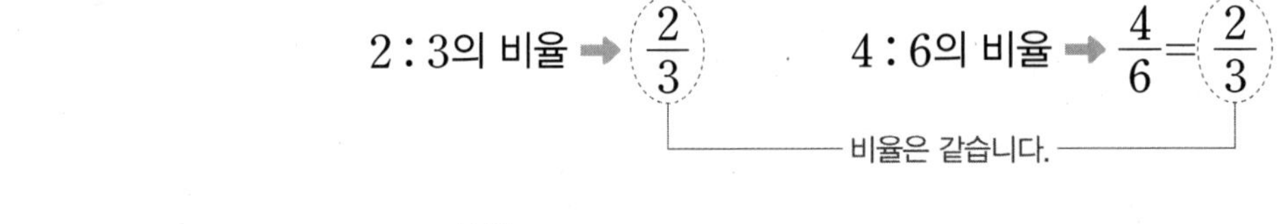

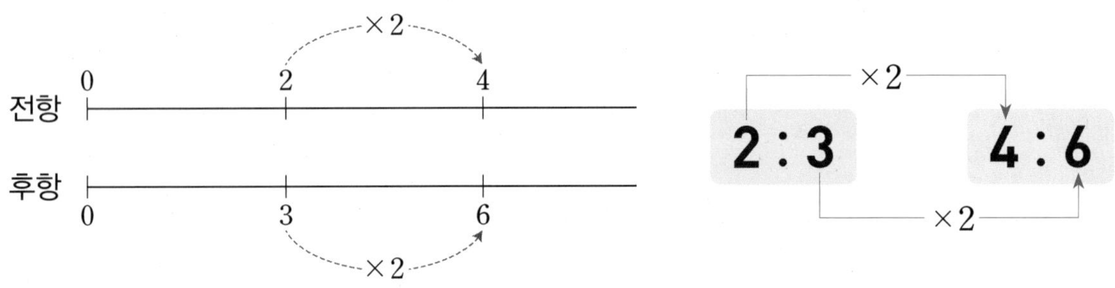

● **비의 성질(2)**

• 비의 전항과 후항을 0이 아닌 같은 수로 나누어도 비율은 같습니다.

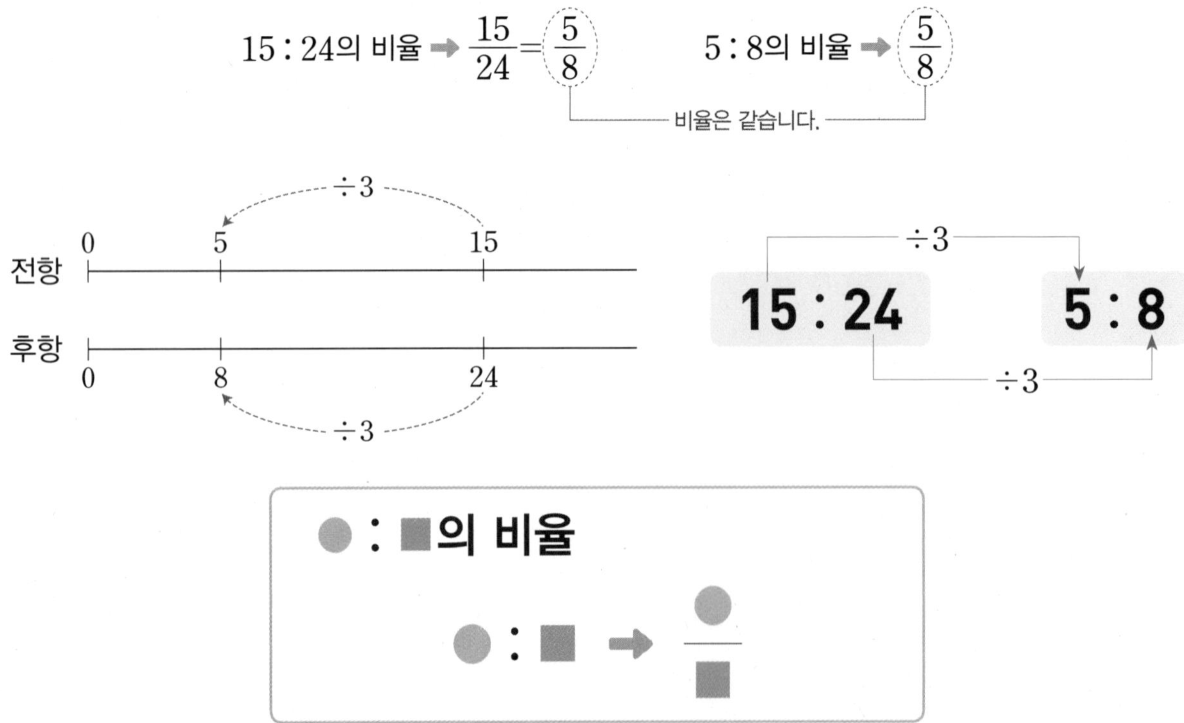

정답과 풀이 27쪽

1 전항에 △표, 후항에 ○표 하세요.

① 4 : 5

② 9 : 2

비에서 ' : ' 앞에 있는 수를 전항, 뒤에 있는 수를 후항이라고 해요.

2 □ 안에 알맞은 말을 써넣으세요.

6학년 때 배웠어요

비율 알아보기

기준량에 대한 비교하는 양의 크기를 비율이라고 합니다.

(비율)
=(비교하는 양)÷(기준량)
$=\frac{(\text{비교하는 양})}{(\text{기준량})}$

① $2:5$ → ($\times 3$, $\times 3$) → $6:15$

비의 전항과 후항에 0이 아닌 같은 수를 □ 비율은 같습니다.

② $5:15$ → ($\div 5$, $\div 5$) → $1:3$

비의 전항과 후항을 0이 아닌 같은 수로 □ 비율은 같습니다.

3 비의 성질을 이용하여 비율이 같은 비를 찾아 이어 보세요.

20 : 15 •	• 6 : 21
2 : 7 •	• 2 : 18
1 : 9 •	• 4 : 3

비의 전항과 후항에 0이 아닌 같은 수를 곱하거나 0이 아닌 같은 수로 나누었을 때 같은 비를 찾아보아요.

4 비의 성질을 이용하여 □ 안에 알맞은 수를 써넣으세요.

① $4:1$ → ($\times$□, $\times 4$) → $16:$□

② $6:14$ → ($\div 2$, $\div$□) → □$:7$

비의 전항과 후항에 0이 아닌 같은 수를 곱하거나 0이 아닌 같은 수로 나누어도 비율이 같아요.

2 간단한 자연수의 비로 나타내기

소수의 비를 간단한 자연수의 비로 나타내기

전항과 후항에 10, 100, 1000, ...을 곱합니다.

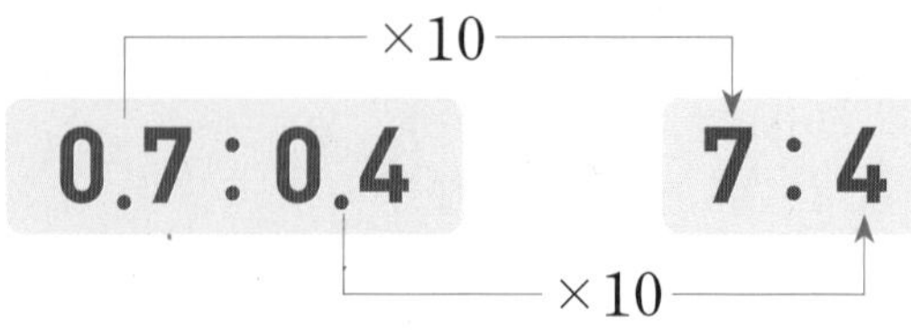

0.7과 0.4가 소수 한 자리 수이므로 10을 곱합니다.

분수의 비를 간단한 자연수의 비로 나타내기

전항과 후항에 두 분모의 최소공배수를 곱합니다.

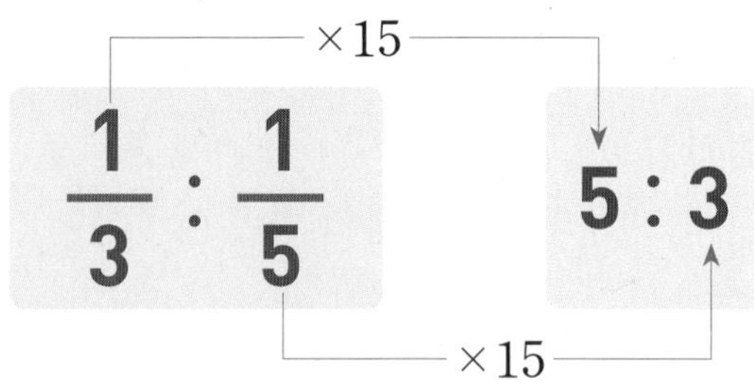

3과 5의 최소공배수인 15를 곱합니다.

자연수의 비를 간단한 자연수의 비로 나타내기

전항과 후항을 전항과 후항의 최대공약수로 나눕니다.

28과 35의 최대공약수인 7로 나눕니다.

소수와 분수의 비를 간단한 자연수의 비로 나타내기

• $0.4 : \frac{1}{2}$의 계산

방법 1 소수를 분수로 바꾸기
└→ 전항 0.4를 분수로 바꾸면 $\frac{4}{10}$입니다.

$\frac{4}{10} : \frac{1}{2}$ → (전항 ×10, 후항 ×10) → $4 : 5$

방법 2 분수를 소수로 바꾸기
└→ 후항 $\frac{1}{2}$을 소수로 바꾸면 0.5입니다.

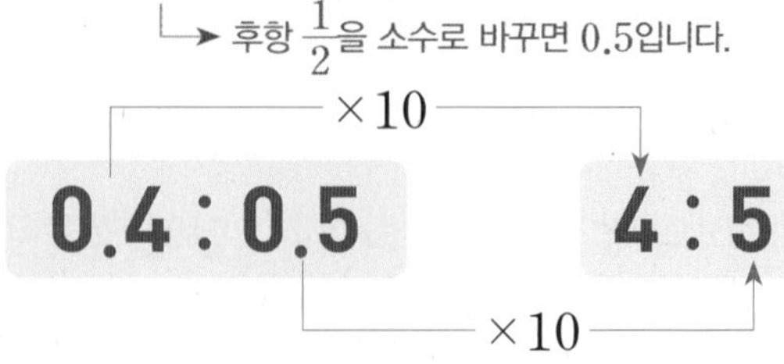

정답과 풀이 27쪽

1 $1.4:0.5$를 간단한 자연수의 비로 나타내려고 합니다. □ 안에 알맞은 수를 써넣으세요.

① 비의 전항과 후항에 □을/를 곱합니다.

②

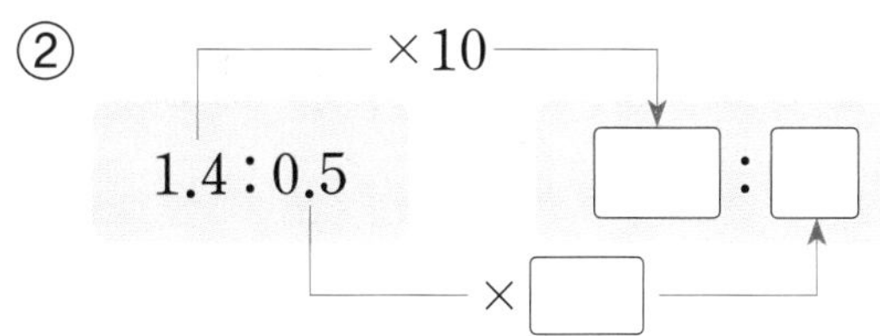

2 $\frac{3}{4}:\frac{5}{8}$를 간단한 자연수의 비로 나타내려고 합니다. □ 안에 알맞은 수를 써넣으세요.

① 비의 전항과 후항에 두 분모의 최소공배수인 □을/를 곱합니다.

②

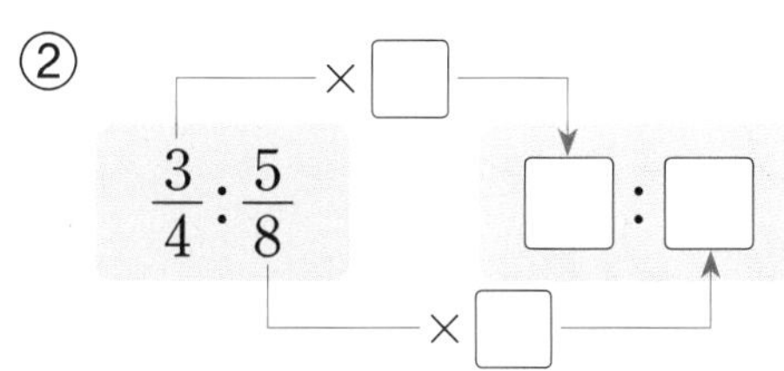

3 $48:36$을 간단한 자연수의 비로 나타내려고 합니다. □ 안에 알맞은 수를 써넣으세요.

① 비의 전항과 후항을 두 수의 최대공약수인 □(으)로 나눕니다.

②

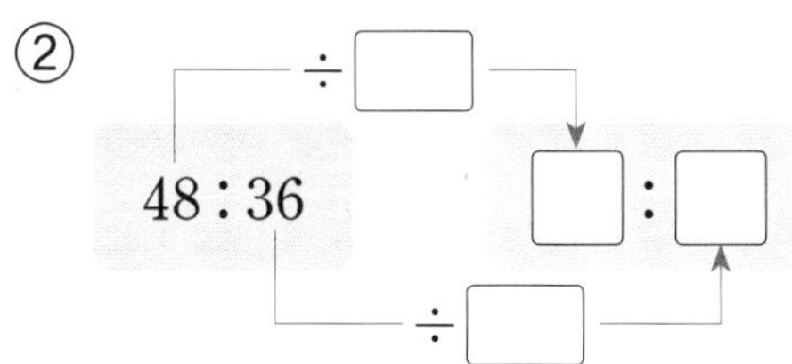

4 $\frac{8}{9}:0.3$을 간단한 자연수의 비로 나타내려고 합니다. □ 안에 알맞은 수를 써넣으세요.

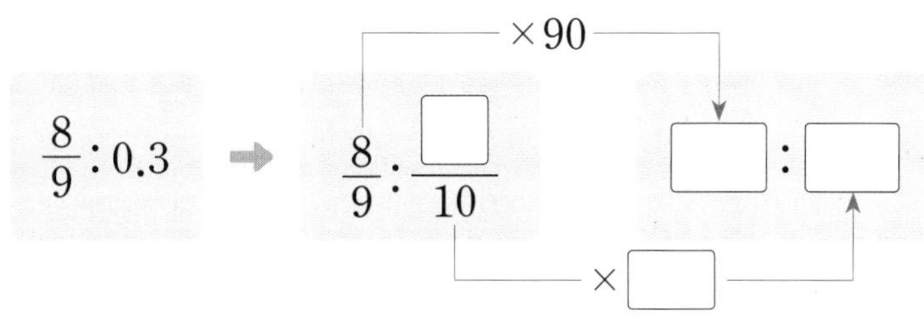

3 비례식 알아보기

● **비례식 알아보기**

• 비례식: 비율이 같은 두 비를 기호 '='를 사용하여 3 : 4=6 : 8과 같이 나타낸 식

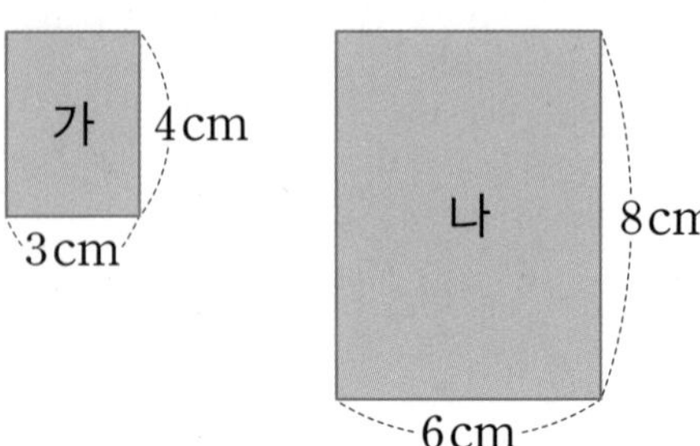

직사각형	(가로) : (세로)	비율
가	3 : 4	$\frac{3}{4}$
나	6 : 8	$\frac{6}{8}=\frac{3}{4}$

3 : 4 = 6 : 8

• 비의 외항과 내항

비례식 9 : 6=27 : 18에서 바깥쪽에 있는 9와 18을 외항, 안쪽에 있는 6과 27을 내항이라고 합니다.

외항

9 : 6 = 27 : 18

내항

● **비례식을 이용하여 비의 성질 나타내기**

• 2 : 3은 전항과 후항에 3을 곱한 6 : 9와 그 비율이 같습니다.

×3

2 : 3 = 6 : 9

×3

• 18 : 48은 전항과 후항을 6으로 나눈 3 : 8과 그 비율이 같습니다.

÷6

18 : 48 = 3 : 8

÷6

정답과 풀이 28쪽

1 다음을 보고 □ 안에 알맞은 수나 말을 써넣으세요.

1 : 2 = 3 : 6

① 1 : 2의 비율은 □입니다.

② 3 : 6의 비율은 $\frac{\square}{6}=\frac{\square}{2}$입니다.

③ 두 비 1 : 2와 3 : 6의 비율은 □.

④ 위와 같이 비율이 같은 두 비를 기호 '='를 사용하여 나타낸 식을 □(이)라고 합니다.

2 □ 안에 알맞은 수를 써넣으세요.

① 외항 4, □
4 : 3 = 16 : 12
내항 □, □

② 외항 □, □
3 : 5 = 9 : 15
내항 □, □

3 비례식을 찾아 ○표 하세요.

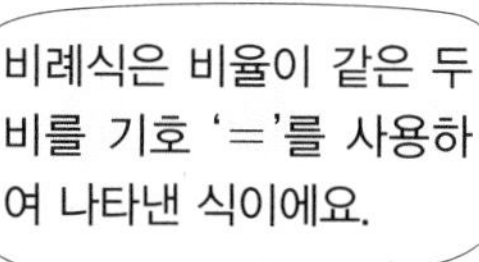

6×4=3×8	36÷9=21÷7	8 : 3=24 : 9
(　　)	(　　)	(　　)

4 비율이 같은 비를 찾아 비례식으로 세우려고 합니다. □ 안에 알맞은 비를 찾아 기호를 써 보세요.

2 : 3 = □

㉠ 6 : 8　　㉡ 8 : 10　　㉢ 10 : 15

(　　　　)

기본기 강화 문제

1 전항, 후항 알아보기

● 비에서 전항과 후항을 각각 써 보세요.

1 3 : 7

전항 (　　　　　　　　)

후항 (　　　　　　　　)

2 9 : 4

전항 (　　　　　　　　)

후항 (　　　　　　　　)

3 12 : 38

전항 (　　　　　　　　)

후항 (　　　　　　　　)

● 비에서 전항이 후항보다 큰 것을 모두 찾아 기호를 써 보세요.

4

㉠ 3 : 9　　㉡ 12 : 8
㉢ 5 : 7　　㉣ 25 : 11

(　　　　　　　　)

5

㉠ 15 : 8　　㉡ 9 : 36
㉢ 6 : 3　　㉣ 7 : 42

(　　　　　　　　)

2 비의 성질

● 비의 성질을 이용하여 □ 안에 알맞은 수를 써넣으세요.

1

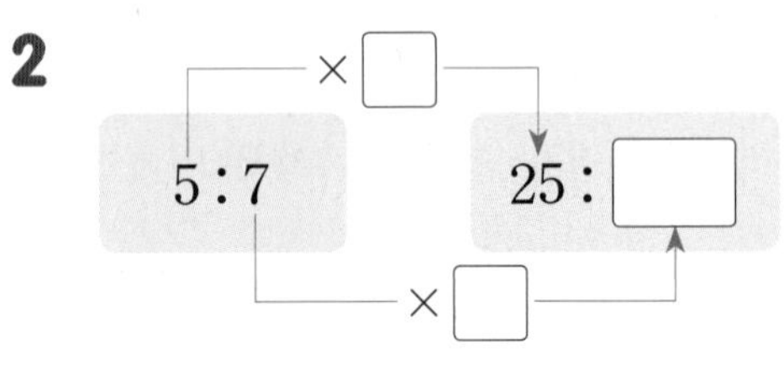

2

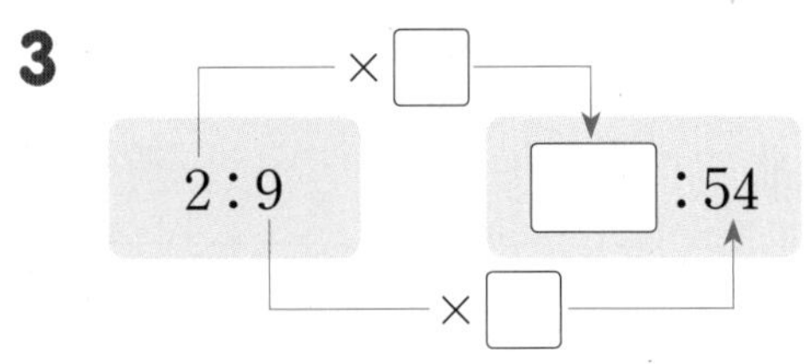

3

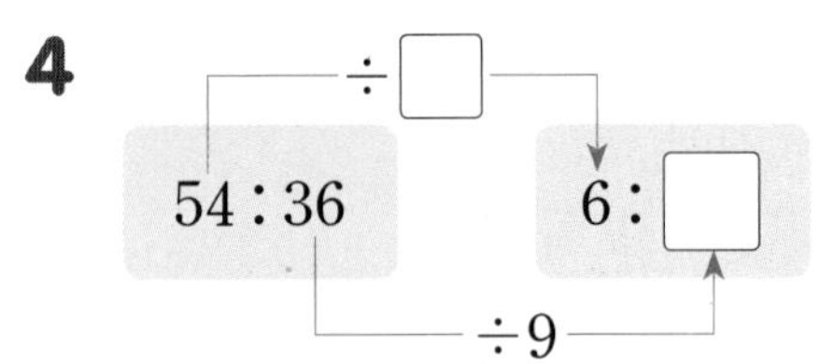

4

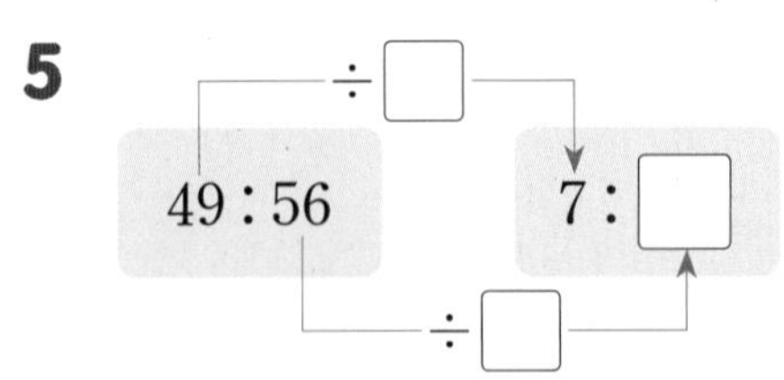

5

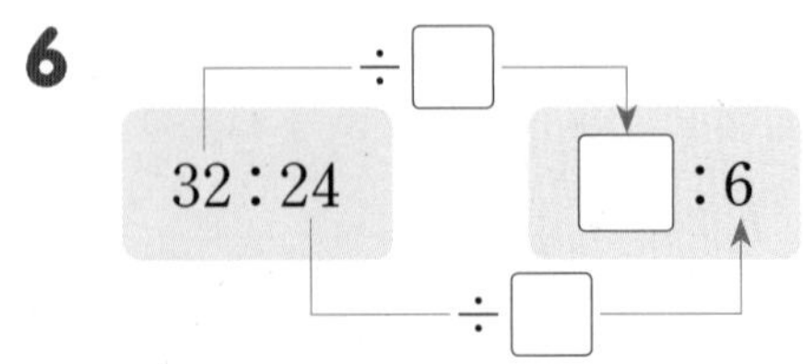

6

÷□

32 : 24　　□ : 6

÷□

3 알맞은 옷 찾기

• 비의 성질을 이용하여 주어진 비와 비율이 같은 비를 나타낸 옷을 찾아보세요.

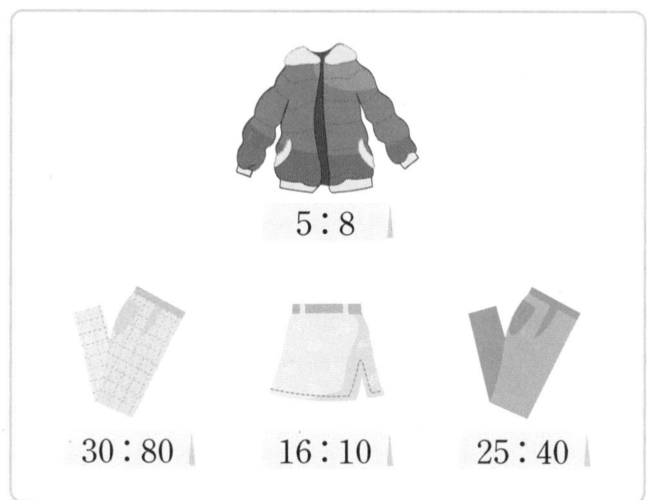

4

4 길이의 비가 같은 도형 찾기

1 가로와 세로의 비가 3 : 2와 비율이 같은 직사각형을 모두 찾아 기호를 써 보세요.

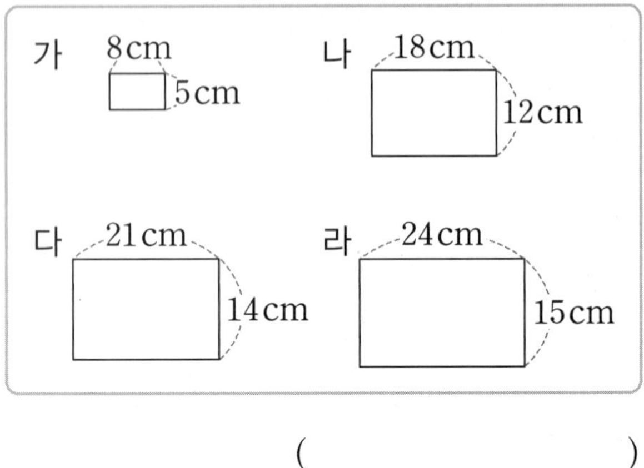

(　　　　　　　　)

2 밑변의 길이와 높이의 비가 5 : 4와 비율이 같은 삼각형을 모두 찾아 기호를 써 보세요.

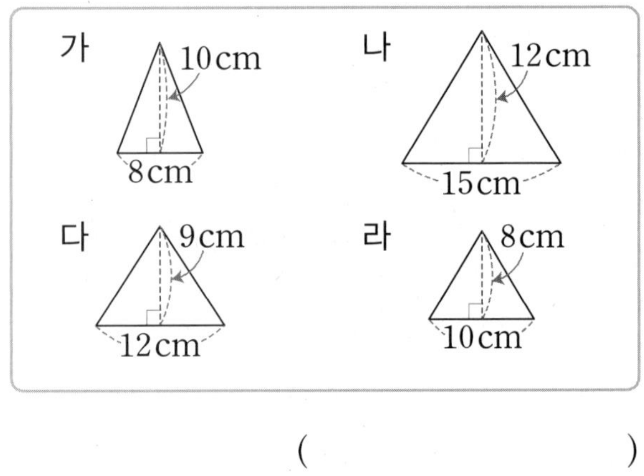

(　　　　　　　　)

3 밑변의 길이와 높이의 비가 7 : 9와 비율이 같은 평행사변형을 모두 찾아 기호를 써 보세요.

평행사변형	밑변의 길이(cm)	높이(cm)
가	63	81
나	54	42
다	21	27
라	36	28

(　　　　　　　　)

5 간단한 자연수의 비로 나타내기(1)

● □ 안에 알맞은 수를 써넣어 간단한 자연수의 비로 나타내어 보세요.

1

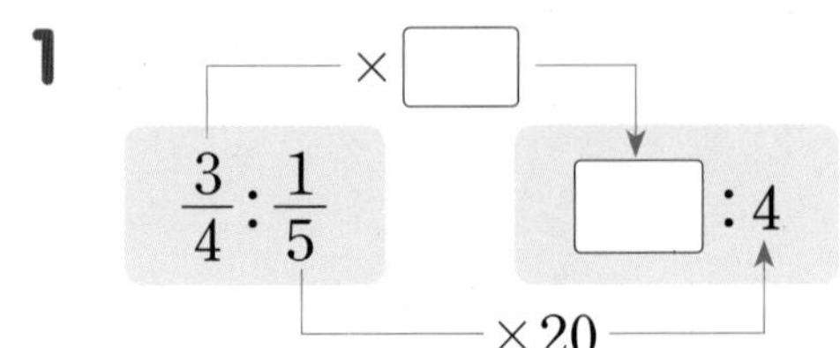

2

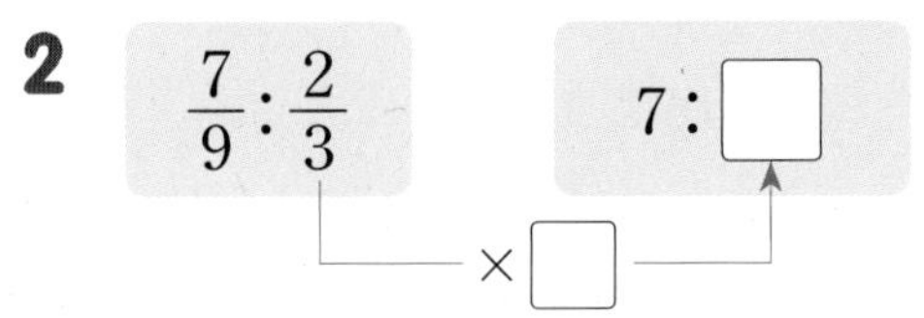

3

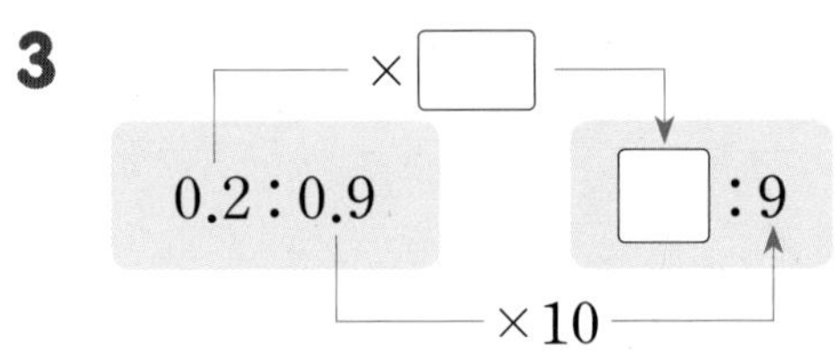

4

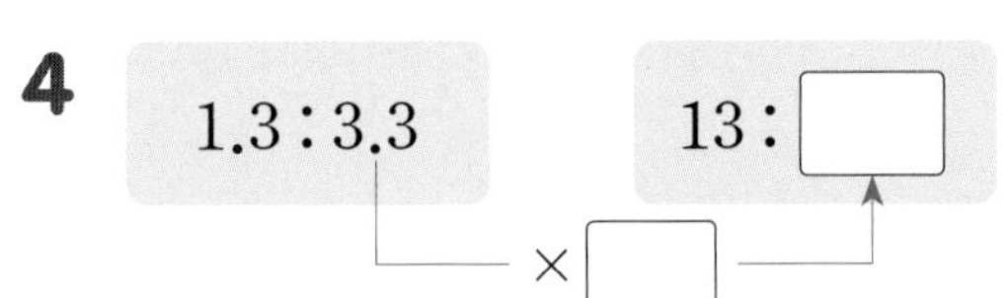

5

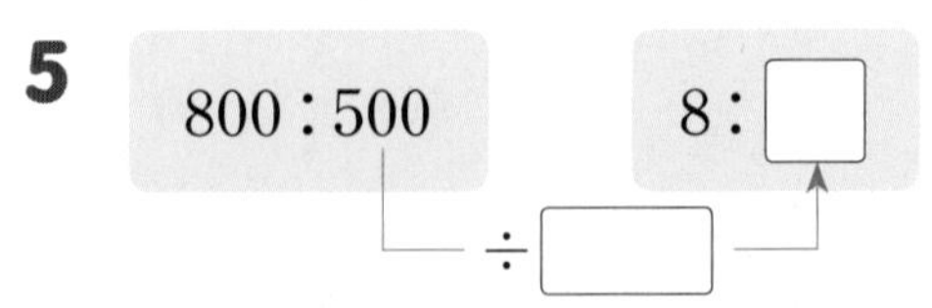

6

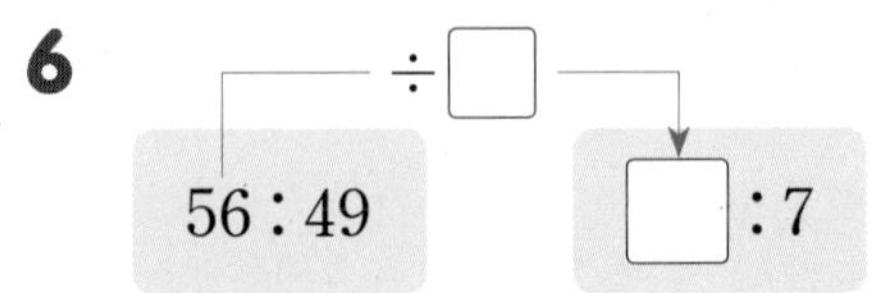

정답과 풀이 28쪽

6 간단한 자연수의 비로 나타내기(2)

• 간단한 자연수의 비로 나타내어 보세요.

1 $0.7:2.5$ ➡ (   )

2 $1.02:0.79$ ➡ (   )

3 $0.8:1.2$ ➡ (   )

4 $48:52$ ➡ (   )

5 $56:40$ ➡ (   )

6 $\frac{5}{6}:\frac{3}{4}$ ➡ (   )

7 $\frac{4}{5}:\frac{5}{6}$ ➡ (   )

8 $\frac{1}{6}:1\frac{2}{3}$ ➡ (   )

9 $\frac{7}{10}:\frac{4}{7}$ ➡ (   )

7 간단한 자연수의 비를 두 가지 방법으로 나타내기

• 분수와 소수의 비를 간단한 자연수의 비로 나타내려고 합니다. 두 가지 방법으로 나타내어 보세요.

1 $\frac{1}{2}:0.7$

방법 1 전항을 소수로 바꾸어 간단한 자연수의 비로 나타내기

방법 2 후항을 분수로 바꾸어 간단한 자연수의 비로 나타내기

2 $2.7:1\frac{4}{5}$

방법 1 후항을 소수로 바꾸어 간단한 자연수의 비로 나타내기

방법 2 전항을 분수로 바꾸어 간단한 자연수의 비로 나타내기

8 간단한 자연수의 비의 활용

1 민우와 정우가 100 m 달리기를 했습니다. 민우의 기록은 16초이고, 정우의 기록은 18초입니다. 민우의 기록과 정우의 기록의 비를 간단한 자연수의 비로 나타내어 보세요.

( )

2 선호가 찰흙으로 만들기를 하였는데 전체의 $\frac{1}{4}$을 사용하여 집을 만들고, 전체의 $\frac{1}{5}$을 사용하여 나무를 만들었습니다. 집을 만든 찰흙 양과 나무를 만든 찰흙 양의 비를 간단한 자연수의 비로 나타내어 보세요.

( )

3 채원이는 보라색 테이프 0.61 cm, 노란색 테이프 0.95 cm를 사용하여 무늬 꾸미기를 하였습니다. 사용한 보라색 테이프의 길이와 노란색 테이프의 길이를 간단한 자연수의 비로 나타내어 보세요.

( )

4 지민이는 매실 원액 0.2 L, 물 $\frac{3}{5}$ L를 넣어 매실주스를 만들었습니다. 지민이가 사용한 매실 원액의 양과 물의 양의 비를 간단한 자연수의 비로 나타내어 보세요.

( )

9 외항과 내항 찾기

● 비례식에서 외항과 내항을 찾아 써 보세요.

1 $4:3=24:18$

외항 ( )
내항 ( )

2 $2:9=8:36$

외항 ( )
내항 ( )

3 $4:5=16:20$

외항 ( )
내항 ( )

4 $16:40=2:5$

외항 ( )
내항 ( )

5 $8:11=64:88$

외항 ( )
내항 ( )

6 $35:49=5:7$

외항 ( )
내항 ( )

정답과 풀이 29쪽

10 비례식 세우기

• 비율이 같은 두 비를 찾아 비례식을 세워 보세요.

1 3 : 6　15 : 5　10 : 16　15 : 30

□ : □ = □ : □

2 15 : 9　5 : 2　25 : 10　10 : 8

□ : □ = □ : □

3 12 : 9　24 : 30　3 : 4　8 : 6

□ : □ = □ : □

4 4 : 7　14 : 21　28 : 49　35 : 20

□ : □ = □ : □

5 3 : 4　6 : 4　$\frac{1}{3}$: $\frac{1}{4}$　0.9 : 0.6

□ : □ = □ : □

11 옳은 비례식 찾기

• 옳은 비례식을 찾아 기호를 써 보세요.

1
㉠ 25 : 10=20 : 2　㉡ 5 : 2=10 : 4
㉢ 36 : 12=9 : 4　㉣ 4 : 7=16 : 21

(　　　　　　)

2
㉠ 14 : 16=7 : 8　㉡ 3 : 8=9 : 32
㉢ 5 : 12=10 : 17　㉣ 2 : 9=1 : 8

(　　　　　　)

3
㉠ 2 : 5=8 : 3　㉡ 3 : 4=13 : 14
㉢ 12 : 15=4 : 5　㉣ 20 : 9=60 : 18

(　　　　　　)

4
㉠ 4 : 18=2 : 20　㉡ 32 : 12= 16 : 6
㉢ 9 : 2=11 : 4　㉣ 3 : 8=2 : 6

(　　　　　　)

5
㉠ 3 : 11=12 : 30　㉡ 45 : 35=7 : 9
㉢ 6 : 8=8 : 12　㉣ 30 : 20=90 : 60

(　　　　　　)

비례식의 성질 알아보기, 비례식의 활용

비례식의 성질 알아보기

비례식에서 외항의 곱과 내항의 곱은 같습니다.

3×8

$3 : 4 = 6 : 8$

4×6

→ (외항의 곱) $= 3 \times 8 = 24$
(내항의 곱) $= 4 \times 6 = 24$ 같습니다.

비례식에서 □의 값 구하기

$7 : 9 = 21 : \square$

$7 \times \square$

$7 : 9 = 21 : \square$

9×21

→
$7 \times \square = 9 \times 21$
$7 \times \square = 189$
$\square = 189 \div 7$
$\square = 27$

비례식을 이용하여 문제 해결하기

쌀과 현미를 5 : 2로 섞어서 밥을 지을 때, 쌀 200 g을 넣는다면 현미는 몇 g을 넣어야 하는지 구하기

구하려는 것을 □라 하고 비례식 세우기	비례식의 성질을 이용하여 □의 값 구하기	단위를 사용하여 답으로 나타내기
$5 : 2 = 200 : \square$	$5 \times \square = 2 \times 200$ $5 \times \square = 400$ $\square = 400 \div 5$ $\square = 80$	쌀 200 g을 넣는다면 현미는 80 g을 넣어야 합니다.

개념 다르게 보기

비의 성질을 이용하여 문제를 해결할 수 있어요!

$\times 40$

$5 : 2 = 200 : \square$

$\times 40$

→ $\square = 2 \times 40 = 80$

1 □ 안에 알맞은 수를 써넣고 비례식이면 ○표, 비례식이 아니면 ×표 하세요.

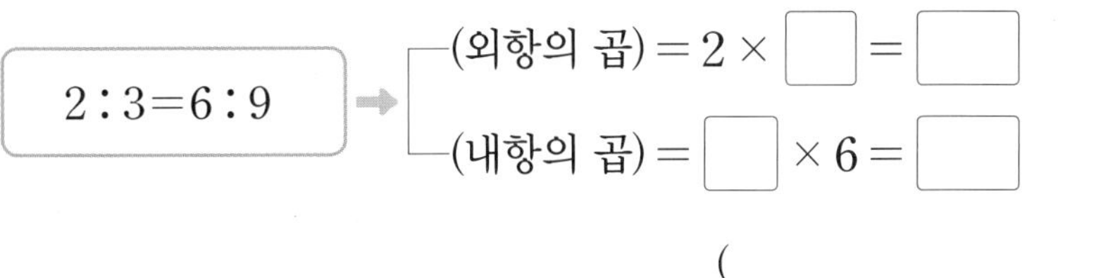

(　　　　　　　　)

2 옳은 비례식을 모두 찾아 ○표 하세요.

$3:5=35:21$	$0.9:0.5=18:10$
$4:7=\frac{1}{4}:\frac{1}{7}$	$50:16=25:8$

3 비례식의 성질을 이용하여 ■의 값을 구하려고 합니다. □ 안에 알맞은 수를 써넣으세요.

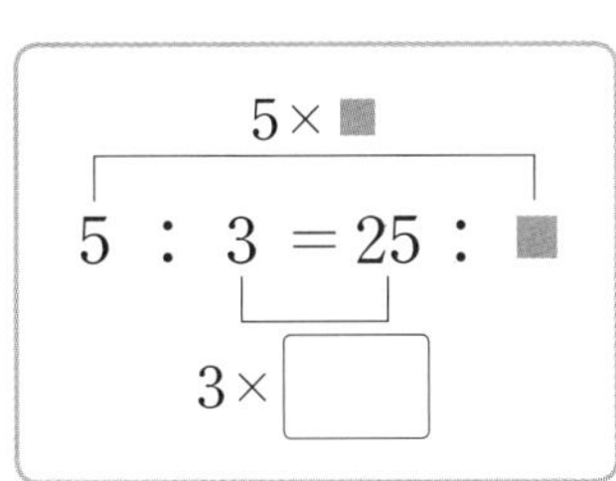

5 × ■ = 3 × □

5 × ■ = □

■ = □ ÷5

■ = □

4 가로와 세로의 비가 $3:2$인 직사각형 모양의 깃발을 만들 때 가로를 90 cm로 하면 세로는 몇 cm로 해야 하는지 구하려고 합니다. 물음에 답하세요.

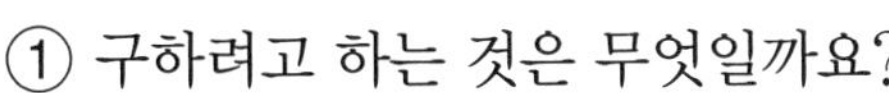

(　　　　　　　　)

② 깃발의 세로를 □cm라 하고 비례식을 세워 보세요.

(　　　　　　　　)

③ 깃발의 세로는 몇 cm로 해야 하는지 구해 보세요.

(　　　　　　　　)

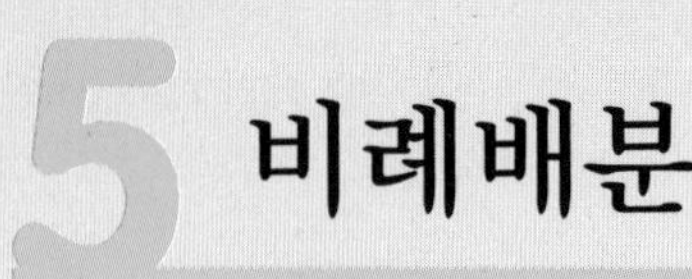

5 비례배분

● **비례배분 알아보기**

• 비례배분: 전체를 주어진 비로 배분하는 것

● **비례배분하기**

과자 14개를 은서와 지후가 4 : 3으로 나누어 가지려고 할 때, 과자를 어떻게 나누어야 하는지 구하기

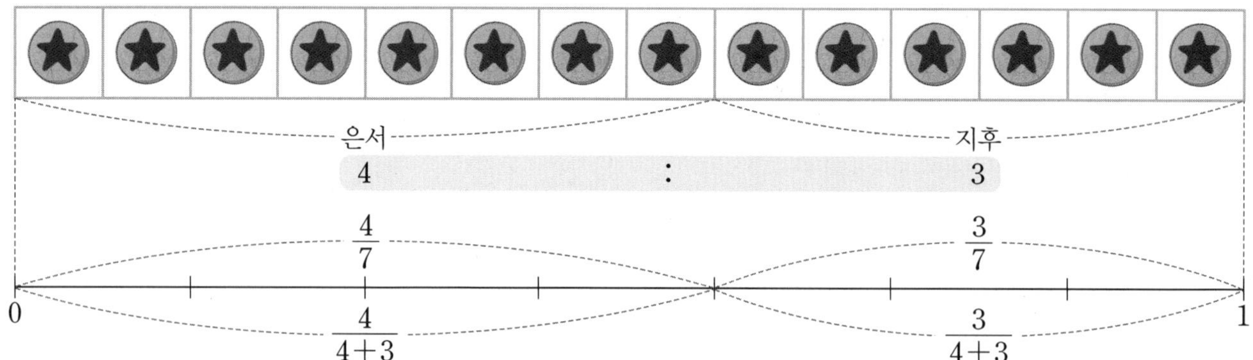

$$\text{은서: } 14 \times \frac{4}{4+3} = 8(\text{개})$$

$$\text{지후: } 14 \times \frac{3}{4+3} = 6(\text{개})$$

전체를 가 : 나 = ■ : ▲로 비례배분하기

가: (전체) $\times \frac{■}{■+▲}$, 나: (전체) $\times \frac{▲}{■+▲}$

개념 자세히 보기

• **비례배분한 결과를 더한 값은 전체와 같아야 해요!**

과자 14개를 은서와 지후가 4 : 3으로 나누어 가지면 은서는 8개, 지후는 6개를 가지게 됩니다.

➡ $8+6=14$(개)

➲ 정답과 풀이 31쪽

1 **연필 30자루를 형과 동생이 3 : 2로 나누어 가지려고 합니다. 형과 동생은 각각 몇 자루씩 가지게 되는지 알아보세요.**

30을 3 : 2로 나누어요. 비례배분할 때에는 주어진 비의 전항과 후항의 합을 분모로 하는 분수의 비로 고쳐서 계산하면 편리해요.

① 형과 동생은 각각 전체의 몇 분의 몇씩 가져야 하는지 다음과 같이 식을 세워 알아보세요.

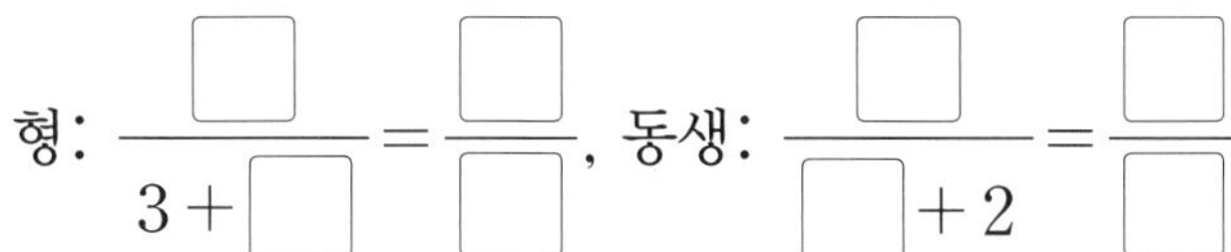

형: $\frac{\square}{3+\square}=\frac{\square}{\square}$, 동생: $\frac{\square}{\square+2}=\frac{\square}{\square}$

② 형과 동생은 각각 몇 자루씩 가지게 되는지 다음과 같이 식을 세워 알아보세요.

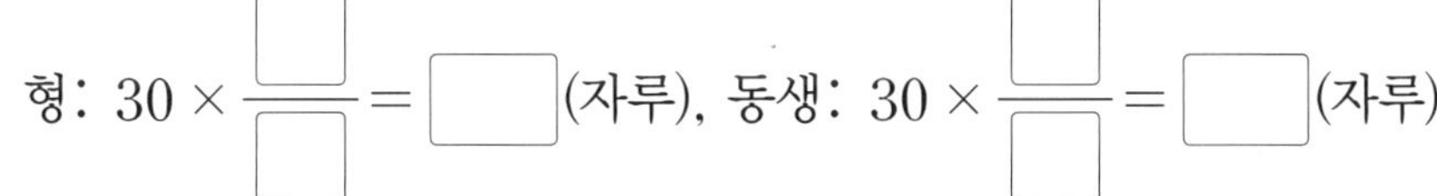

형: $30\times\frac{\square}{\square}=\square$(자루), 동생: $30\times\frac{\square}{\square}=\square$(자루)

2 **선생님께서는 색종이 72장을 가 모둠과 나 모둠에 5 : 7로 나누어 주려고 합니다. 물음에 답하세요.**

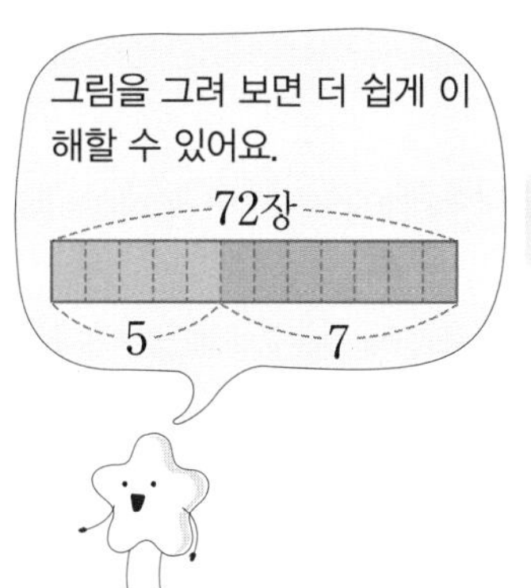

① 가 모둠에 주어야 할 색종이는 전체의 몇 분의 몇일까요?

( )

② 나 모둠에 주어야 할 색종이는 전체의 몇 분의 몇일까요?

( )

③ 가 모둠과 나 모둠에 색종이를 각각 몇 장씩 나누어 주어야 하는지 구해 보세요.

가 모둠 ( ), 나 모둠 ( )

3 **52를 8 : 5로 나누려고 합니다. □ 안에 알맞은 수를 써넣으세요.**

52를 각각 몇 등분해야 하는지 생각해 보아요.

$$52\times\frac{8}{8+\square}=52\times\frac{\square}{\square}=\square$$

$$52\times\frac{5}{8+\square}=52\times\frac{\square}{\square}=\square$$

기본기 강화 문제

12 외항의 곱, 내항의 곱 구하기

• 비례식에서 외항과 내항의 곱을 구하고, ○ 안에 >, =, <를 알맞게 써넣으세요.

1 4 : 9=8 : 18

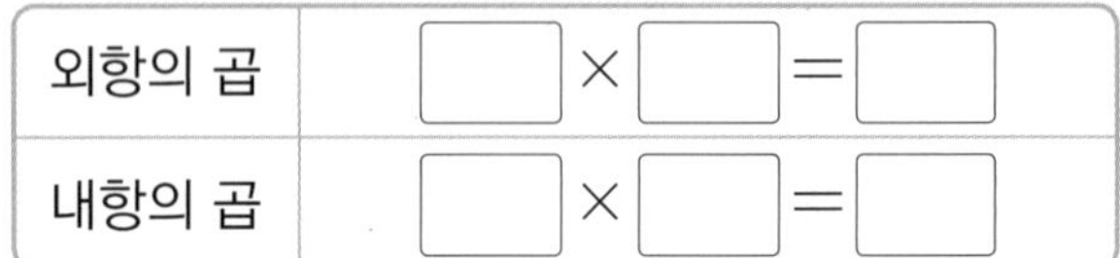

외항의 곱	□×□=□
내항의 곱	□×□=□

(외항의 곱) ○ (내항의 곱)

2 8 : 3=32 : 12

외항의 곱	□×□=□
내항의 곱	□×□=□

(외항의 곱) ○ (내항의 곱)

3 0.6 : 0.5=12 : 10

외항의 곱	□×□=□
내항의 곱	□×□=□

(외항의 곱) ○ (내항의 곱)

4 0.4 : 0.7=20 : 35

외항의 곱	□×□=□
내항의 곱	□×□=□

(외항의 곱) ○ (내항의 곱)

13 비례식의 성질을 이용하여 구하기

• 비례식의 성질을 이용하여 ■를 구하려고 합니다. □ 안에 알맞은 수를 써넣으세요.

1 4 : 7=8 : ■

4×■=7×□

4×■=□

■=□

2 2 : 9=8 : ■

2×■=9×□

2×■=□

■=□

3 16 : 12=4 : ■

16×■=12×□

16×■=□

■=□

4 3 : 8=■ : 32

3×□=8×■

8×■=□

■=□

5 72 : 45=■ : 5

72×□=45×■

45×■=□

■=□

14 길 찾기

• 비례식이 바르게 적힌 표지판을 따라가면 집이 나옵니다. 길을 따라 선을 긋고 도착한 집에 ○표 하세요.

15 수 카드를 이용하여 비례식 세우기

• 수 카드 중에서 4장을 골라 비례식을 세워 보세요.

1  3 4  5 6 2

2  5 2  7 14 1

3  4 12  3 9 6

4 11  3  6 8 22

5  6 3  9 10 5 30

6 24 5 1 6 12 2

7 2 6 18  9 1 3

16 조건을 만족하는 비례식 만들기

• 조건을 만족하는 비례식을 만들어 보세요.

1

• 내항의 곱이 24입니다.

$8 : \square = 6 : \square$

2

• 외항의 곱이 56입니다.

$\square : 4 = \square : 7$

3

• 비율이 $\frac{4}{3}$입니다.
• 외항의 곱은 36입니다.

$12 : \square = \square : \square$

4

• 비율이 $\frac{1}{4}$입니다.
• 외항의 곱은 20입니다.

$5 : \square = \square : \square$

5

• 비율이 $\frac{3}{5}$입니다.
• 내항의 곱은 45입니다.

$9 : \square = \square : \square$

정답과 풀이 32쪽

17 비례식의 활용 — 비교하는 양 구하기

1 6분 동안 20 L의 물이 나오는 수도가 있습니다. 이 수도로 들이가 90 L인 물통을 가득 채우려면 몇 분 동안 물을 받아야 하는지 구해 보세요.

( )

2 어떤 자동차는 휘발유 1 L로 16 km를 갈 수 있습니다. 192 km를 가려면 휘발유 몇 L가 필요한지 구해 보세요.

( )

3 삼각김밥 4개를 만드는 데 필요한 밥이 300 g입니다. 밥이 450 g 있다면 삼각김밥을 몇 개 만들 수 있는지 구해 보세요.

( )

4 건물의 그림자 길이의 비는 건물의 높이의 비와 같습니다. 두 건물의 높이의 비가 5 : 4이고 낮은 건물의 그림자가 36 m일 때 높은 건물의 그림자는 몇 m인지 구해 보세요.

( )

18 비례식의 활용 — 기준량 구하기

1 어머니께서 밀가루와 물을 3 : 2로 섞어서 수제비 반죽을 만드시려고 합니다. 밀가루를 9컵 넣었다면 물은 몇 컵을 넣어야 하는지 구해 보세요.

( )

2 한 시간에 5분씩 느려지는 시계가 있습니다. 이 시계가 48분 동안에는 몇 분이 느려지는지 구해 보세요.

( )

3 맞물려 돌아가는 두 톱니바퀴가 있습니다. 톱니바퀴 ㉮가 7바퀴 도는 동안에 톱니바퀴 ㉯는 6바퀴 돕니다. 톱니바퀴 ㉮가 49바퀴 도는 동안에 톱니바퀴 ㉯는 몇 바퀴 도는지 구해 보세요.

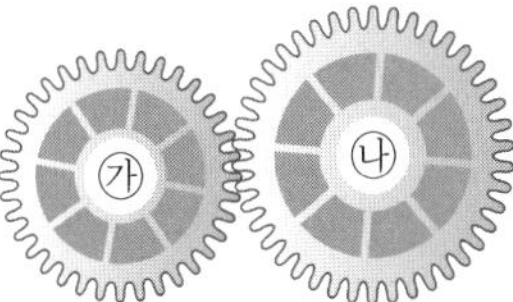

( )

4 어떤 사람이 3일 동안 일을 하고 81000원을 받았습니다. 이 사람이 같은 일을 8일 동안 하고 받을 수 있는 돈은 얼마인지 구해 보세요.

( )

4

19 그림을 이용하여 비례배분하기

1 빵 9개를 민지와 수현이에게 2 : 1로 나누어 그림으로 나타내고 □ 안에 알맞은 수를 써넣으세요.

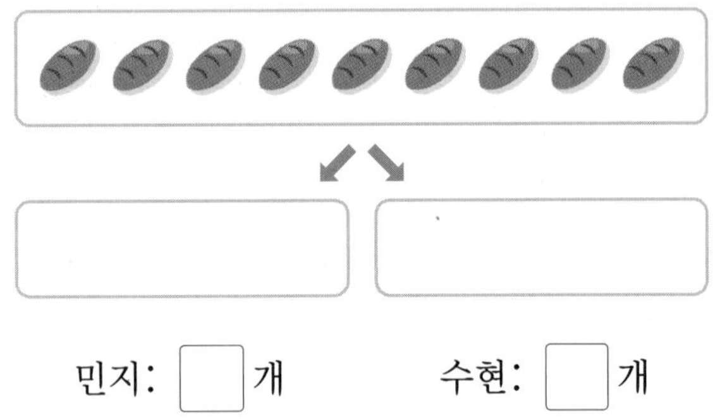

민지: □개 수현: □개

2 사탕 12개를 소진이와 윤우에게 1 : 3으로 나누어 그림으로 나타내고 □ 안에 알맞은 수를 써넣으세요.

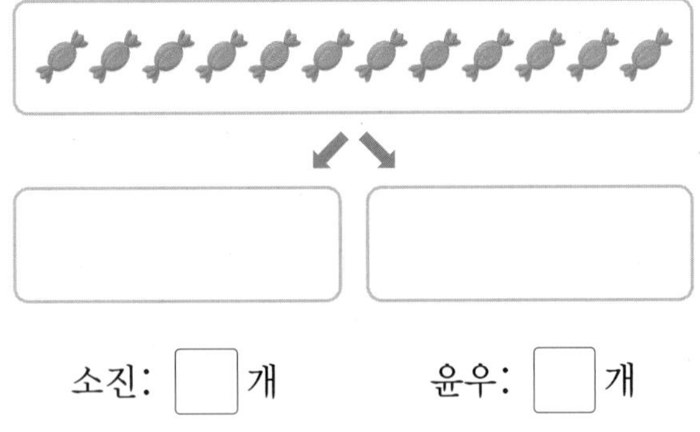

소진: □개 윤우: □개

3 유리 막대 14개를 1모둠과 2모둠에 3 : 4로 나누어 그림으로 나타내고 □ 안에 알맞은 수를 써넣으세요.

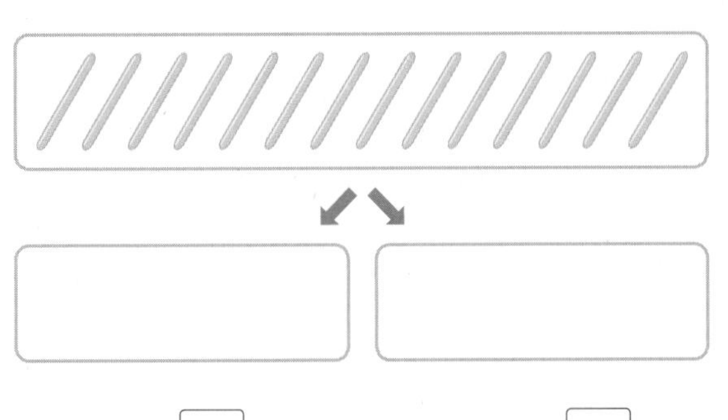

1모둠: □개 2모둠: □개

20 수를 비례배분하기

• □ 안의 수를 주어진 비로 비례배분하여 [,] 안에 나타내어 보세요.

1 18 2 : 1 → [,]

2 36 7 : 2 → [,]

3 96 1 : 3 → [,]

4 88 4 : 7 → [,]

5 70 4 : 3 → [,]

6 48 7 : 5 → [,]

7 63 5 : 2 → [,]

8 72 11 : 7 → [,]

9 150 3 : 2 → [,]

정답과 풀이 33쪽

21 비례배분의 활용

1 엄마의 생신 선물로 언니와 동생이 7 : 5로 돈을 모아 15000원짜리 케이크 하나를 샀습니다. 각각 얼마씩 낸 것인지 구해 보세요.

언니: $15000 \times \frac{\square}{7+5} = \square$ (원)

동생: $15000 \times \frac{\square}{7+5} = \square$ (원)

2 사과 40개를 수희네 반과 은호네 반이 3 : 5로 나누어 가지려고 합니다. 수희네 반과 은호네 반은 각각 몇 개씩 가지게 되는지 구해 보세요.

수희네 반 (　　　　　)
은호네 반 (　　　　　)

3 집에 있는 곡식 중에 현미와 콩을 5 : 2로 섞어서 혼합 곡식 700 g을 만들었습니다. 섞은 현미와 콩의 양을 각각 구해 보세요.

현미 (　　　　　)
콩 (　　　　　)

4 포도 49 kg을 도희네 집과 민수네 집에 3 : 4로 나누어 준다면 각각 몇 kg씩 주면 되는지 구해 보세요.

도희네 집 (　　　　　)
민수네 집 (　　　　　)

5 어머니께서 지훈이와 동생에게 용돈 8000원을 주시면서 주말 동안 심부름을 한 횟수의 비에 따라 나누어 가지라고 하셨습니다. 심부름을 지훈이는 6번, 동생은 4번 했다면 지훈이가 받을 용돈은 얼마인지 구해 보세요.

(　　　　　)

6 세은이와 윤서는 거리가 1400 m인 길의 양 끝에서 마주 보고 달리다가 서로 만났습니다. 세은이와 윤서의 빠르기의 비가 2 : 3이라면 세은이와 윤서는 각각 몇 m를 달렸는지 구해 보세요.

세은 (　　　　　)
윤서 (　　　　　)

7 윤희네 학교에서 공책 95권을 각 반의 학생 수의 비에 따라 나누어 주려고 합니다. 1반이 27명, 2반이 30명이라면 각 반에 몇 권씩 나누어 주어야 할지 구해 보세요.

1반 (　　　　　)
2반 (　　　　　)

8 가로와 세로의 비가 9 : 7이고 둘레가 64 cm인 직사각형이 있습니다. 직사각형의 가로와 세로가 각각 몇 cm인지 구해 보세요.

가로 (　　　　　)
세로 (　　　　　)

단원 평가

점수 확인

1 비 15 : 23에 대한 설명입니다. □ 안에 알맞은 말을 써넣으세요.

> 비 15 : 23에서 □은 15, □은 23입니다.

2 비의 성질을 이용하여 □ 안에 알맞은 수를 써넣으세요.

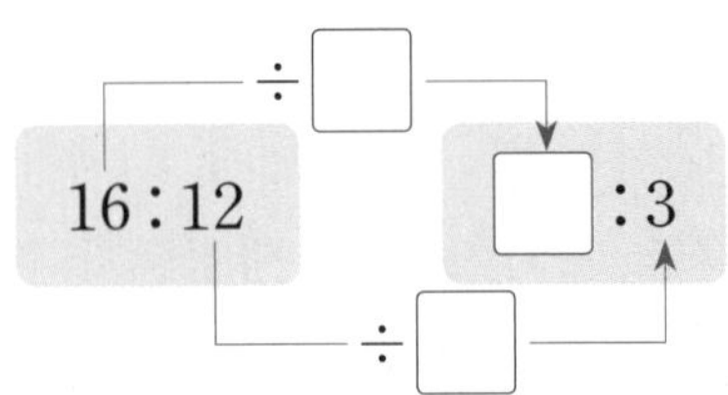

3 비례식 3 : 7 = 12 : 28에 대한 설명으로 잘못된 것을 찾아 기호를 써 보세요.

> ㉠ 외항은 3과 28입니다.
> ㉡ 내항은 12와 28입니다.
> ㉢ 3 : 7의 비율과 12 : 28의 비율이 같습니다.

( )

4 비례식에서 3×■의 값을 구해 보세요.

> 3 : 8 = 6 : ■

( )

5 $\frac{7}{20}:\frac{5}{12}$를 가장 간단한 자연수의 비로 나타내려면 전항과 후항에 얼마를 곱해야 하는지 구해 보세요.

( )

6 120을 1 : 2로 나누어 보세요.

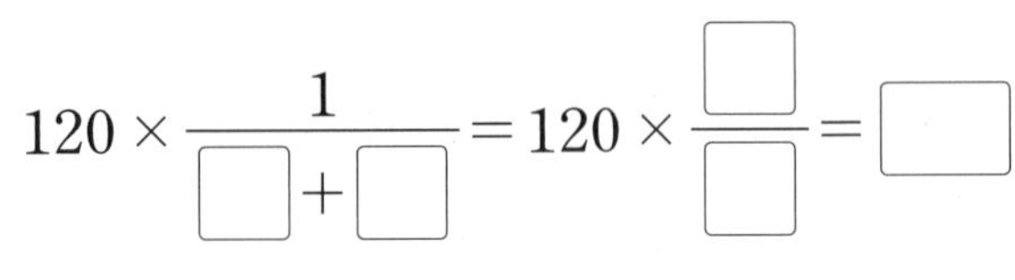

$120 \times \frac{1}{\square + \square} = 120 \times \frac{\square}{\square} = \square$

$120 \times \frac{2}{\square + \square} = 120 \times \frac{\square}{\square} = \square$

7 3500을 주어진 비로 나누어 보세요.

> 4 : 3

(,)

8 비례식의 성질을 이용하여 ■를 구하려고 합니다. □ 안에 알맞은 수를 써넣으세요.

3 : 8 = 9 : ■ → 3×■ = 8×□

3×■ = □

■ = □ ÷3

■ = □

9 비율이 같은 두 비를 찾아 비례식을 세워 보세요.

4 : 3 12 : 10 24 : 18 8 : 5

( )

10 비를 간단한 자연수의 비로 나타냈을 때 2 : 3인 비를 찾아 ○표 하세요.

16 : 24	36 : 27
( )	( )

11 28 : 12와 비율이 같은 자연수의 비 중에서 전항이 28보다 작은 비를 2개 써 보세요.

( )

12 옳은 비례식은 어느 것일까요? ( )

① 20 : 24=6 : 5 ② 0.5 : 0.3=5 : 3

③ $\frac{1}{5} : \frac{1}{3}=5 : 3$ ④ 48 : 36=3 : 2

⑤ 35 : 70=1 : 3

13 □ 안에 알맞은 수를 구해 보세요.

6 : 27=□ : 36

( )

14 간단한 자연수의 비로 나타내어 보세요.

$2.8 : 3\frac{1}{2}$

( )

15 준서네 아파트에 사는 사람은 360명이고, 남자와 여자의 비는 5 : 4입니다. 남자는 몇 명인지 알아보기 위한 준서의 풀이 과정에서 잘못 계산한 부분을 찾아 바르게 계산해 보세요.

$360\times\frac{5}{5\times4}=360\times\frac{5}{20}=90$(명)

16 연필 2타를 태주와 재인이가 5 : 3으로 나누어 가지려고 합니다. 태주와 재인이는 연필을 각각 몇 자루씩 가지게 될까요? (연필 1타는 12자루입니다.)

태주 (　　　　　　　　)
재인 (　　　　　　　　)

17 다음은 윤서의 일기입니다. 윤서가 12살이라면 윤서는 초콜릿을 몇 개 가져야 하는지 구해 보세요.

10월 25일
어머니께서 초콜릿
90개를 사 오셔서
나와 오빠의 나이의
비로 초콜릿을 나누어
가지라고 하셨습니다.
그런데 나보다 3살 많은
욕심쟁이 오빠는 혼자
다 가지려고 했습니다.

(　　　　　　　　)

18 어떤 사람이 7일 동안 일을 하고 42만 원을 받았습니다. 이 사람이 15일 동안 일을 한다면 얼마를 받을 수 있는지 구해 보세요.

(　　　　　　　　)

19 ㉡의 값은 얼마인지 **보기** 와 같이 풀이 과정을 쓰고 답을 구해 보세요.

$16:㉠=36:81$, $\frac{3}{4}:\frac{4}{5}=㉡:16$

보기
$16\times81=㉠\times36$, $㉠\times36=1296$,
$㉠=1296\div36=36$

답 36

$\frac{3}{4}\times16=$

답

20 가로와 세로의 비가 3 : 2인 직사각형 모양의 액자를 만들었습니다. 가로를 정아는 60 cm, 규리는 84 cm로 했다면 규리가 만든 액자의 세로는 몇 cm인지 **보기** 와 같이 풀이 과정을 쓰고 답을 구해 보세요.

보기
정아가 만든 액자의 세로를 □cm라 하고 비례식을 세우면 3 : 2=60 : □입니다.
➡ $3\times□=2\times60$, $3\times□=120$, $□=40$

답 40 cm

규리가 만든 액자의 세로를 □cm라 하고

비례식을 세우면

답

사고력이 반짝

● 두 장의 사진이 있어요. 똑같은 사진처럼 보이지만 5군데가 서로 다르답니다. 지금부터 눈을 크게 뜨고 여러분이 한 번 찾아보세요.

5 원의 넓이

친구들이 스테인드글라스 액자 만들기 체험을 하고 있어요.
원의 넓이는 어느 정도인지 어림하여 □ 안에 알맞은 수를 써넣으세요.

저는 셀로판지를 □장 붙였는데 원을 다 채우지 못했어요.

저는 셀로판지를 □장 붙였는데 원의 넓이보다 커요. 어쩌죠?

1 원주와 지름의 관계, 원주율

원주 알아보기

• 원주: 원의 둘레

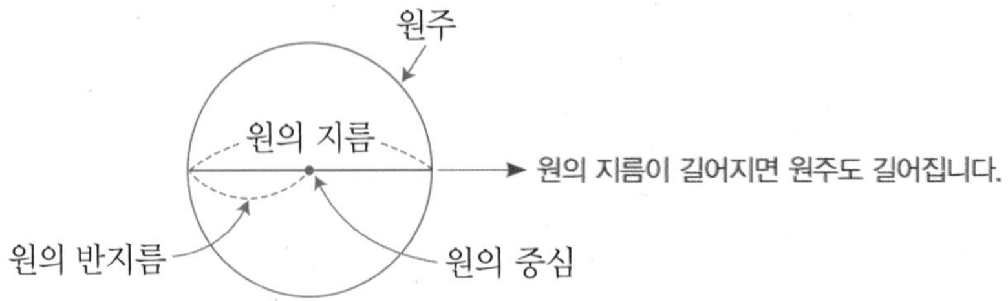

원주와 지름의 관계

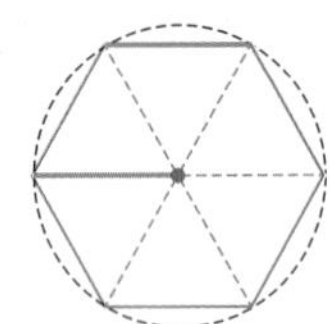

(정육각형의 둘레)
=(원의 반지름)×6
=(원의 지름)×3

(정육각형의 둘레)<(원주)

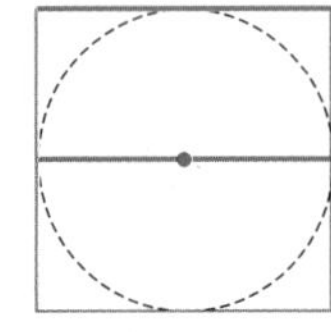

(정사각형의 둘레)
=(원의 지름)×4

(원주)<(정사각형의 둘레)

➡ (원의 지름)×3<(원주), (원주)<(원의 지름)×4

원주율 알아보기

• 원주와 지름의 관계

원의 지름	2cm	3cm	4cm
원주	6.28 cm	9.42 cm	12.56 cm
(원주)÷(지름)	3.14	3.14	3.14

➡ 원의 크기와 상관없이 (원주)÷(지름)의 값은 일정합니다.

• 원주율: 원의 지름에 대한 원주의 비율

(원주율)=(원주)÷(지름)

• 원주율을 소수로 나타내면 3.1415926535897932…와 같이 끝없이 이어집니다. 따라서 필요에 따라 3, 3.1, 3.14 등으로 어림하여 사용하기도 합니다.

정답과 풀이 36쪽

1 원의 지름은 파란색, 원주는 빨간색으로 나타내어 보세요.

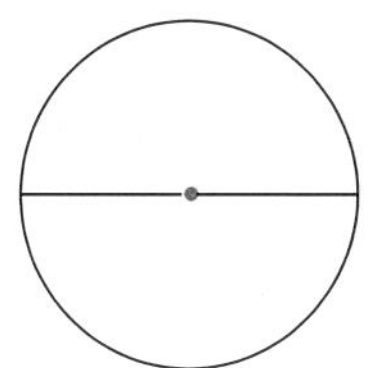

2 설명이 맞으면 ○표, 틀리면 ×표 하세요.

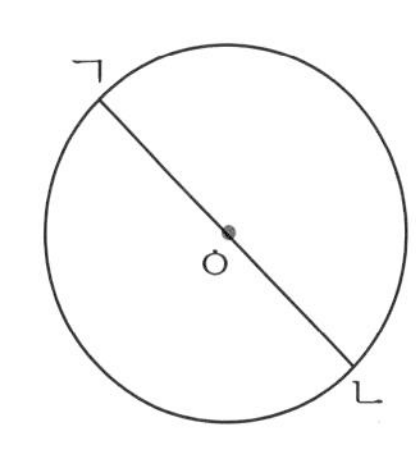

① 원의 중심 ㅇ을 지나는 선분 ㄱㄴ은 원주입니다.

(　　　　)

② 원의 지름이 길어지면 원주도 길어집니다.

(　　　　)

③ 원주는 원의 지름의 약 8배입니다.

(　　　　)

3 지름이 5 cm인 원을 만들고 자 위에서 한 바퀴 굴렸습니다. 원주가 얼마쯤 될지 자에 표시해 보세요.

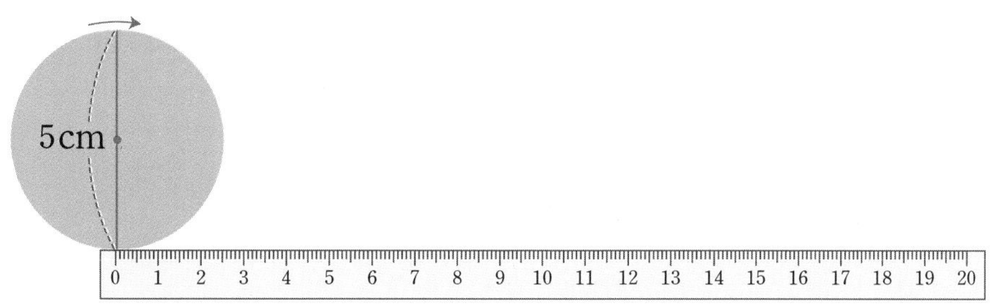

4 여러 가지 물건의 원주와 지름을 재어 보았습니다. 빈칸에 알맞은 수를 써넣고 알맞은 말에 ○표 하세요.

물건	원주(cm)	지름(cm)	(원주)÷(지름)
접시	53.38	17	
시계	78.5	25	
탬버린	62.8	20	

(원주)÷(지름)은 (반지름, 원주율)이고, 원의 지름이 길어질 때 원주율은 (일정합니다 , 커집니다).

원주율은 3.1415926535897932…와 같이 끝없이 이어져요.

2 원주와 지름 구하기

● 원주 구하기

• 지름을 알 때 원주율을 이용하여 원주 구하는 방법

(원주율) = (원주) ÷ (지름)
➡ (원주) = (지름) × (원주율)

• 지름이 8 cm인 원의 원주 구하기 (원주율: 3)

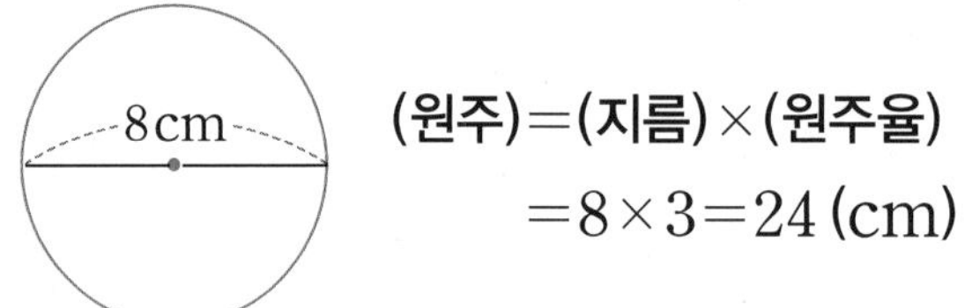

(원주)=(지름)×(원주율)
=8×3=24 (cm)

● 지름 구하기

• 원주를 알 때 원주율을 이용하여 지름 구하는 방법

(원주) = (지름) × (원주율)
➡ (지름) = (원주) ÷ (원주율)

• 원주가 18 cm인 원의 지름 구하기 (원주율: 3)

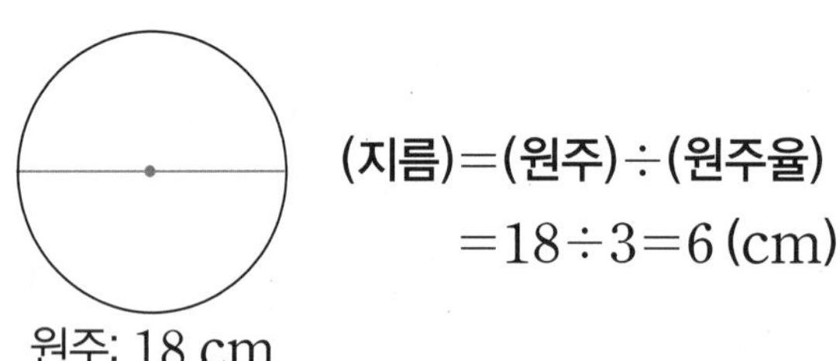

(지름)=(원주)÷(원주율)
=18÷3=6 (cm)

개념 자세히 보기

• **반지름을 알면 원주율을 이용하여 원주를 구할 수 있어요! (원주율: 3.14)**

(원주) = (지름) × (원주율)
= (반지름) × 2 × (원주율)

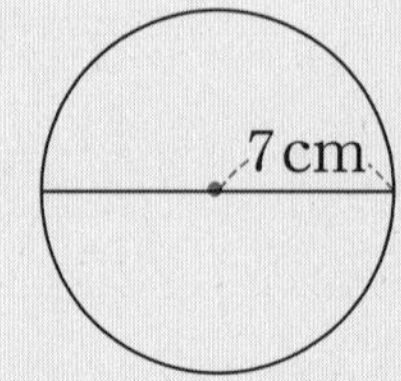

(원주) = (반지름) × 2 × (원주율)
= 7 × 2 × 3.14
= 43.96 (cm)

정답과 풀이 36쪽

1 원주를 구하려고 합니다. □ 안에 알맞은 수를 써넣으세요. (원주율: 3.14)

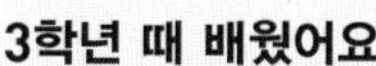

원의 지름과 반지름의 관계

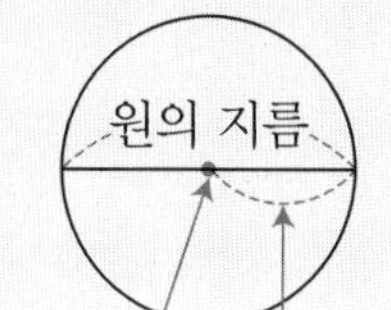

원의 지름은 원의 반지름의 2배입니다.

①

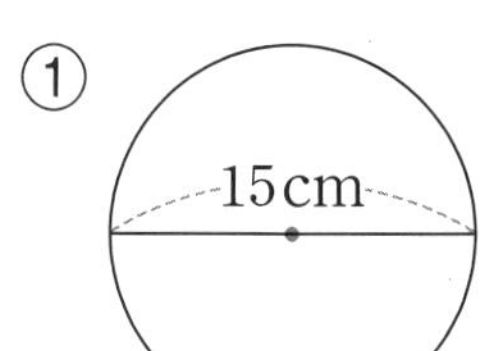

(원주) = (지름) × (원주율)
= □ × 3.14
= □ (cm)

②

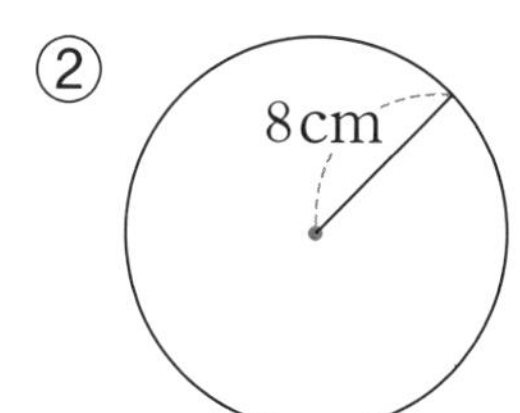

(원주) = (반지름) × 2 × (원주율)
= □ × 2 × 3.14
= □ (cm)

2 원주가 다음과 같을 때 □ 안에 알맞은 수를 써넣으세요. (원주율: 3.14)

①

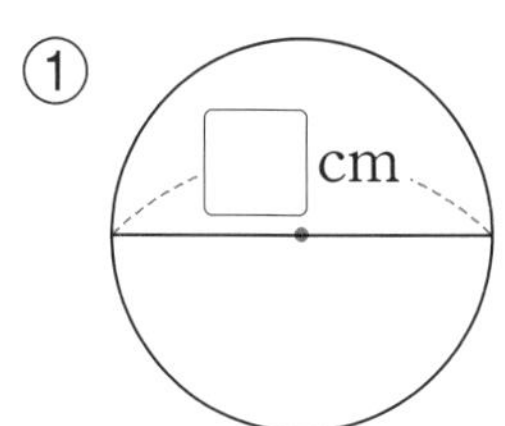

원주: 21.98 cm

②

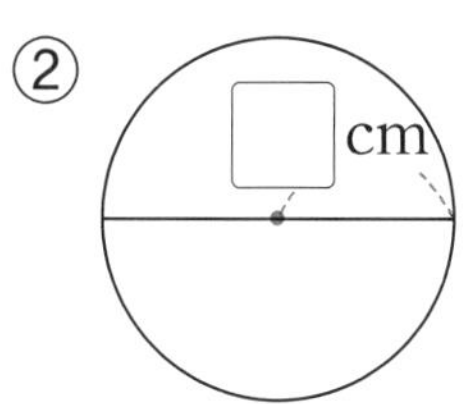

원주: 12.56 cm

원주율을 이용하여 지름, 반지름을 구할 수 있어요.
(원주)÷(지름)=(원주율)
➡ (지름)=(원주)÷(원주율)

3 원 모양의 호수의 중심을 지나는 다리의 길이는 35 m입니다. 호수의 둘레는 몇 m인지 구해 보세요. (원주율: 3.1)

( )

원 모양의 호수의 중심을 지나는 다리의 길이는 원의 지름을 나타내요.

4 원주가 141.3 cm인 원 모양의 피자가 있습니다. 이 피자의 지름은 몇 cm인지 구해 보세요. (원주율: 3.14)

( )

원의 넓이 어림하기

● **원 안의 정사각형과 원 밖의 정사각형을 이용하여 원의 넓이 어림하기**

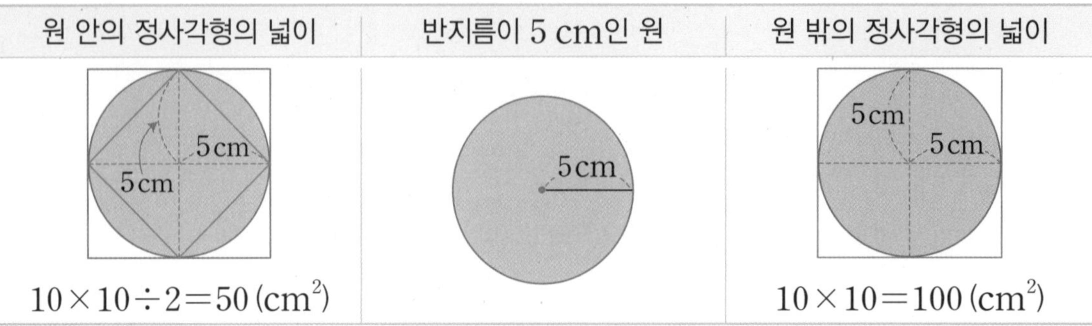

원 안의 정사각형의 넓이	반지름이 5 cm인 원	원 밖의 정사각형의 넓이
5cm, 5cm	5cm	5cm, 5cm
$10\times10\div2=50\,(\text{cm}^2)$		$10\times10=100\,(\text{cm}^2)$

(원 안의 정사각형의 넓이)<(원의 넓이)

(원의 넓이)<(원 밖의 정사각형의 넓이)

➡ 50 cm^2<(원의 넓이)

(원의 넓이)<100 cm^2

● **모눈종이를 이용하여 원의 넓이 어림하기**

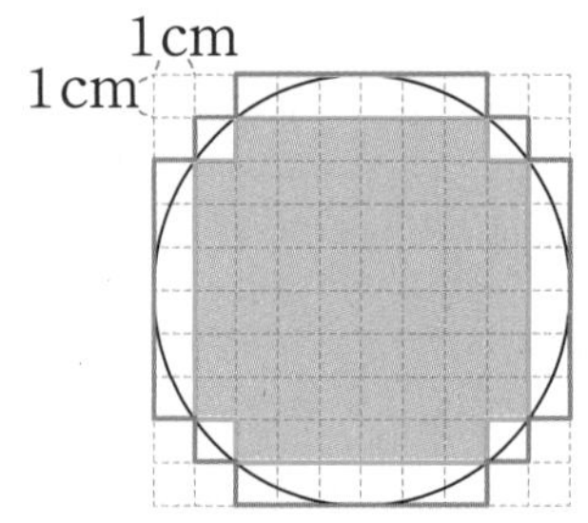

(주황색 모눈의 넓이)<(반지름이 5 cm인 원의 넓이)

→ 주황색 모눈의 수: 60개 → 60 cm^2

(반지름이 5 cm인 원의 넓이)<(빨간색 선 안쪽 모눈의 넓이)

→ 빨간색 선 안쪽 모눈의 수: 88개 → 88 cm^2

➡ 60 cm^2<(반지름이 5 cm인 원의 넓이), (반지름이 5 cm인 원의 넓이)<88 cm^2

개념 다르게 보기

● **정육각형을 이용하여 원의 넓이를 어림할 수 있어요!**

삼각형 ㄱㅇㄷ의 넓이가 40 cm^2, 삼각형 ㄹㅇㅂ의 넓이가 30 cm^2일 때 원의 넓이 어림하기

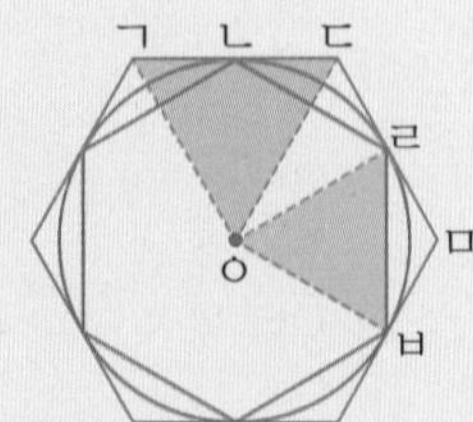

(원 안의 정육각형의 넓이)=(삼각형 ㄹㅇㅂ의 넓이)×6=30×6=180 (cm^2)

(원 밖의 정육각형의 넓이)=(삼각형 ㄱㅇㄷ의 넓이)×6=40×6=240 (cm^2)

(원 안의 정육각형의 넓이)<(원의 넓이), (원의 넓이)<(원 밖의 정육각형의 넓이)

180 cm^2<(원의 넓이), (원의 넓이)<240 cm^2

정답과 풀이 37쪽

1 반지름이 20 cm인 원의 넓이는 얼마인지 어림하려고 합니다. 물음에 답하세요.

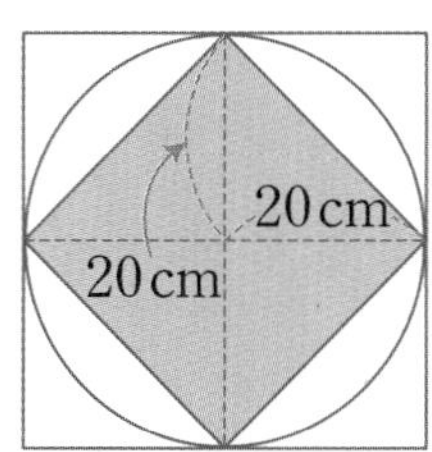

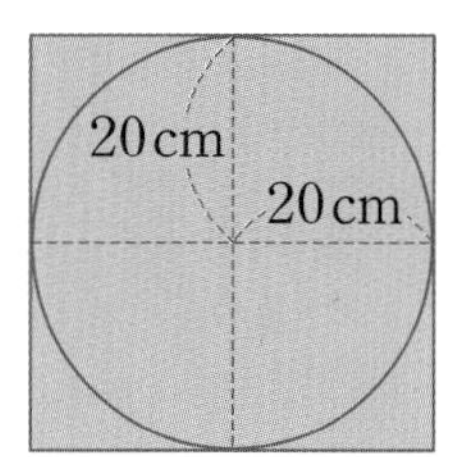

① □ 안에 알맞은 수를 써넣으세요.

- (원 안의 정사각형의 넓이) $= 40 \times$ □ $\div 2 =$ □ (cm^2)
- (원 밖의 정사각형의 넓이) $= 40 \times$ □ $=$ □ (cm^2)

② 원의 넓이를 어림해 보세요.

□ $\text{cm}^2 <$ (원의 넓이), (원의 넓이) $<$ □ cm^2

2 그림과 같이 한 변이 8 cm인 정사각형에 지름이 8 cm인 원을 그리고 1 cm 간격으로 점선을 그렸습니다. 모눈의 수를 세어 원의 넓이를 어림하려고 합니다. □ 안에 알맞은 수를 써넣으세요.

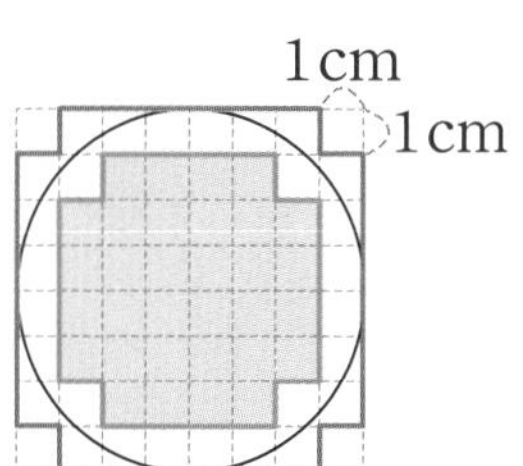

① 초록색 모눈은 □ 개입니다.

② 빨간색 선 안쪽 모눈은 □ 개입니다.

③ □ $\text{cm}^2 <$ (원의 넓이), (원의 넓이) $<$ □ cm^2

3 원 안의 정육각형과 원 밖의 정육각형의 넓이를 이용하여 원의 넓이를 어림하려고 합니다. □ 안에 알맞은 수를 써넣으세요.

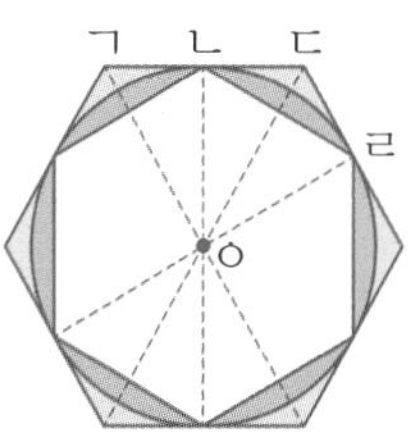

① 삼각형 ㄱㅇㄷ의 넓이가 $12\ \text{cm}^2$라면 원 밖의 정육각형의 넓이는 □ cm^2입니다.

② 삼각형 ㄴㅇㄹ의 넓이가 $9\ \text{cm}^2$라면 원 안의 정육각형의 넓이는 □ cm^2입니다.

③ 원의 넓이는 □ cm^2라고 어림할 수 있습니다.

4 원의 넓이 구하는 방법 알아보기, 여러 가지 원의 넓이 구하기

원의 넓이 구하는 방법 알아보기

원을 한없이 잘라 이어 붙이면 점점 직사각형에 가까워집니다.

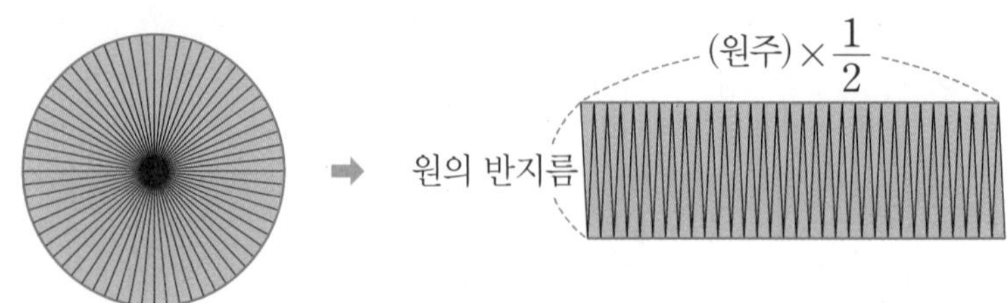

(원의 넓이) = (원주) × $\frac{1}{2}$ × (반지름)

= (원주율) × (지름) × $\frac{1}{2}$ × (반지름)   (원주)=(원주율)×(지름)

= (원주율) × (반지름) × (반지름)   (지름)=(반지름)×2

(원의 넓이) = (반지름) × (반지름) × (원주율)

반지름과 원의 넓이의 관계 (원주율: 3)

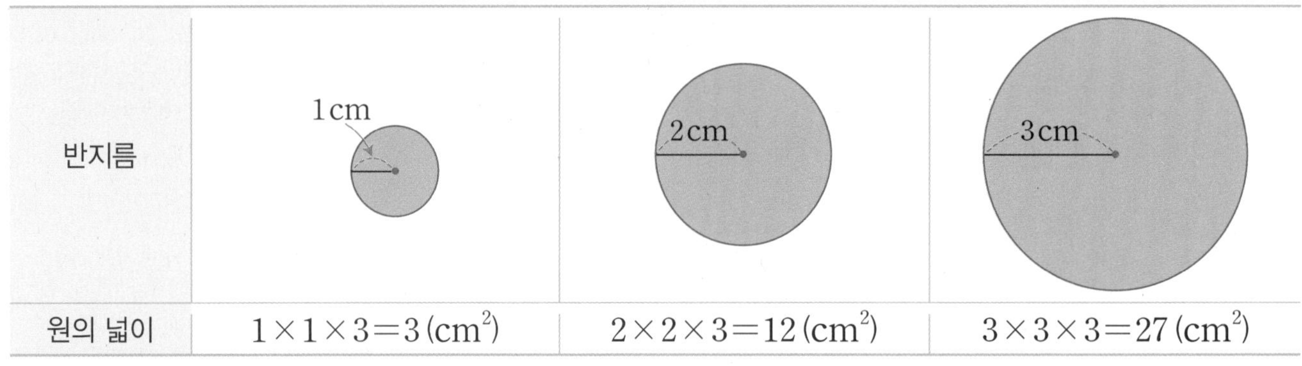

반지름	1 cm	2 cm	3 cm
원의 넓이	$1\times1\times3=3\,(cm^2)$	$2\times2\times3=12\,(cm^2)$	$3\times3\times3=27\,(cm^2)$

➡ 반지름이 길어지면 원의 넓이도 넓어집니다.
반지름이 2배, 3배가 되면 원의 넓이는 4배, 9배가 됩니다.

여러 가지 원의 넓이 구하기

• 색깔별 과녁판의 넓이 구하기 (원주율: 3.1)

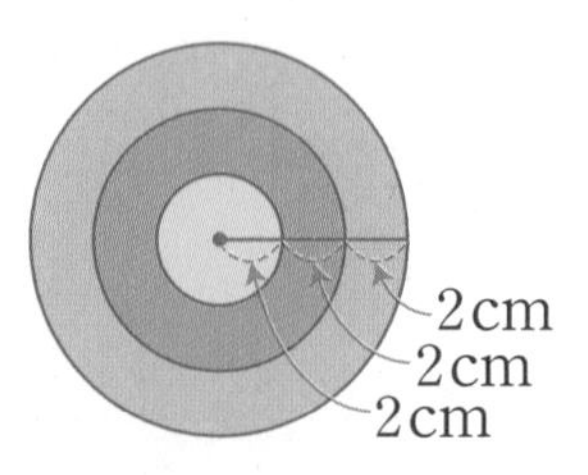

• (노란색 부분의 넓이) $=2\times2\times3.1=12.4\,(cm^2)$

• (빨간색 부분의 넓이) $=4\times4\times3.1-2\times2\times3.1=49.6-12.4=37.2\,(cm^2)$
→ (반지름이 4 cm인 원의 넓이) − (노란색 부분의 넓이)

• (파란색 부분의 넓이) $=6\times6\times3.1-4\times4\times3.1=111.6-49.6=62\,(cm^2)$
→ (반지름이 6 cm인 원의 넓이) − (반지름이 4 cm인 원의 넓이)

정답과 풀이 37쪽

1 원을 한없이 잘게 잘라 이어 붙여서 점점 직사각형에 가까워지는 도형을 이용하여 원의 넓이를 구하려고 합니다. □ 안에 알맞은 말을 써넣으세요.

5학년 때 배웠어요
직사각형의 넓이 구하기
(직사각형의 넓이)
=(가로)×(세로)

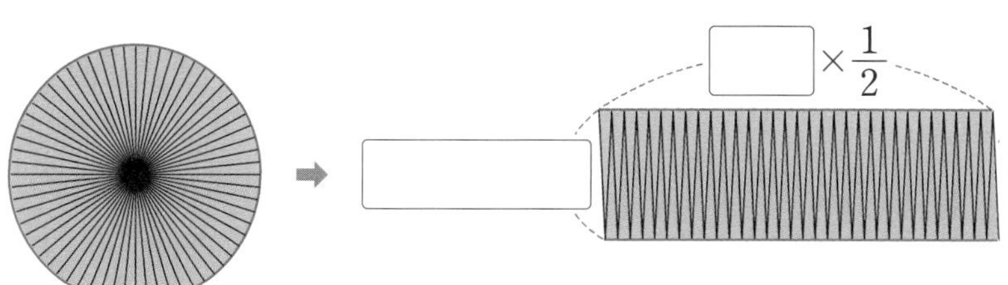

$(\text{원의 넓이}) = (\square) \times \frac{1}{2} \times (\text{반지름})$

$= (\text{원주율}) \times (\text{지름}) \times \frac{1}{2} \times (\text{반지름})$

$= (\text{원주율}) \times (\square) \times (\text{반지름})$

2 원의 지름을 이용하여 원의 넓이를 구해 보세요. (원주율: 3)

지름(cm)	반지름(cm)	원의 넓이 구하는 식	원의 넓이(cm^2)
20			
18			

3 원의 넓이를 구해 보세요. (원주율: 3.1)

① 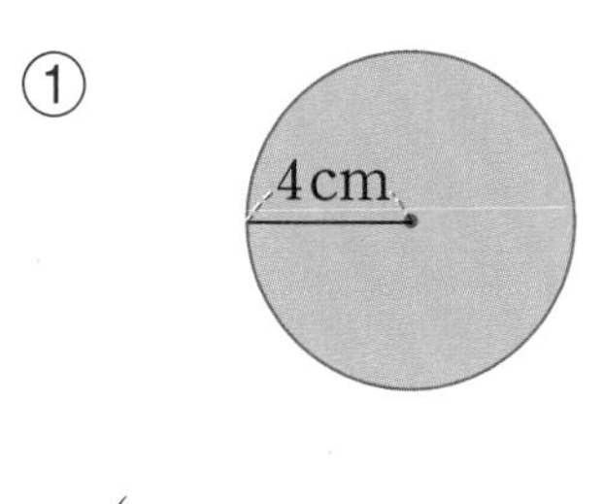

(　　　　　　　)

② 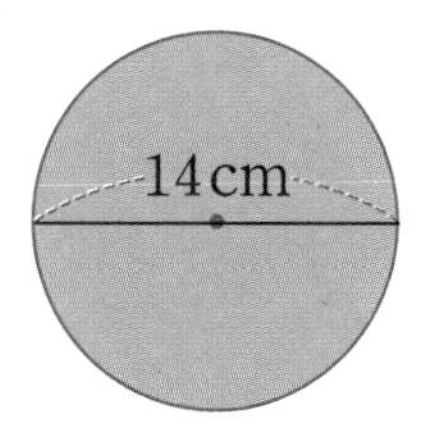

(　　　　　　　)

지름이 주어졌을 때에는 (반지름)=(지름)÷2를 이용하여 반지름을 먼저 구한 후 원의 넓이를 구해 봐요.

4 색칠한 부분의 넓이를 구하려고 합니다. □ 안에 알맞은 수를 써넣으세요. (원주율: 3.14)

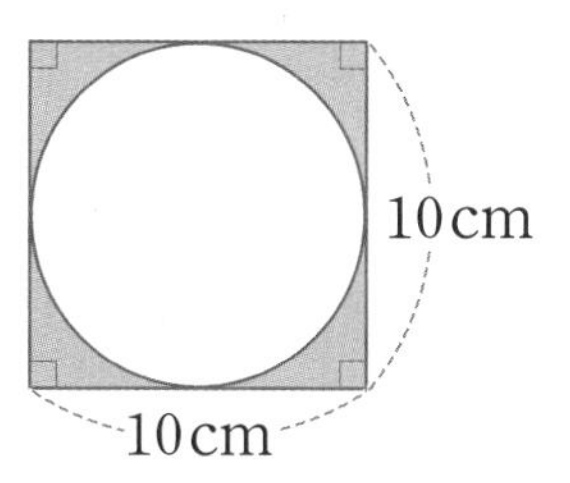

(색칠한 부분의 넓이)

$= (\text{정사각형의 넓이}) - (\text{원의 넓이})$

$= 10 \times \square - \square \times \square \times 3.14$

$= \square - \square = \square (cm^2)$

기본기 강화 문제

1 정육각형과 정사각형의 둘레로 지름과 원주의 길이 비교하기

1 한 변의 길이가 1 cm인 정육각형, 지름이 2 cm인 원, 한 변의 길이가 2 cm인 정사각형을 보고 □ 안에 알맞은 수를 써넣으세요.

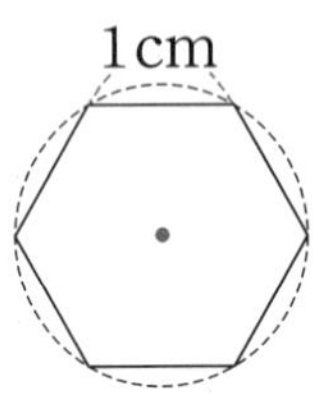

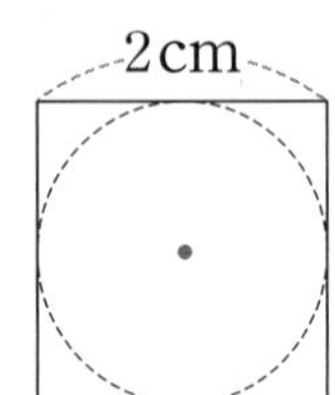

- 정육각형의 둘레는 □ cm이므로 원의 지름의 □ 배입니다.
- 정사각형의 둘레는 □ cm이므로 원의 지름의 □ 배입니다.
- (원의 지름)×□<(원주), (원주)<(원의 지름)×□

2 한 변의 길이가 2 cm인 정육각형, 지름이 4 cm인 원, 한 변의 길이가 4 cm인 정사각형을 보고 □ 안에 알맞은 수를 써넣으세요.

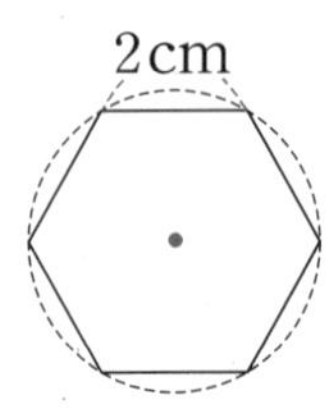

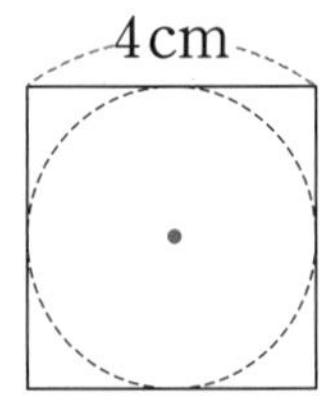

- 정육각형의 둘레는 □ cm이므로 원의 지름의 □ 배입니다.
- 정사각형의 둘레는 □ cm이므로 원의 지름의 □ 배입니다.
- (원의 지름)×□<(원주), (원주)<(원의 지름)×□

2 (원주)÷(지름) 구하기

- 여러 가지 원 모양이 들어 있는 물건이 있습니다. (원주)÷(지름)을 반올림하여 주어진 자리까지 나타내어 보세요.

1

100원짜리 동전

원주: 75.4 mm
지름: 24 mm

반올림하여 소수 첫째 자리까지	반올림하여 소수 둘째 자리까지

2

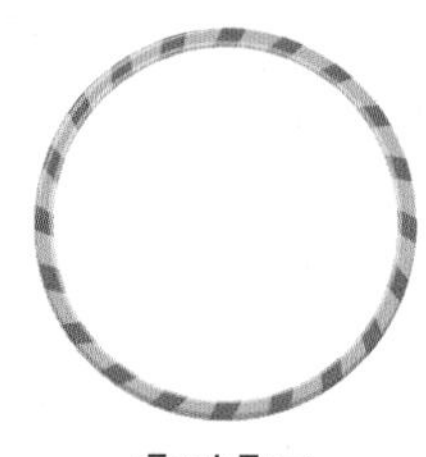

훌라후프

원주: 282.7 cm
지름: 90 cm

반올림하여 소수 첫째 자리까지	반올림하여 소수 둘째 자리까지

3

작은 북

원주: 109.95 cm
지름: 35 cm

반올림하여 소수 첫째 자리까지	반올림하여 소수 둘째 자리까지

3 원주 구하기

• □ 안에 알맞은 수를 써넣으세요. (원주율: 3.14)

1

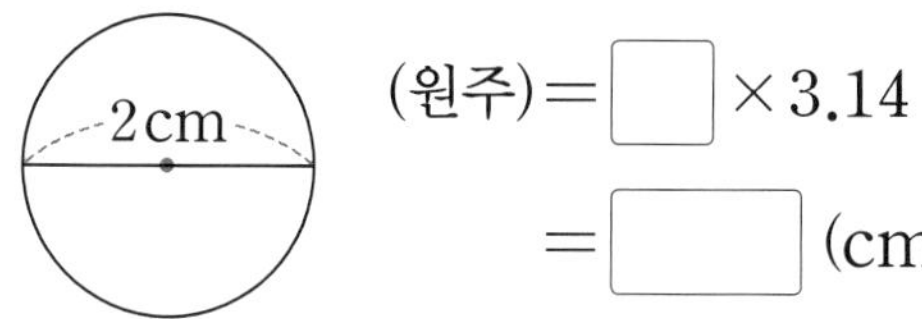

(원주)=□×3.14
=□(cm)

2

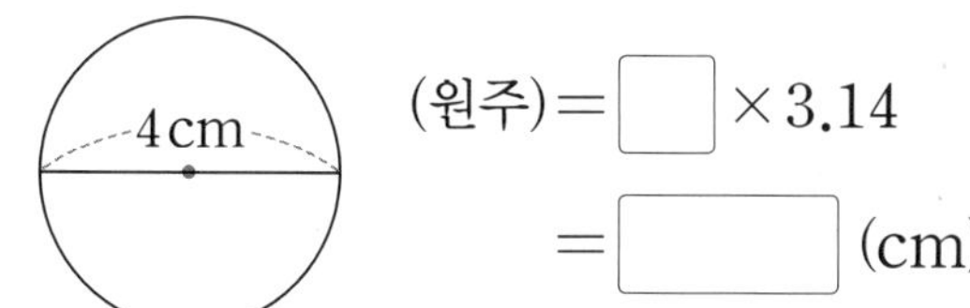

(원주)=□×3.14
=□(cm)

3

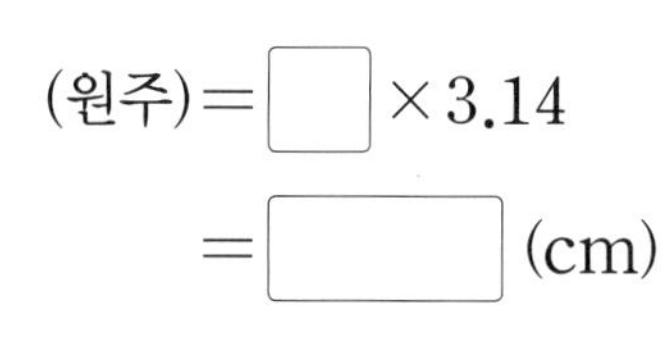

(원주)=□×3.14
=□(cm)

4

3 cm

(원주)=□×2×3.14
=□(cm)

5

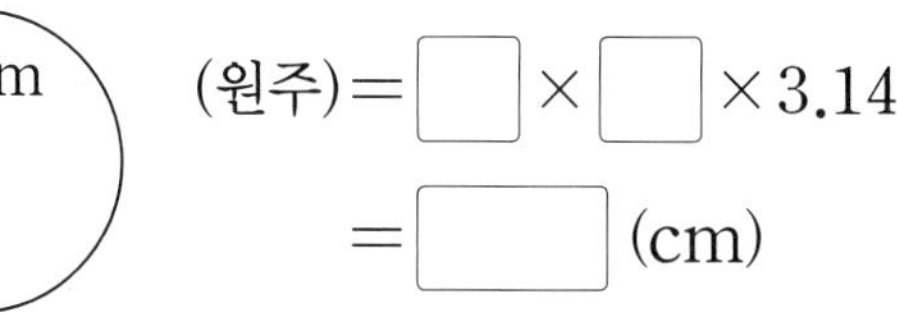

(원주)=□×□×3.14
=□(cm)

• 원주를 구해 보세요.

6

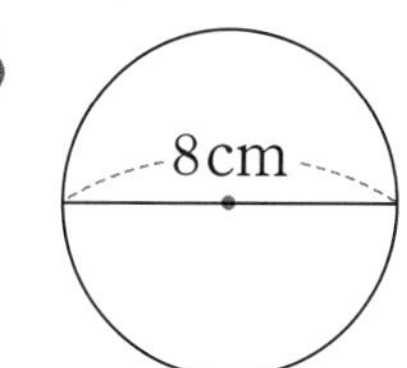

원주율: 3

(　　　　　　)

7

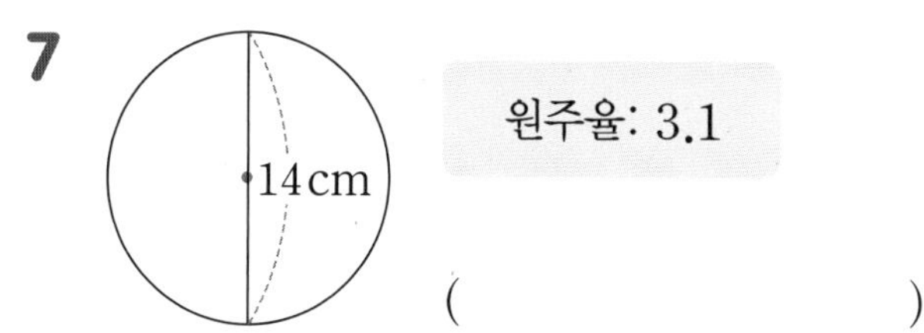

원주율: 3.1

(　　　　　　)

8

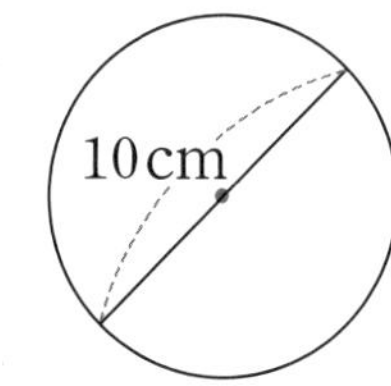

원주율: 3.14

(　　　　　　)

9

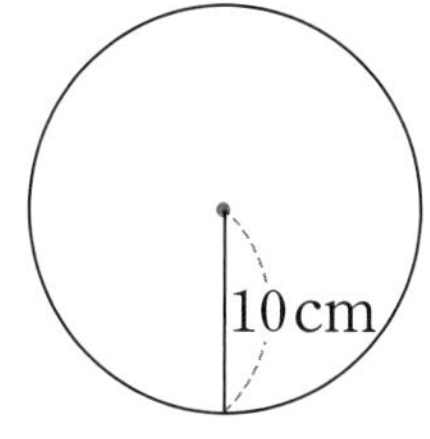

원주율: 3.1

(　　　　　　)

10

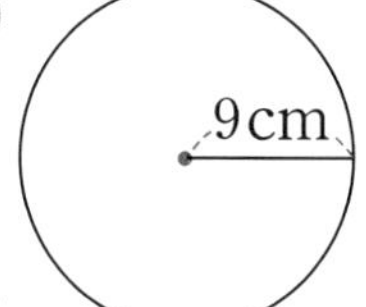

원주율: 3

(　　　　　　)

5

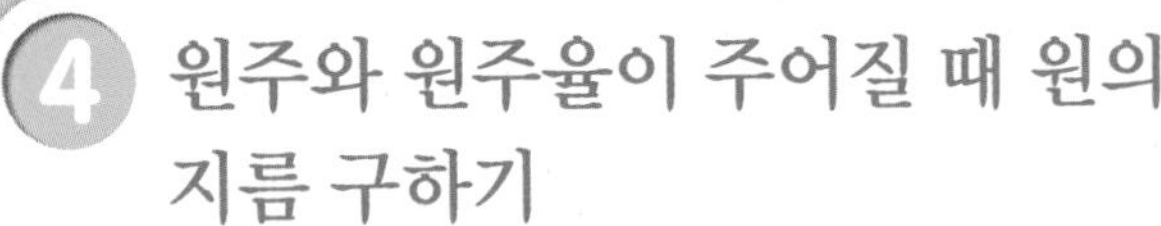

4 원주와 원주율이 주어질 때 원의 지름 구하기

• □ 안에 알맞은 수를 써넣으세요.

1

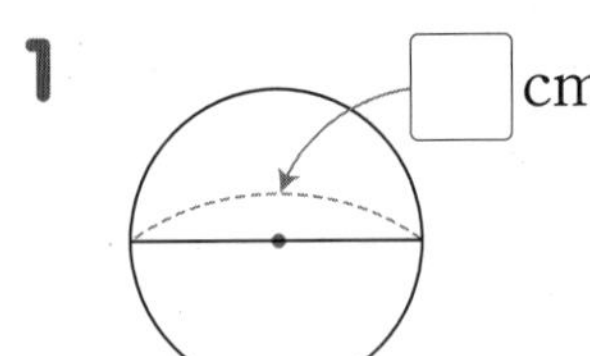

원주율: 3.1
원주: 12.4 cm

2

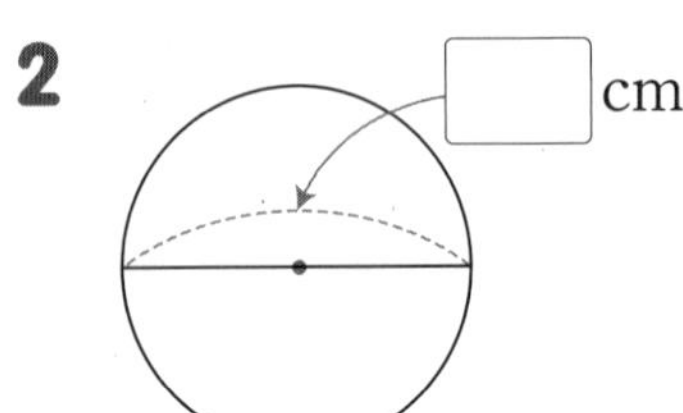

원주율: 3
원주: 36 cm

3

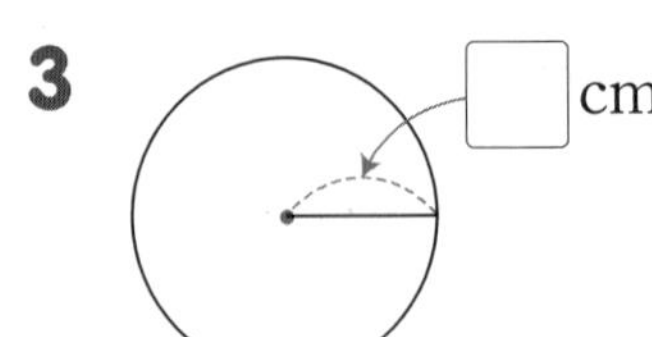

원주율: 3.1
원주: 18.6 cm

4

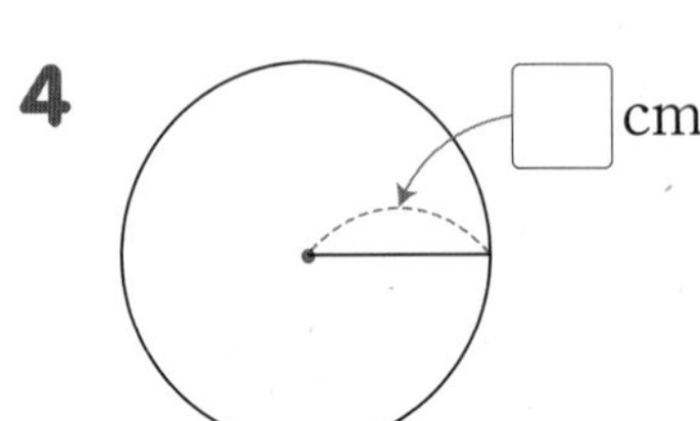

원주율: 3.14
원주: 50.24 cm

5 원의 지름 비교하기

• 원의 지름이 더 긴 것을 찾아 기호를 써 보세요. (원주율: 3.1)

1

㉠ 원주가 27.9 cm인 원
㉡ 지름이 8 cm인 원

(　　　　　　　)

2

㉠ 반지름이 5 cm인 원
㉡ 원주가 37.2 cm인 원

(　　　　　　　)

3

㉠ 원주가 34.1 cm인 원
㉡ 반지름이 7 cm인 원

(　　　　　　　)

• 원의 지름이 가장 긴 것을 찾아 기호를 써 보세요. (원주율: 3.14)

4

㉠ 원주가 28.26 cm인 원
㉡ 반지름이 4 cm인 원
㉢ 지름이 13 cm인 원

(　　　　　　　)

5

㉠ 반지름이 10 cm인 원
㉡ 원주가 53.38 cm인 원
㉢ 원주가 59.66 cm인 원

(　　　　　　　)

6 여러 가지 원의 원주 구하기

1 작은 원과 큰 원의 원주는 각각 몇 cm인지 구해 보세요. (원주율: 3.1)

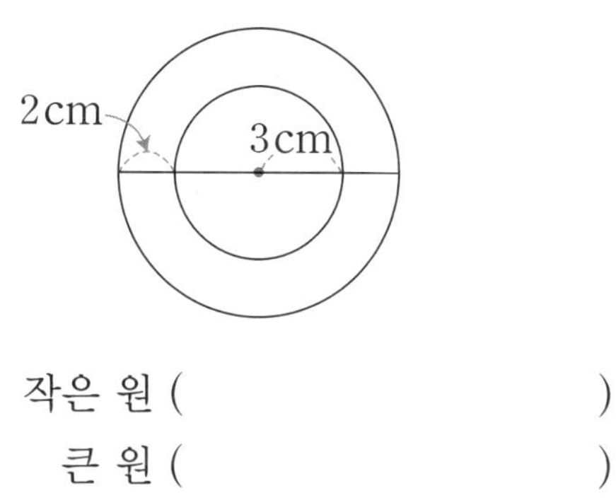

작은 원 (　　　　　　　　)
큰 원 (　　　　　　　　)

2 작은 원의 지름이 18 cm일 때 큰 원의 원주는 몇 cm일까요? (원주율: 3)

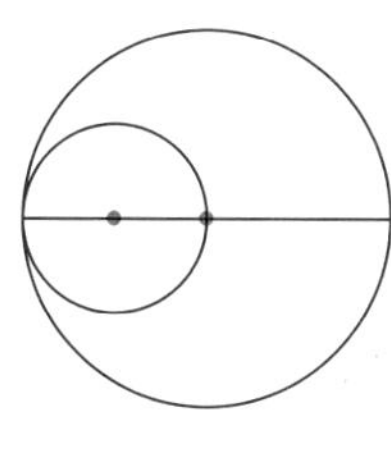

(　　　　　　　　)

3 큰 원의 지름이 28cm입니다. 가 원의 원주는 몇 cm일까요? (원주율: 3)

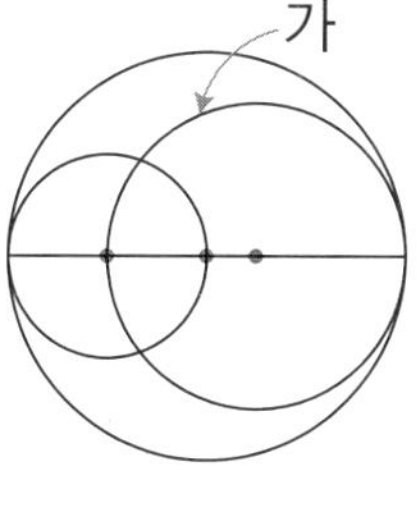

(　　　　　　　　)

4 반원의 둘레는 몇 cm일까요? (원주율: 3.1)

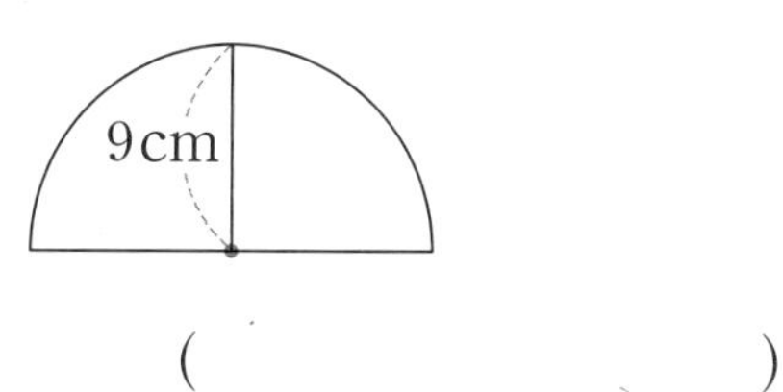

(　　　　　　　　)

7 원주와 지름의 활용(1)

1 지름이 32 cm인 원 모양의 쟁반이 있습니다. 이 쟁반의 둘레는 몇 cm인지 구해 보세요. (원주율: 3)

(쟁반의 둘레)＝(지름)×(원주율)
＝□×3＝□(cm)

2 길이가 4 m인 끈을 사용하여 운동장에 그릴 수 있는 가장 큰 원을 그렸습니다. 그린 원의 원주는 몇 m일까요? (원주율: 3.1)

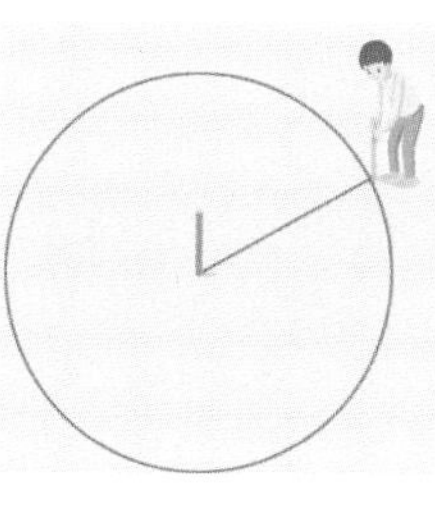

(　　　　　　　　)

3 채영이는 문구점에서 예쁜 팔찌를 발견했습니다. 채영이의 손목 둘레가 약 120 mm라고 할 때 채영이가 손목에 착용할 수 있는 팔찌를 모두 고르세요. (원주율: 3.1)

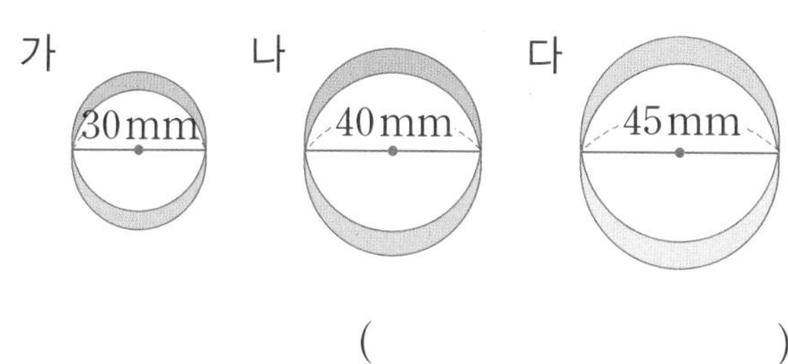

(　　　　　　　　)

4 민혁이는 매일 아침 원 모양의 공원의 둘레를 2바퀴씩 달립니다. 공원의 지름이 150 m일 때 민혁이가 아침마다 달리는 거리는 몇 m일까요? (원주율: 3.14)

(　　　　　　　　)

5

8 원주와 지름의 활용(2)

1 500원짜리 동전을 모을 저금통을 만들려고 합니다. □ 안에 알맞은 수를 써넣으세요. (원주율: 3)

500원짜리 동전의 둘레는 7.95 cm이므로 저금통 구멍의 길이는 □ cm보다 길어야 합니다.

2 길이가 94.2 cm인 종이 띠를 겹치지 않게 붙여서 원을 만들었습니다. 만들어진 원의 지름은 몇 cm인지 구해 보세요. (원주율: 3.14)

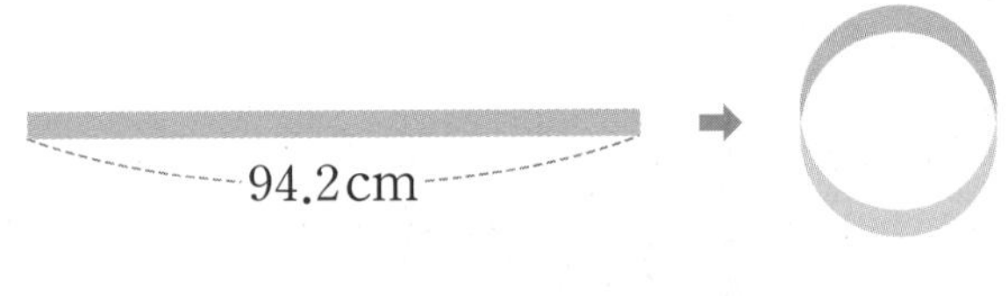

( )

3 원주가 52.7 cm인 시계를 밑면이 정사각형 모양인 직육면체 모양의 상자에 담으려고 합니다. 상자의 밑면의 한 변의 길이는 적어도 몇 cm이어야 하는지 구해 보세요. (원주율: 3.1)

( )

4 자전거 뒷바퀴의 원주는 43.4 cm입니다. 자전거 앞바퀴의 원주가 뒷바퀴의 원주의 5배일 때 앞바퀴의 반지름은 몇 cm일까요? (원주율: 3.1)

( )

9 원이 굴러간 거리 구하기

1 지름이 3 cm인 원을 만들고 3바퀴 굴렸습니다. 원이 굴러간 거리는 몇 cm인지 구해 보세요. (원주율: 3.14)

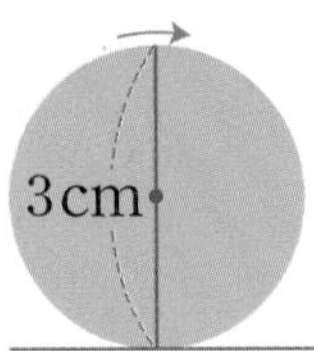

(원이 한 바퀴 굴러간 거리)

$=$(지름)$\times$(원주율)$=$□$\times 3.14$

$=$□(cm)

(원이 3바퀴 굴러간 거리)

$=$□$\times 3=$□(cm)

2 수아는 지름이 50 cm인 훌라후프를 2바퀴 굴렸습니다. 훌라후프가 굴러간 거리는 몇 cm일까요? (원주율: 3)

( )

3 지름이 20 cm인 원 모양의 바퀴 자를 사용하여 집에서 공원까지의 거리를 알아보려고 합니다. 바퀴가 300바퀴 돌았다면 집에서 공원까지의 거리는 몇 cm인지 구해 보세요. (원주율: 3.1)

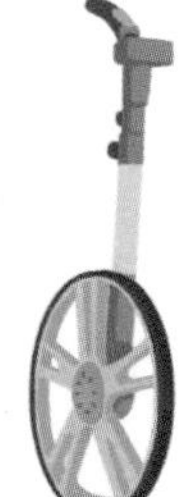

( )

10 정사각형을 이용하여 원의 넓이 어림하기

• 정사각형의 넓이를 이용하여 원의 넓이를 어림하려고 합니다. □ 안에 알맞은 수를 써넣으세요.

1

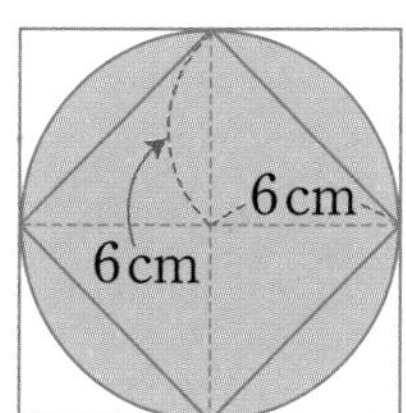

(원 안의 정사각형의 넓이)= □ cm^2

(원 밖의 정사각형의 넓이)= □ cm^2

□ cm^2 < (원의 넓이),

(원의 넓이) < □ cm^2

2

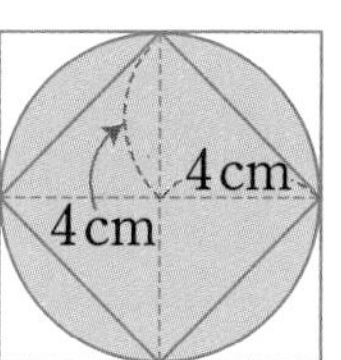

□ cm^2 < (원의 넓이),

(원의 넓이) < □ cm^2

3

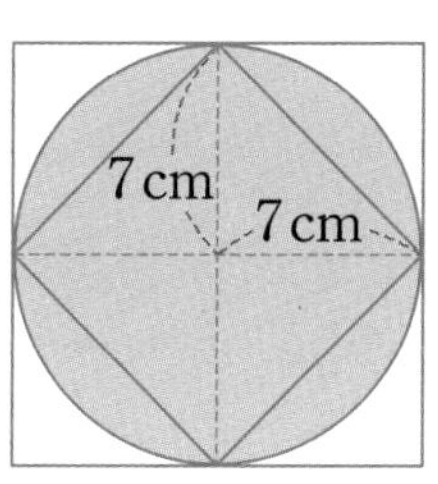

□ cm^2 < (원의 넓이),

(원의 넓이) < □ cm^2

11 모눈종이를 이용하여 원의 넓이 어림하기

• 모눈종이를 이용하여 원의 넓이를 어림하려고 합니다. □ 안에 알맞은 수를 써넣으세요.

1

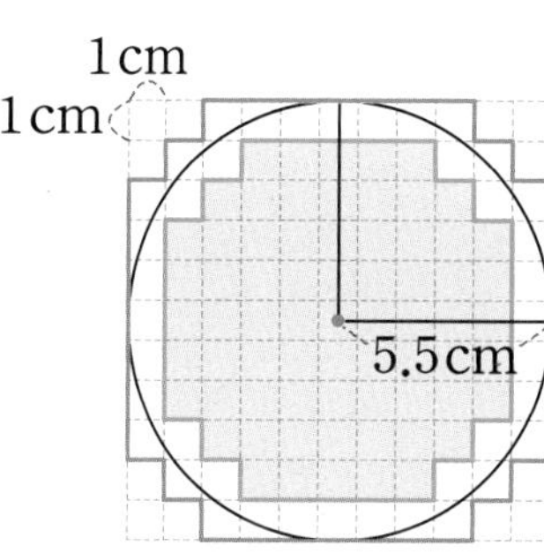

□ cm^2 < (원의 넓이),

(원의 넓이) < □ cm^2

2

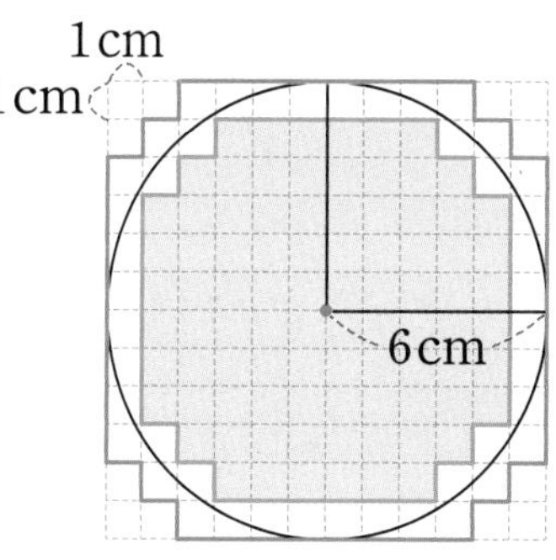

□ cm^2 < (원의 넓이),

(원의 넓이) < □ cm^2

3

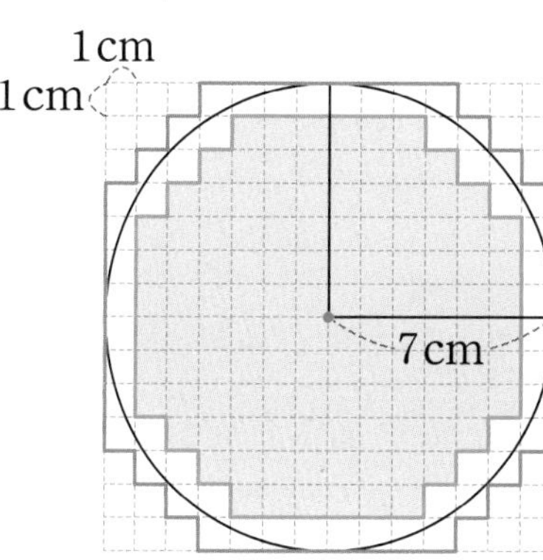

□ cm^2 < (원의 넓이),

(원의 넓이) < □ cm^2

12 정육각형을 이용하여 원의 넓이 어림하기

• 정육각형의 넓이를 이용하여 원의 넓이를 어림하려고 합니다. □ 안에 알맞은 수를 써넣으세요.

1

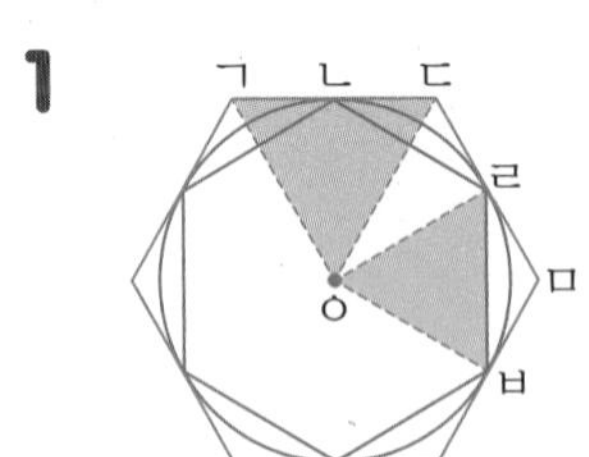

삼각형 ㄱㅇㄷ의 넓이: $20\ \text{cm}^2$

삼각형 ㄹㅇㅂ의 넓이: $15\ \text{cm}^2$

(원 안의 정육각형의 넓이)$=$□ cm^2

(원 밖의 정육각형의 넓이)$=$□ cm^2

□ $\text{cm}^2<$(원의 넓이),

(원의 넓이)$<$□ cm^2

2

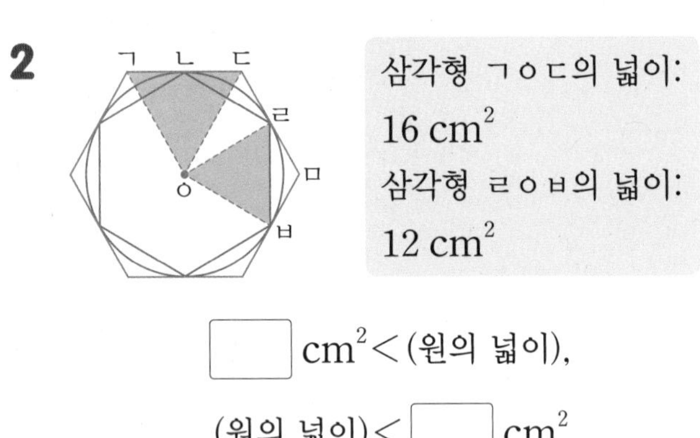

□ $\text{cm}^2<$(원의 넓이),

(원의 넓이)$<$□ cm^2

3

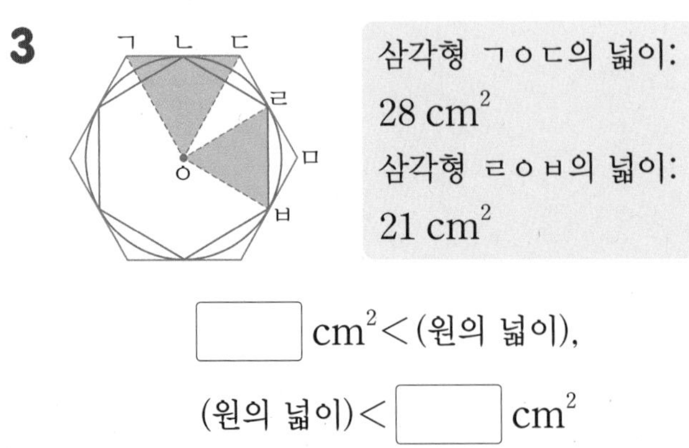

□ $\text{cm}^2<$(원의 넓이),

(원의 넓이)$<$□ cm^2

13 원의 넓이 구하는 방법 알아보기

• 주어진 원을 한없이 잘게 잘라 이어 붙여서 직사각형에 가까워지는 도형을 만들었습니다. □ 안에 알맞은 수를 써넣고 원의 넓이를 구해 보세요. (원주율: 3.1)

1 반지름이 5 cm인 원

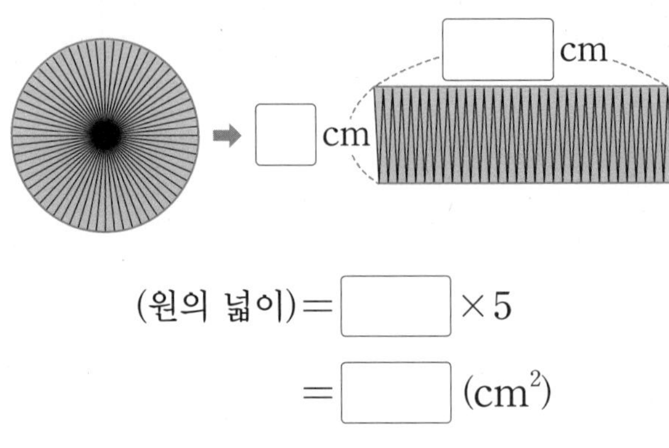

(원의 넓이)$=$□$\times 5$

$=$□ (cm^2)

2 반지름이 3 cm인 원

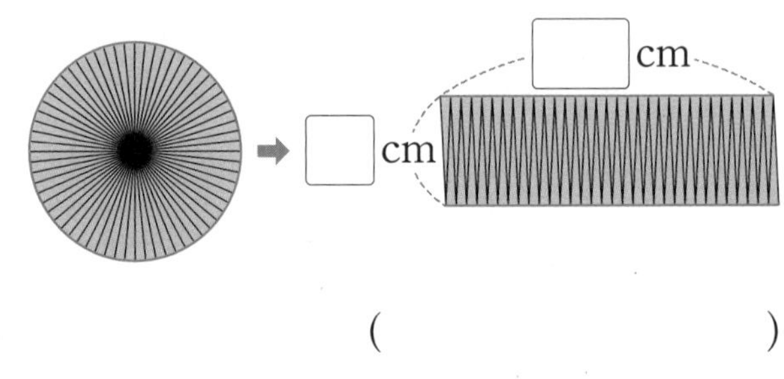

(　　　　　　　　)

3 반지름이 8 cm인 원

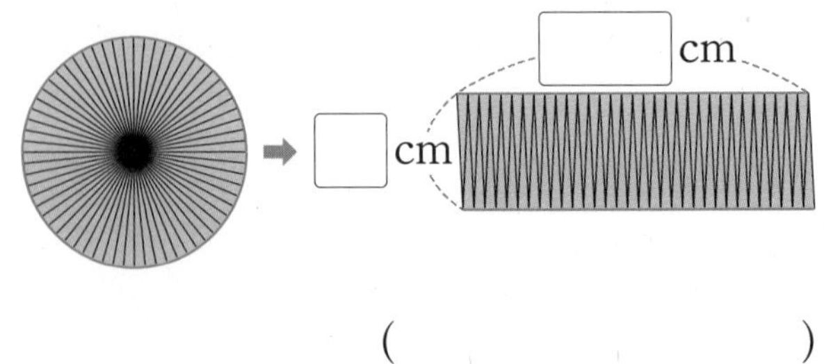

(　　　　　　　　)

➡ 정답과 풀이 39쪽

14 택배 배달하기

• 알맞은 답을 따라 가면 택배를 배달할 수 있습니다. 길을 찾아 이어 보고 택배를 배송할 집에 ○표 하세요.

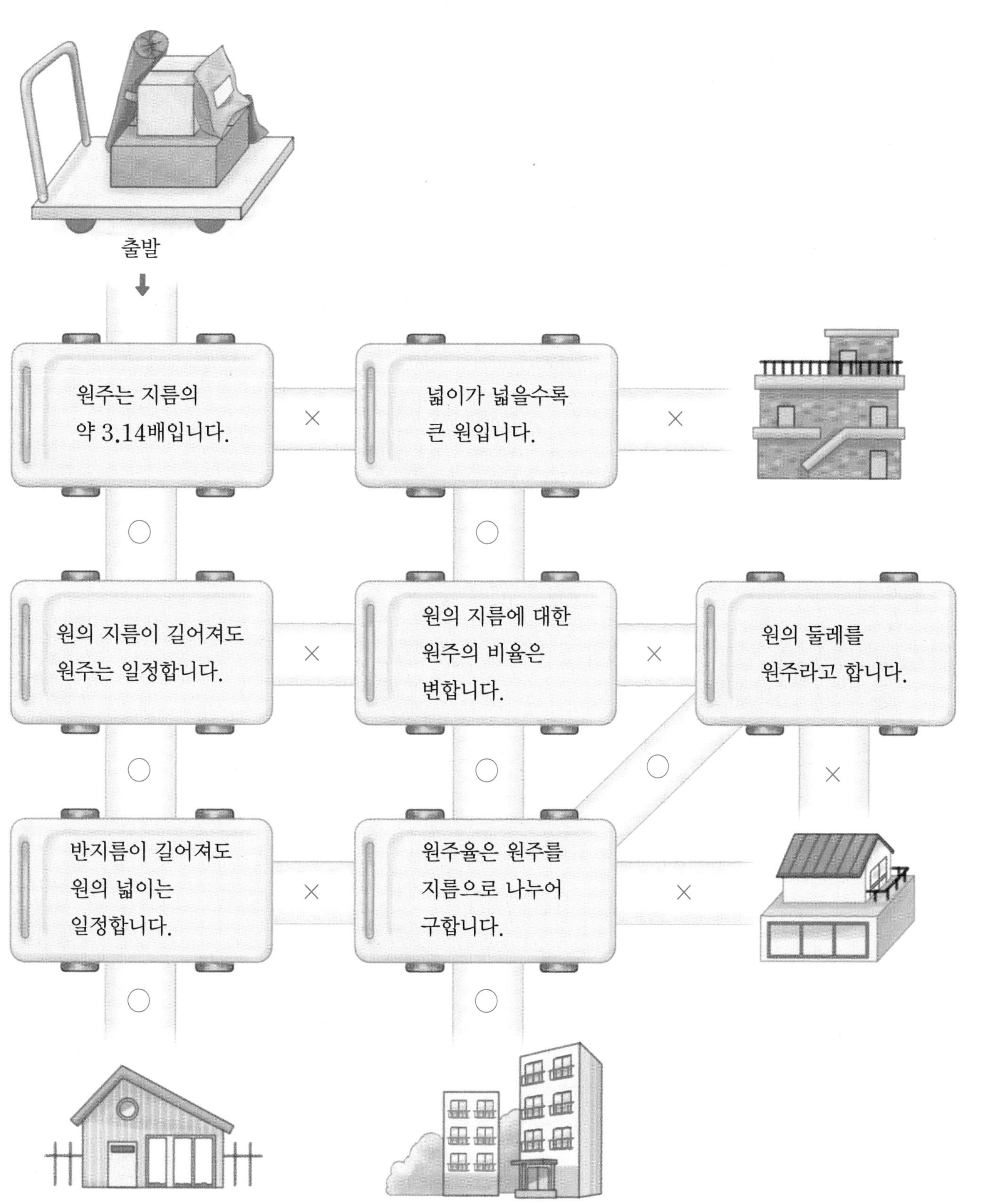

5

15 원의 넓이 구하기

• □ 안에 알맞은 수를 써넣으세요. (원주율: 3)

1

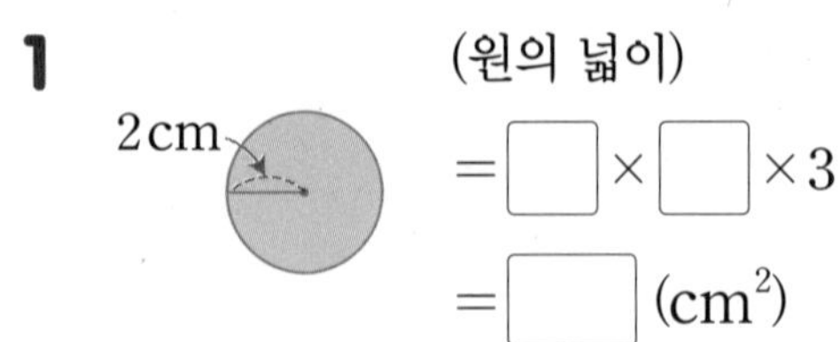

(원의 넓이)
= □ × □ × 3
= □ (cm^2)

2

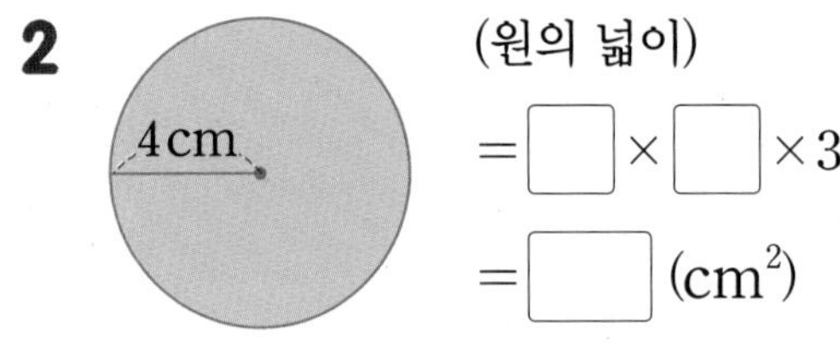

(원의 넓이)
= □ × □ × 3
= □ (cm^2)

3

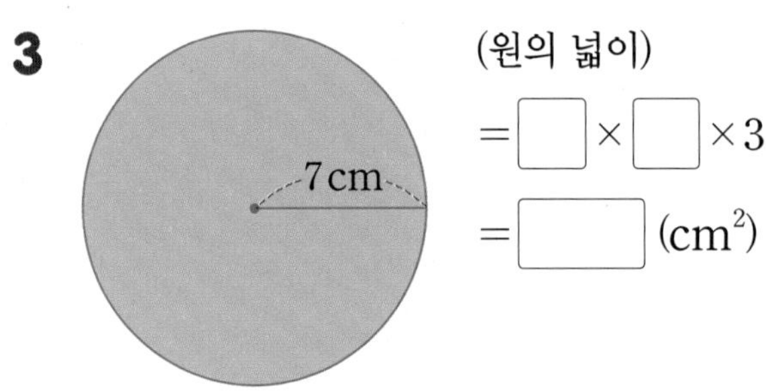

(원의 넓이)
= □ × □ × 3
= □ (cm^2)

4

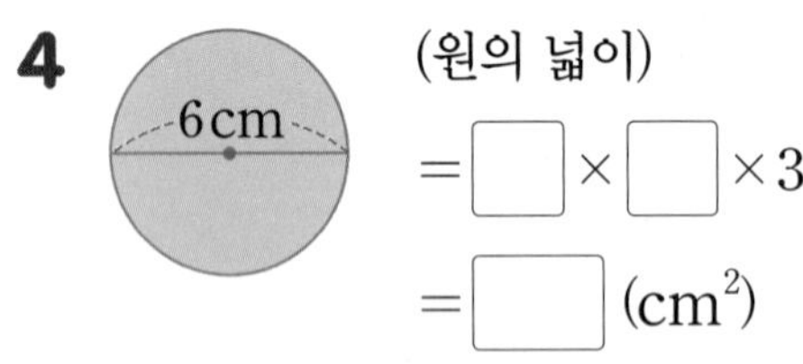

(원의 넓이)
= □ × □ × 3
= □ (cm^2)

5

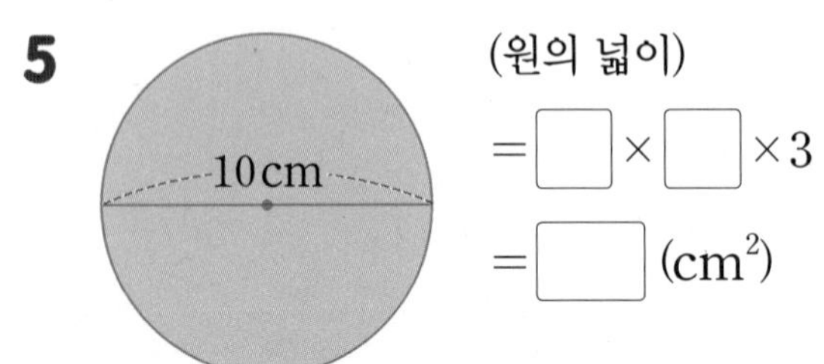

(원의 넓이)
= □ × □ × 3
= □ (cm^2)

16 원주율이 다른 원의 넓이 구하기

• 원주율의 값을 얼마로 하여 계산하는지에 따라 원의 넓이가 얼마나 달라지는지 알아보려고 합니다. 빈칸에 알맞은 수를 써넣으세요.

1

지름(cm)	원주율	원의 넓이(cm^2)
20	3	
20	3.1	
20	3.14	

2

지름(cm)	원주율	원의 넓이(cm^2)
8	3	
8	3.1	
8	3.14	

3

지름(cm)	원주율	원의 넓이(cm^2)
16	3	
16	3.1	
16	3.14	

4

지름(cm)	원주율	원의 넓이(cm^2)
12	3	
12	3.1	
12	3.14	

5

지름(cm)	원주율	원의 넓이(cm^2)
22	3	
22	3.1	
22	3.14	

17 넓이가 몇 배인지 알아보기

• 원 나의 넓이는 원 가의 넓이의 몇 배인지 구해 보세요. (원주율: 3)

1
가: 반지름 6 cm인 원
나: 반지름 12 cm인 원

( )

2
가: 반지름 5 cm인 원
나: 반지름 15 cm인 원

( )

3
가: 반지름 10 cm인 원
나: 반지름 40 cm인 원

( )

4
가: 지름 2 cm인 원
나: 지름 4 cm인 원

( )

5
가: 지름 18 cm인 원
나: 지름 54 cm인 원

( )

18 원주가 주어진 원의 넓이 구하기

• 다음과 같이 원주가 주어진 원이 있습니다. 이 원의 넓이를 구해 보세요. (원주율: 3.1)

1
원주가 24.8 cm인 원

(지름)=(원주)÷(원주율)
=□÷3.1=□(cm)
(반지름)=(지름)÷2=□÷2=□(cm)
(원의 넓이)=□×□×3.1
=□(cm^2)

2
원주가 43.4 cm인 원

( )

3
원주가 55.8 cm인 원

( )

4
원주가 18.6 cm인 원

( )

5
원주가 93 cm인 원

( )

5

19 사자성어 완성하기

● 페인트에 적힌 원의 넓이가 넓은 원부터 차례로 글자를 늘어놓고 사자성어를 완성해 보세요. (원주율: 3.14)

1

고
지름:
20 cm

사자성어: □□□□(竹馬故友)

뜻: 대나무 말을 타고 놀던 벗이라는 뜻으로, 어릴 때부터 같이 놀며 자란 벗을 말합니다.

2

사자성어: □□□□(過猶不及)

뜻: 정도를 지나침은 미치지 못함과 같다는 뜻으로, 중용이 중요함을 이르는 말입니다.

3

생
지름:
18 cm

사자성어: □□□□(九死一生)

뜻: 아홉 번 죽을 뻔하다 한 번 살아난다는 뜻으로, 죽을 고비를 여러 차례 넘기고 겨우 살아남음을 이르는 말입니다.

정답과 풀이 41쪽

20 원의 넓이를 이용하여 반지름 구하기

• ☐ 안에 알맞은 수를 써넣으세요.

1

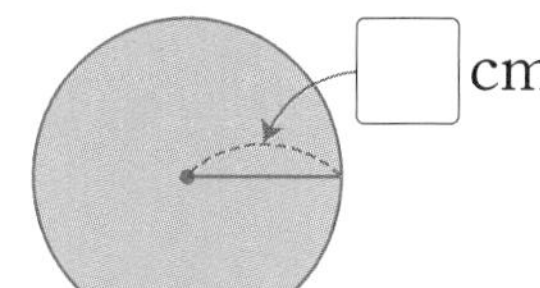

원주율: 3.14
넓이: 28.26 cm²

2

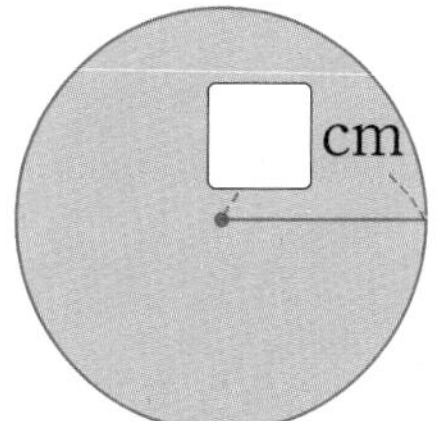

원주율: 3.1
넓이: 251.1 cm²

3

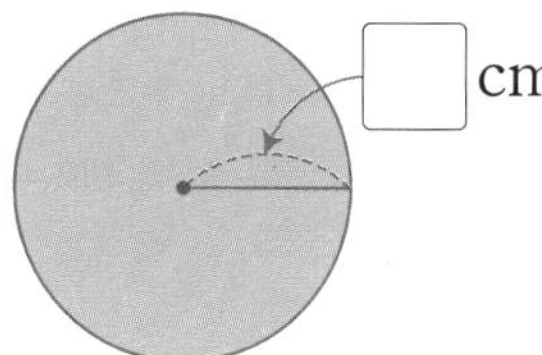

원주율: 3
넓이: 75 cm²

4

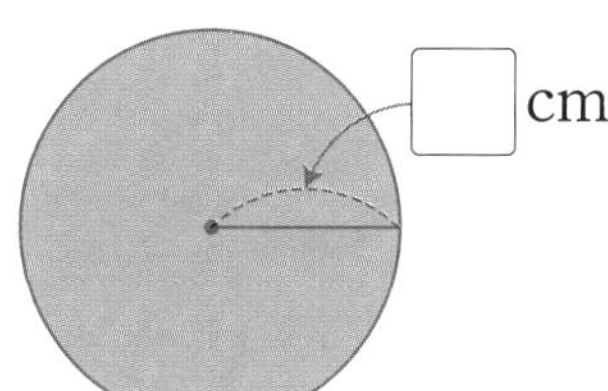

원주율: 3.1
넓이: 151.9 cm²

21 직사각형 안의 가장 큰 원의 넓이 구하기

• 정사각형 안에 그릴 수 있는 가장 큰 원의 넓이는 몇 cm²인지 구해 보세요. (원주율: 3.1)

1

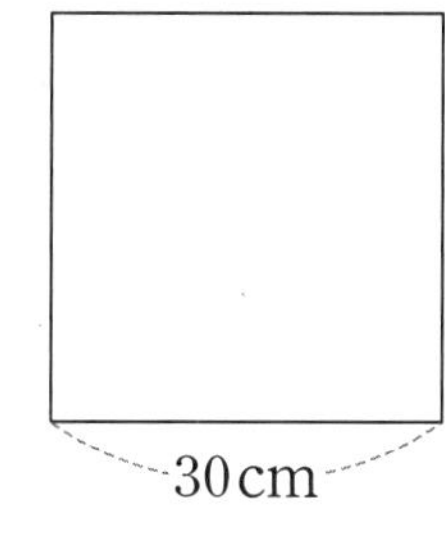

(　　　　　　　)

2

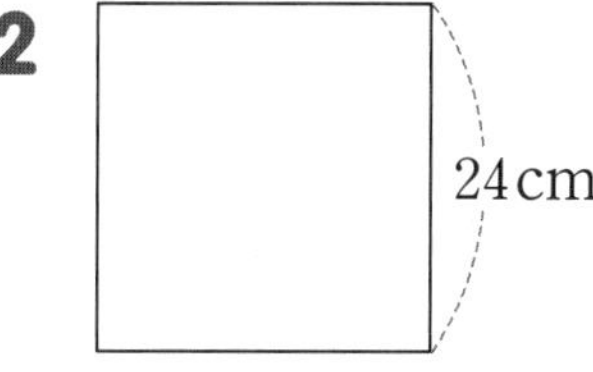

(　　　　　　　)

• 직사각형 모양의 종이를 잘라 만들 수 있는 가장 큰 원의 넓이를 구해 보세요. (원주율: 3.14)

3

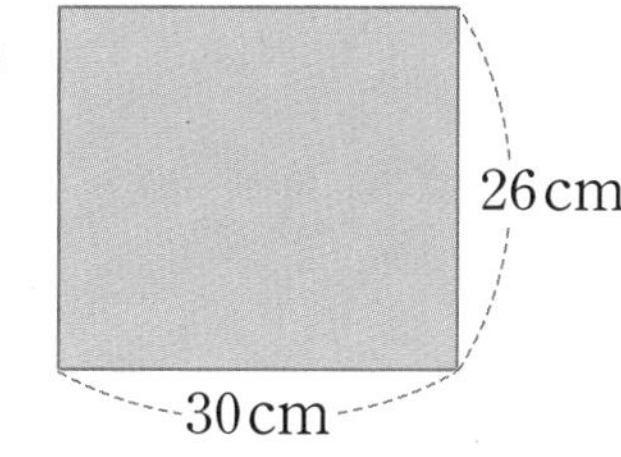

(　　　　　　　)

4

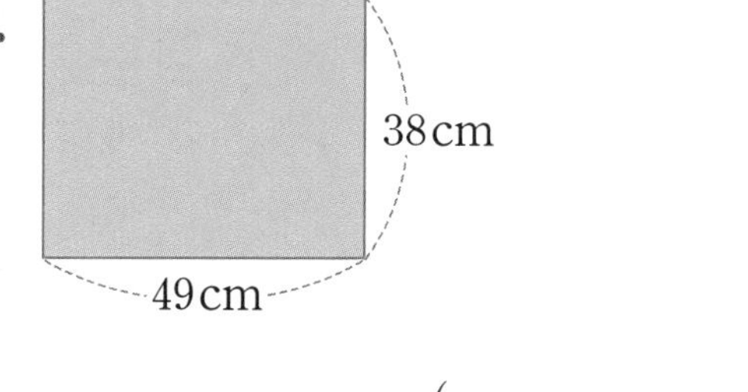

(　　　　　　　)

5

정답과 풀이 42쪽

22 여러 가지 원의 넓이 구하기(1)

• 색칠한 부분의 넓이를 구해 보세요.

1

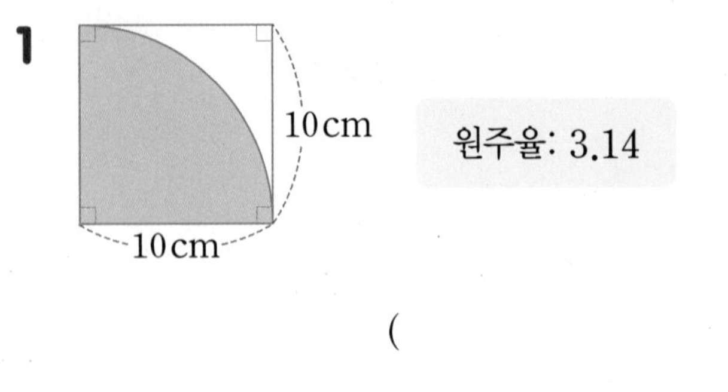

(   )

2

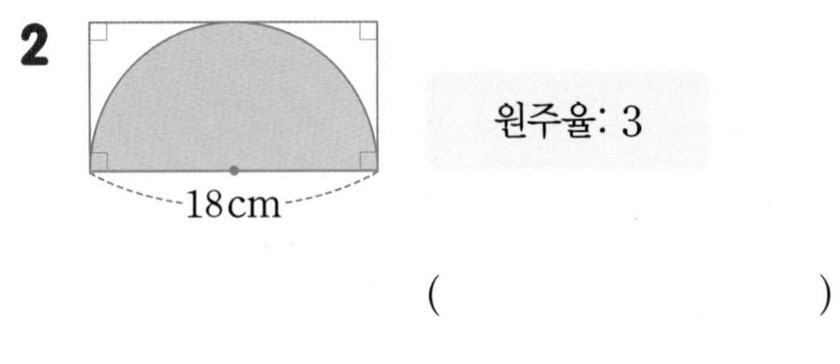

(   )

3

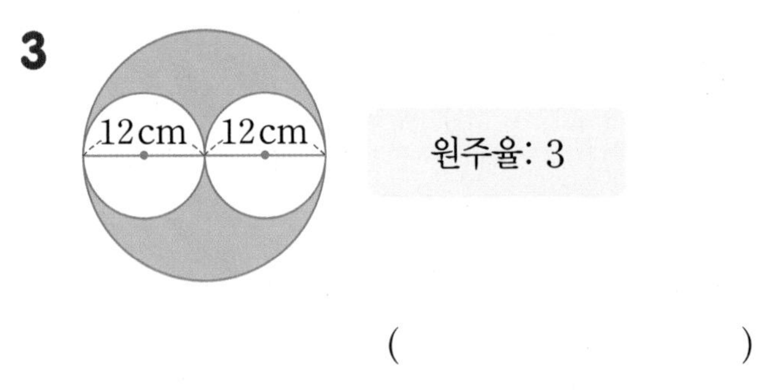

(   )

4

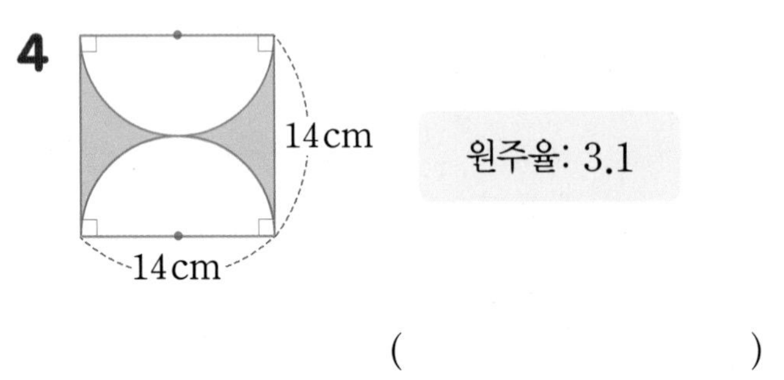

(   )

23 여러 가지 원의 넓이 구하기(2)

1 반지름이 5 m인 원 모양의 꽃밭 바깥쪽으로 폭이 2 m인 길이 있습니다. 길의 넓이는 몇 m^2일까요? (원주율: 3.1)

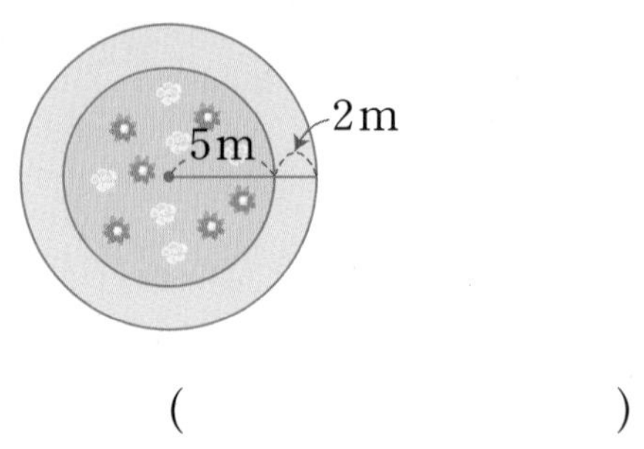

(   )

2 태극기의 태극 문양 중 파란색으로 색칠한 부분의 넓이를 구해 보세요. (원주율: 3.14)

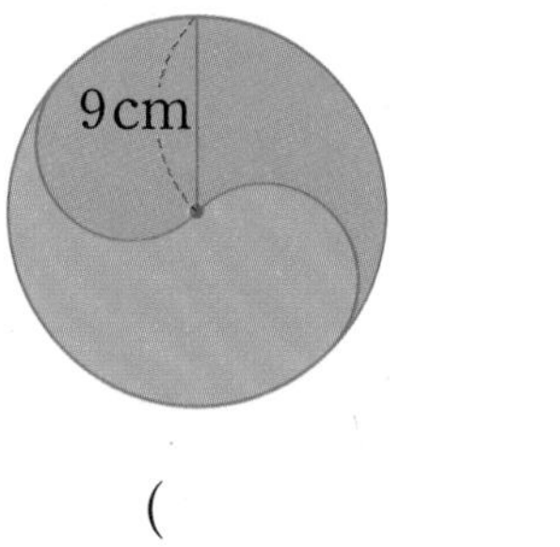

(   )

3 과녁의 색깔이 차지하는 각각의 넓이를 구해 보세요. (원주율: 3)

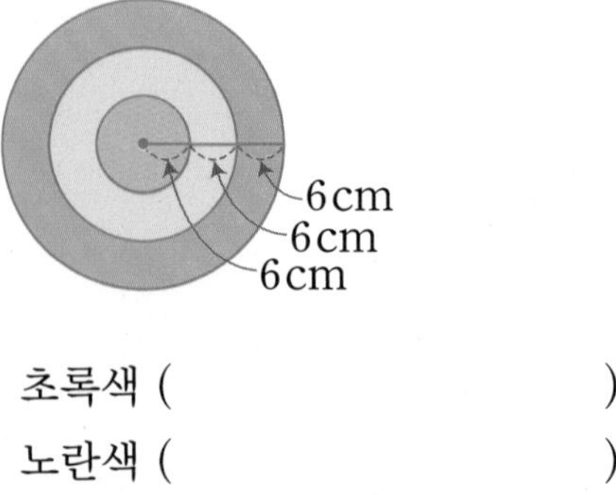

초록색 (   )

노란색 (   )

파란색 (   )

단원 평가

점수 확인

1 □ 안에 알맞은 말을 써넣으세요.

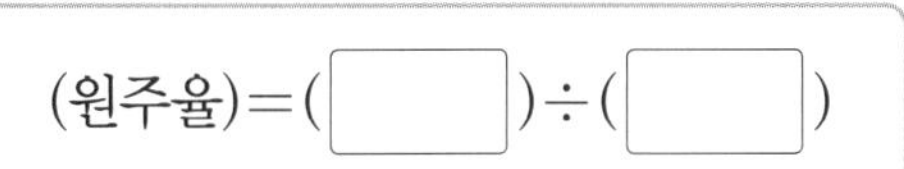

2 원주를 구하려고 합니다. □ 안에 알맞은 수를 써넣으세요. (원주율: 3.1)

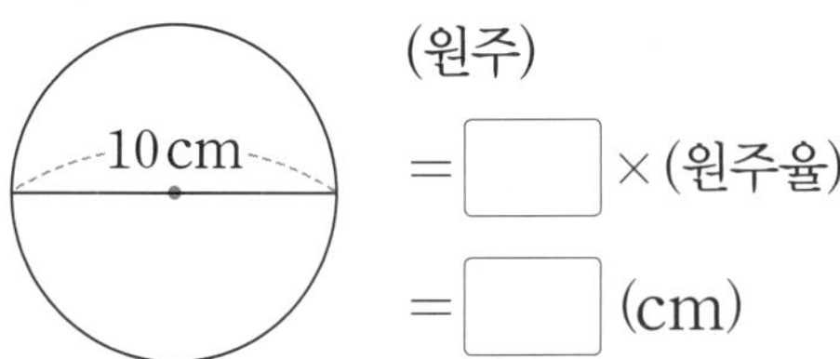

3 원 안의 정사각형의 넓이와 원 밖의 정사각형의 넓이를 구하여 원의 넓이를 어림하려고 합니다. □ 안에 알맞은 수를 써넣으세요.

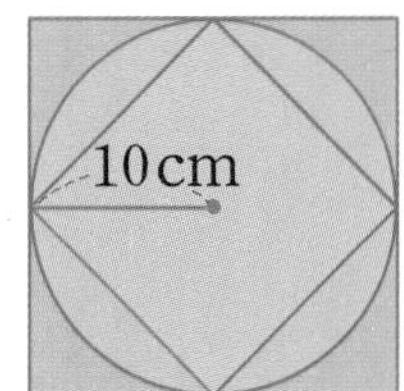

원의 넓이는 원 안의 정사각형의 넓이 □ cm^2보다 크고 원 밖의 정사각형의 넓이 □ cm^2보다 작으므로 약 □ cm^2라고 어림할 수 있습니다.

4 원을 한없이 잘게 잘라 이어 붙여 직사각형을 만들었습니다. □ 안에 알맞은 수를 써넣으세요. (원주율: 3.1)

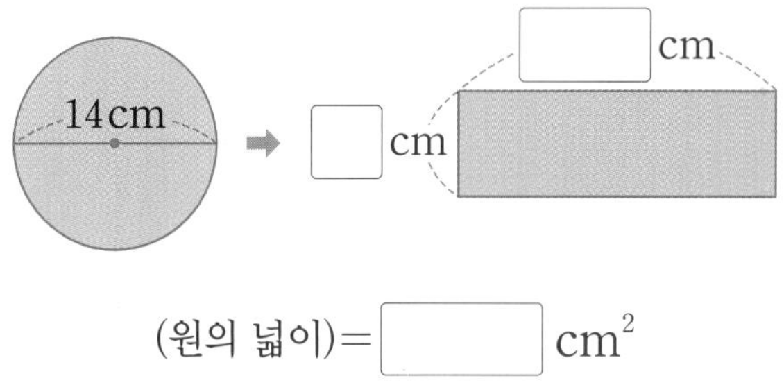

(원의 넓이)= □ cm^2

5 원의 넓이를 구하려고 합니다. □ 안에 알맞은 수를 써넣으세요. (원주율: 3.14)

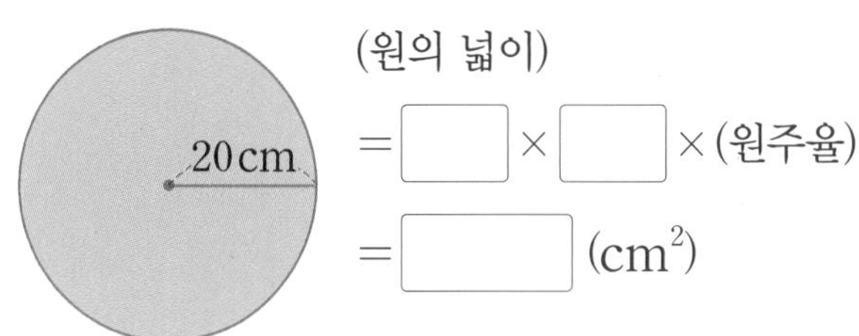

6 원주가 28.26 cm일 때 □ 안에 알맞은 수를 써넣으세요. (원주율: 3.14)

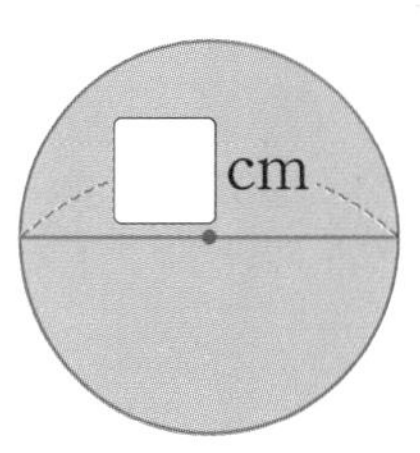

7 원의 넓이를 구해 보세요. (원주율: 3.1)

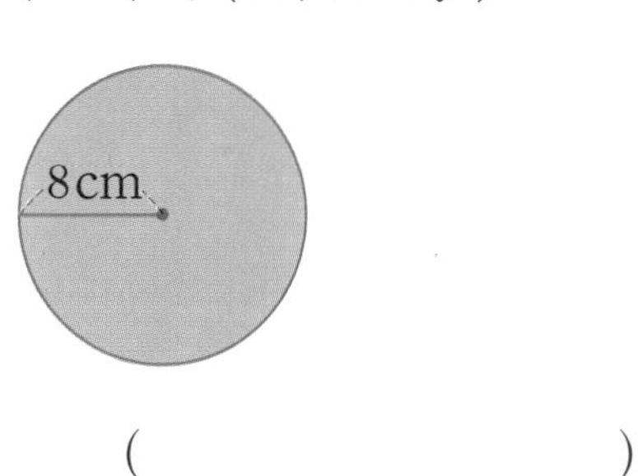

( )

5

8 하은이가 가지고 있는 원 모양의 CD의 지름을 재어 보았더니 12 cm였습니다. CD의 둘레는 몇 cm일까요? (원주율: 3.1)

( )

9 산에 있는 나무의 둘레를 재었습니다. 나무의 반지름을 구해 보세요. (원주율: 3)

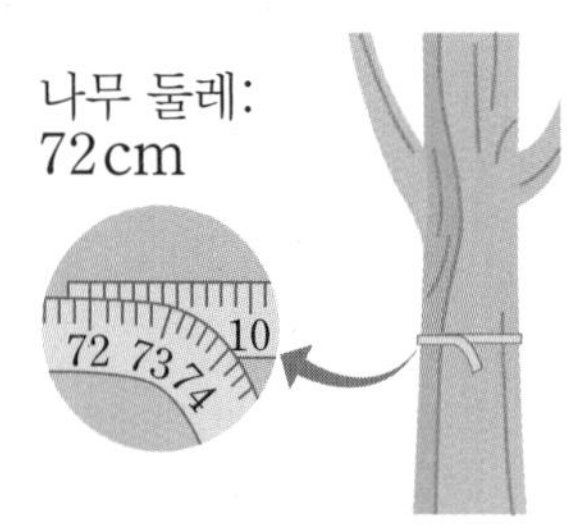

( )

10 원의 넓이를 구해 보세요. (원주율: 3.14)

지름이 20 cm인 원

( )

11 원 모양의 접시의 지름은 20 cm입니다. 이 접시를 한 바퀴 굴렸을 때 굴러간 거리는 몇 cm일까요? (원주율: 3.1)

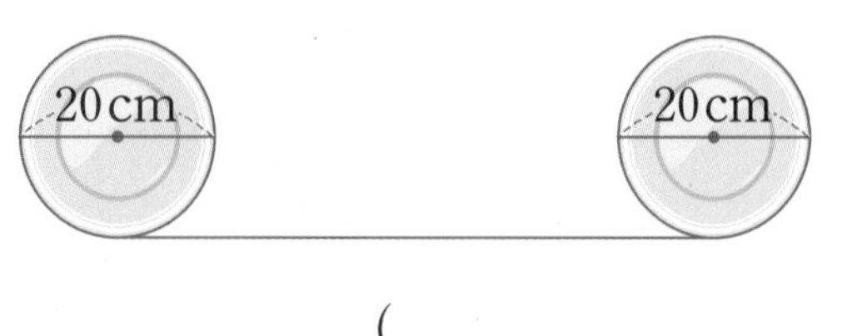

( )

12 수연이는 컴퍼스의 침과 연필심 사이의 거리를 9 cm만큼 벌려서 원을 그렸습니다. 수연이가 그린 원의 넓이는 몇 cm^2일까요? (원주율: 3.1)

( )

13 원의 지름이 작은 것부터 차례로 기호를 써 보세요. (원주율: 3.14)

㉠ 둘레가 72.22 cm인 원 ㉡ 둘레가 59.66 cm인 원 ㉢ 넓이가 314 cm^2인 원

( )

14 큰 바퀴의 둘레는 48 cm이고 큰 바퀴의 지름은 작은 바퀴의 지름의 4배입니다. 작은 바퀴의 둘레는 몇 cm일까요? (원주율: 3)

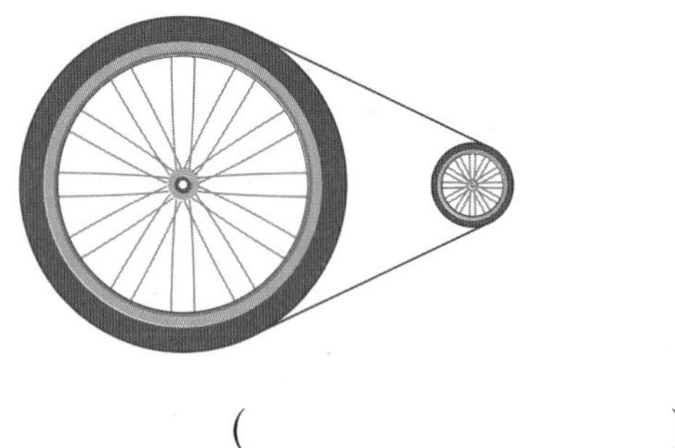

( )

15 반원의 둘레를 구해 보세요. (원주율: 3.14)

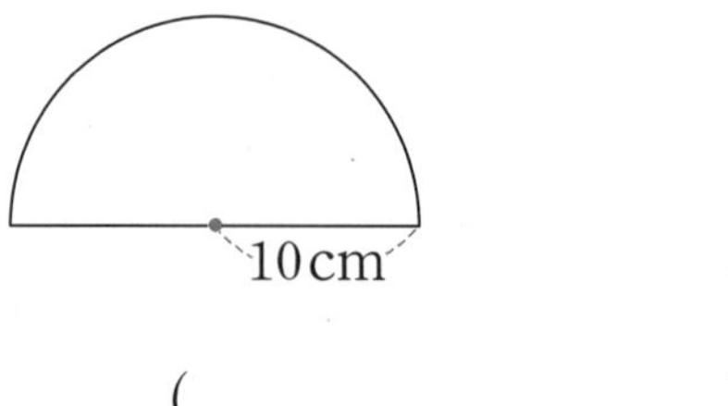

( )

16 색칠한 부분의 넓이를 구해 보세요.

(원주율: 3.14)

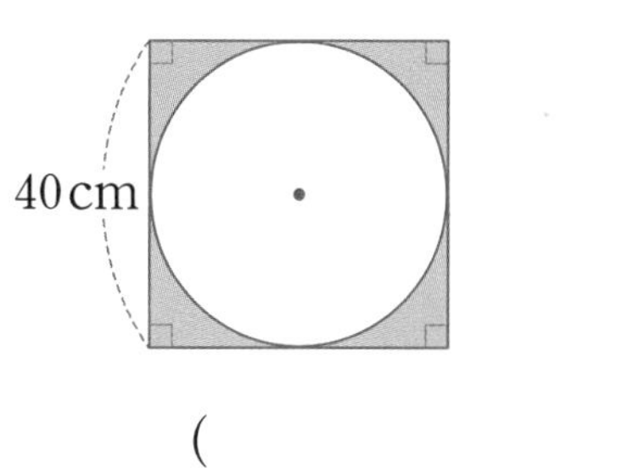

(   )

17 도형에서 색칠한 부분의 둘레의 길이를 구해 보세요. (원주율: 3)

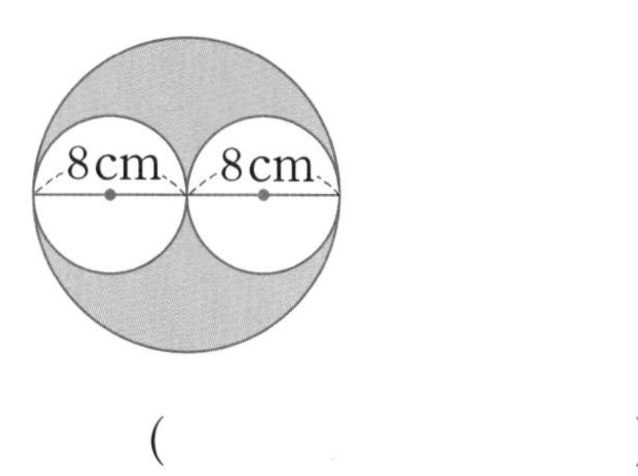

(   )

18 다음 메모지의 넓이는 몇 cm^2일까요?

(원주율: 3)

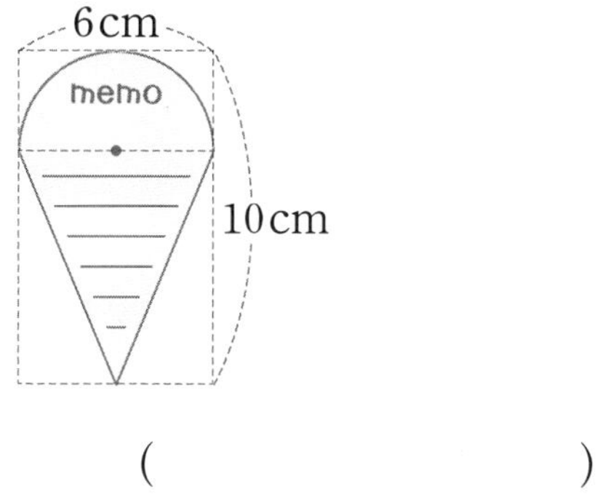

(   )

서술형 문제

정답과 풀이 43쪽

19 반지름이 3 cm인 가 원과 반지름이 4 cm인 나 원이 있습니다. 나 원의 원주는 몇 cm인지 보기 와 같이 풀이 과정을 쓰고 답을 구해 보세요. (원주율: 3.14)

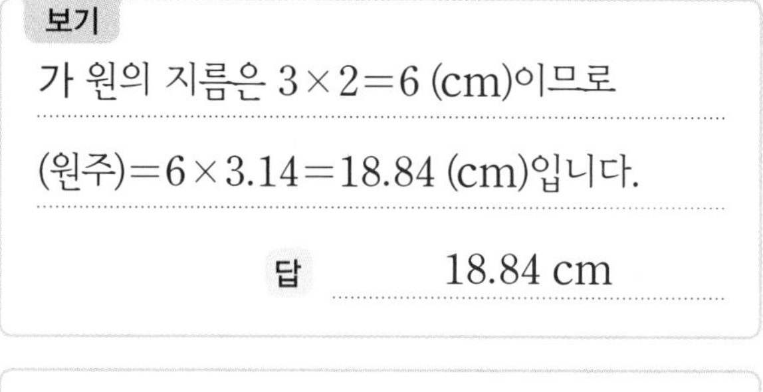

보기

가 원의 지름은 $3\times2=6$ (cm)이므로

(원주)$=6\times3.14=18.84$ (cm)입니다.

답 18.84 cm

나 원의 지름은

답

20 나의 넓이는 몇 m^2인지 보기 와 같이 풀이 과정을 쓰고 답을 구해 보세요. (원주율: 3)

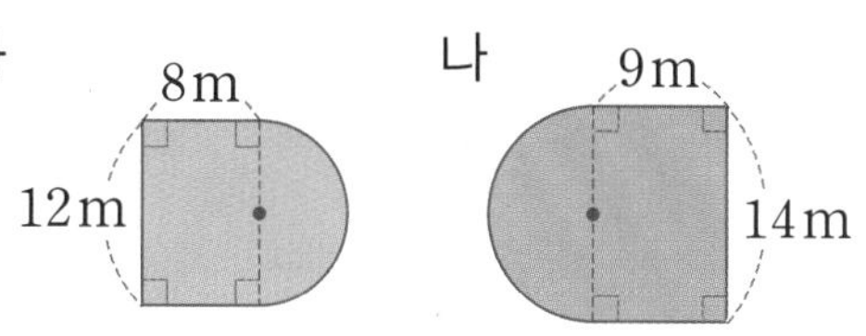

보기

가의 직사각형의 넓이는 $8\times12=96$ (m^2),

반원의 넓이는 $6\times6\times3\div2=54$ (m^2)이므로 가의 넓이는 $96+54=150$ (m^2)입니다.

답 150 m^2

나의 직사각형의 넓이는

답

6 원기둥, 원뿔, 구

민결이네 가족이 어질러진 방을 치우고 있어요. 엄마가 정리하는 물건에 모두 ○표, 아빠가 정리하는 물건에 모두 △표 하세요.

1 원기둥 알아보기

원기둥 알아보기

• 원기둥: (원기둥 그림), (원기둥 그림), (원기둥 그림) 등과 같은 입체도형 ⟶ 위와 아래에 있는 면이 서로 평행하고 합동인 원으로 이루어진 입체도형입니다.

• 원기둥의 구성 요소
① 밑면: 서로 평행하고 합동인 두 면
② 옆면: 두 밑면과 만나는 면
③ 높이: 두 밑면에 수직인 선분의 길이

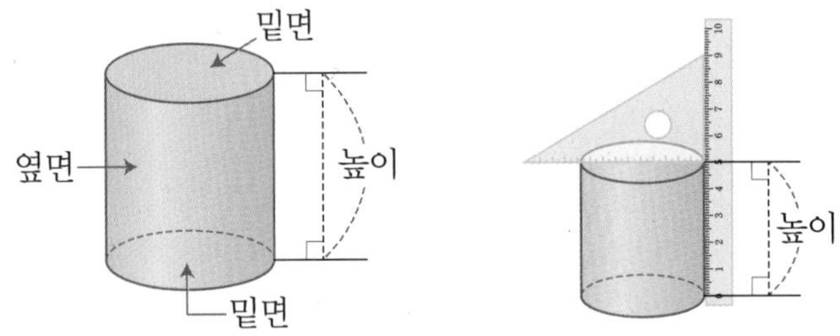

• 원기둥의 특징
① 두 면은 평평한 원입니다.
② 두 면은 서로 합동이고 평행합니다.
③ 옆면은 굽은 면입니다.
④ 굴리면 잘 굴러갑니다.

원기둥과 각기둥의 공통점과 차이점

도형		원기둥	각기둥
공통점		• 기둥 모양 • 밑면의 수: 2개	
차이점	밑면의 모양	원	다각형
	옆면의 모양	굽은 면	직사각형
	꼭짓점, 모서리	없음	있음

개념 자세히 보기

• **직사각형 모양의 종이를 한 변을 기준으로 한 바퀴 돌리면 어떤 입체도형이 되는지 알아보아요!**

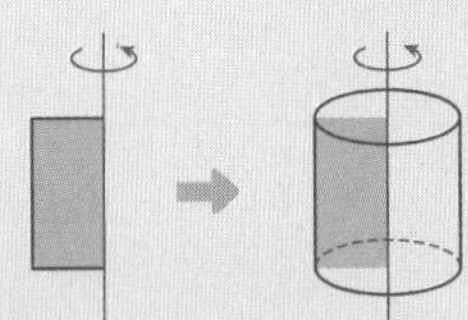

직사각형 모양의 종이를 한 변을 기준으로 한 바퀴 돌리면 원기둥이 만들어집니다.

정답과 풀이 44쪽

1 원기둥은 어느 것일까요? (　　　　)

①  ② 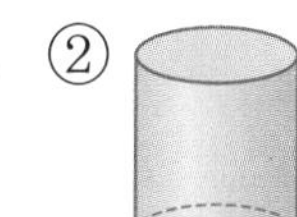 ③ 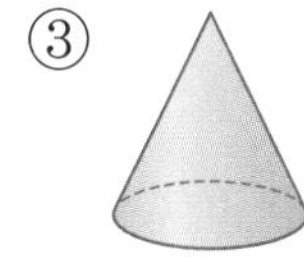 ④ 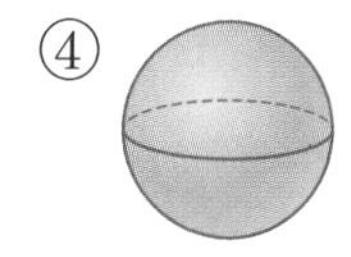 ⑤ 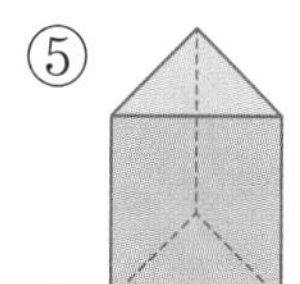

원기둥이나 각기둥처럼 기둥이란 말이 들어간 입체도형은 두 밑면이 합동이에요.

2 보기 에서 □ 안에 알맞은 말을 찾아 써넣으세요.

보기		
밑면	옆면	높이

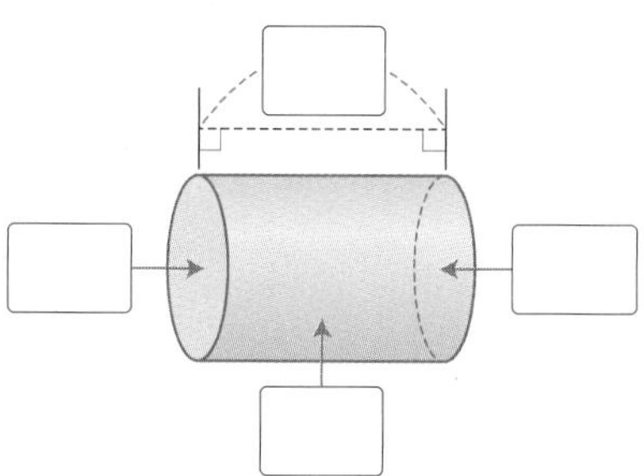

3 원기둥에서 밑면을 찾아 색칠해 보세요.

① 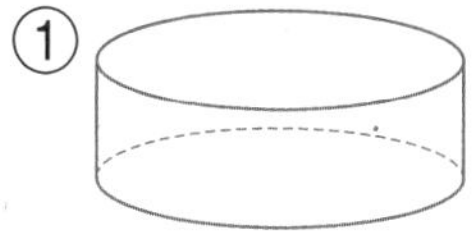

② 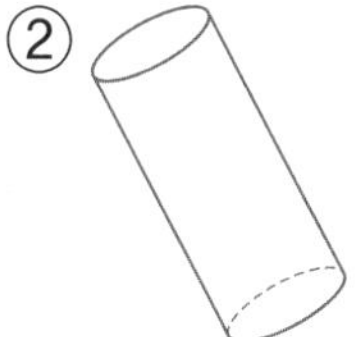

원기둥에서 두 밑면은 모양과 크기가 같은 원 모양이에요.

4 원기둥의 높이를 나타내어 보세요.

① 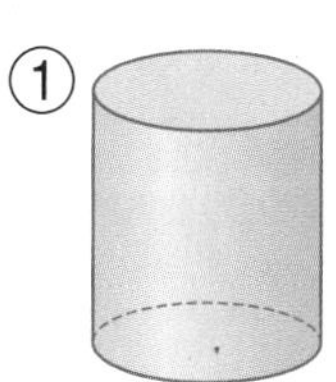

② 

원기둥에서 두 밑면에 수직인 선분의 길이를 높이라고 해요.

2 원기둥의 전개도 알아보기

● **원기둥의 전개도 알아보기**

• 원기둥의 전개도: 원기둥을 잘라서 펼쳐 놓은 그림

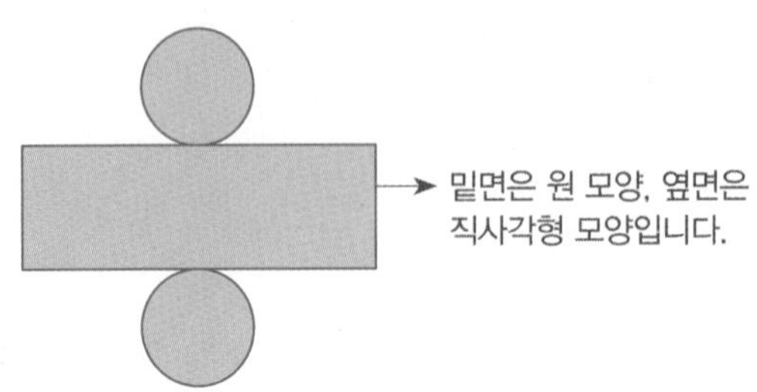

● **전개도의 각 부분의 길이 알아보기**

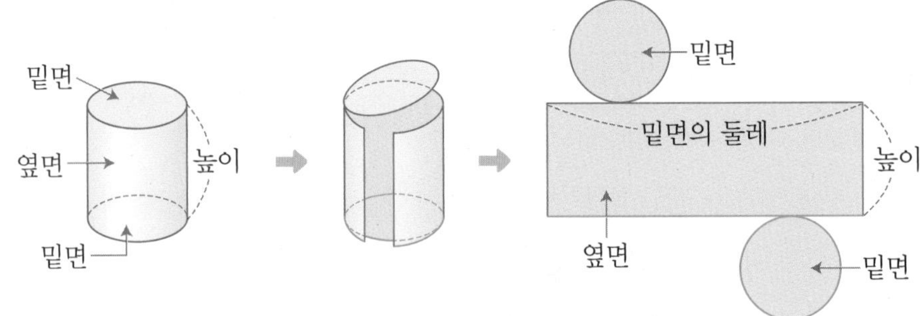

(옆면의 가로) = (밑면의 둘레)
= (밑면의 지름) × (원주율)
(옆면의 세로) = (원기둥의 높이)

개념 자세히 보기

• **원기둥의 전개도가 되려면 두 밑면은 합동인 원 모양이고 옆면은 직사각형이어야 해요!**

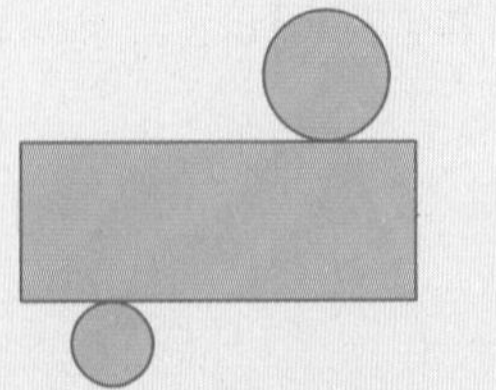

두 밑면이 합동이 아니므로 원기둥을 만들 수 없습니다.

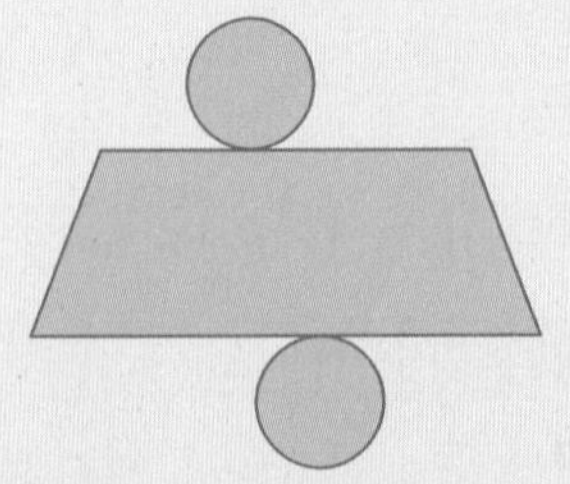

옆면의 모양이 직사각형이 아니므로 원기둥을 만들 수 없습니다.

➲ 정답과 풀이 44쪽

1 원기둥과 전개도를 보고 □ 안에 알맞은 말이나 수를 써넣으세요.

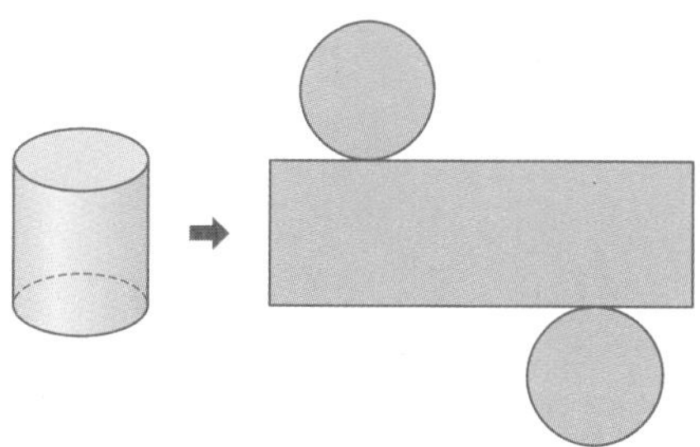

원기둥을 펼쳐 놓은 그림을 원기둥의 전개도라고 해요.

① 전개도에서 밑면의 모양은 □이고 옆면의 모양은 □입니다.

② 전개도에서 밑면은 □개이고, 옆면은 □개입니다.

2 원기둥의 전개도를 보고 물음에 답하세요.

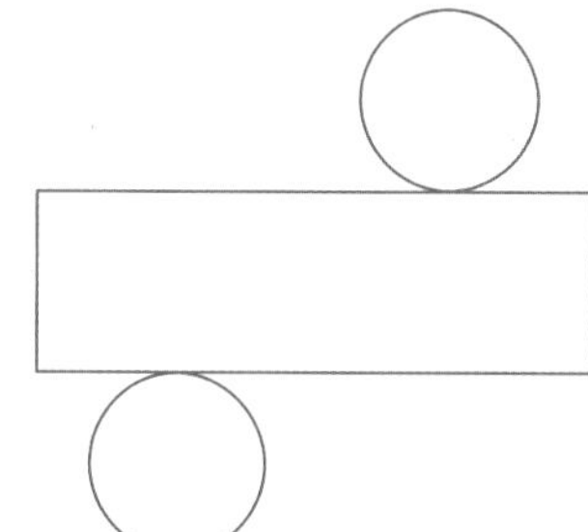

① 밑면을 모두 찾아 색칠해 보세요.

② 원기둥의 높이와 같은 길이의 선분을 모두 찾아 굵은 선으로 표시해 보세요.

옆면의 세로는 원기둥의 높이와 길이가 같아요.

3 원기둥의 전개도에서 밑면의 둘레와 같은 길이의 선분을 모두 찾아 굵은 선으로 표시해 보세요.

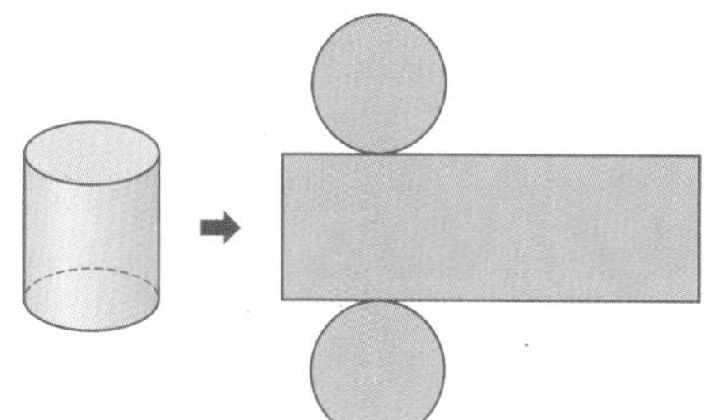

옆면의 가로는 밑면의 둘레와 길이가 같아요.

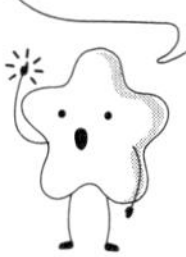

6

4 원기둥을 만들 수 있는 전개도를 찾아 ○표 하세요.

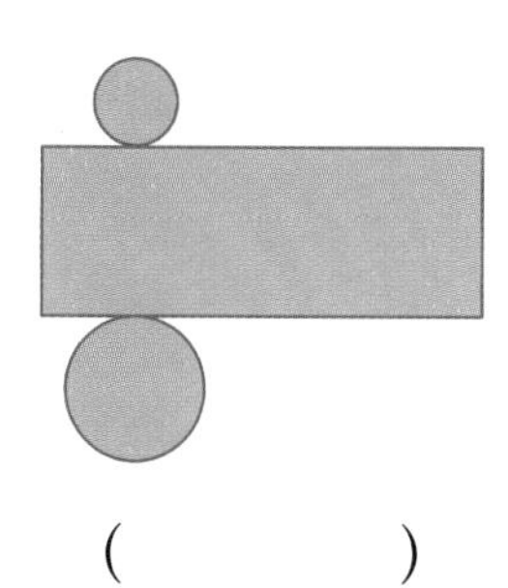

( )

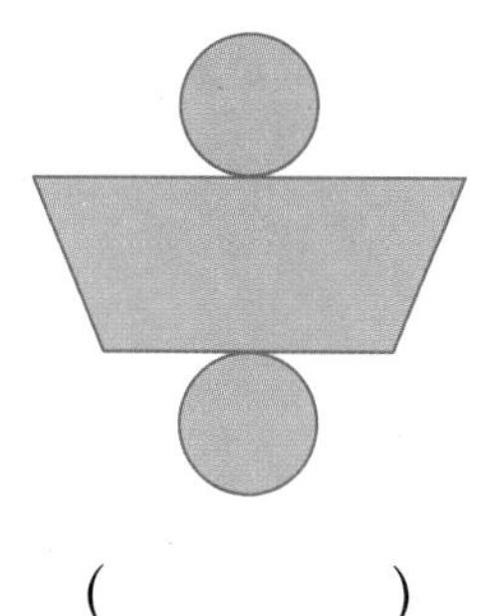

( )

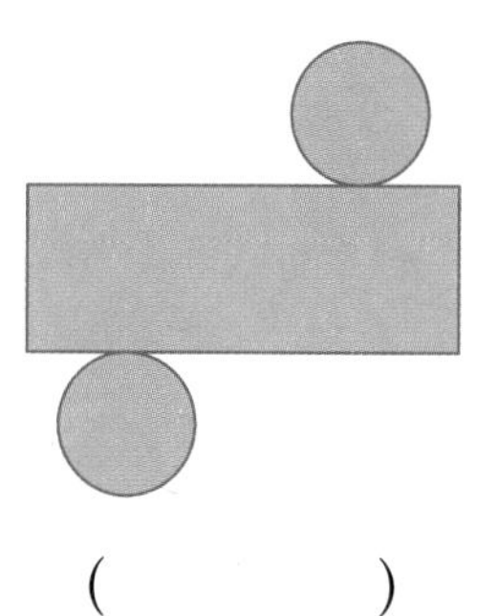

( )

원뿔 알아보기

원뿔 알아보기

• 원뿔: 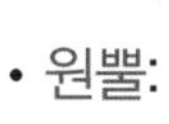, 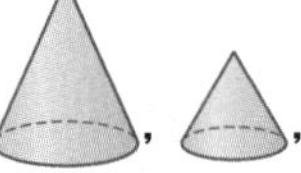,  등과 같은 입체도형 → 평평한 면이 원이고 옆을 둘러싼 면이 굽은 뿔 모양의 입체도형입니다.

• 원뿔의 구성 요소

① 밑면: 평평한 면

② 옆면: 옆을 둘러싼 굽은 면

③ 원뿔의 꼭짓점: 뾰족한 부분의 점

④ 모선: 꼭짓점과 밑면인 원의 둘레의 한 점을 이은 선분

⑤ 높이: 꼭짓점에서 밑면에 수직인 선분의 길이

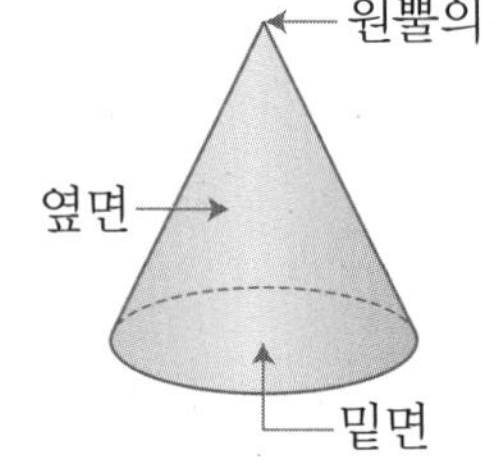

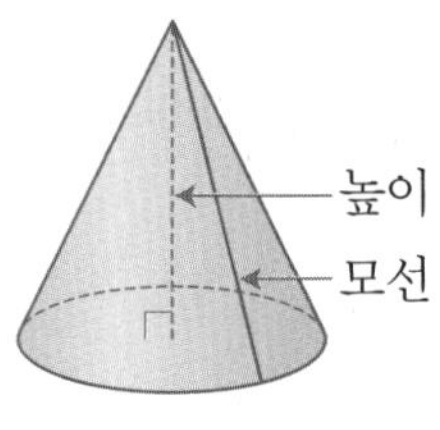

• 원뿔의 각 부분의 길이 재는 방법 알아보기

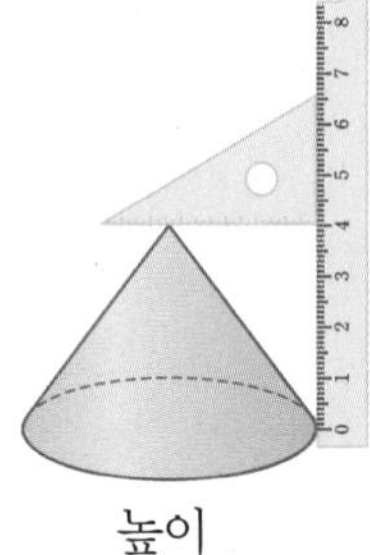
높이

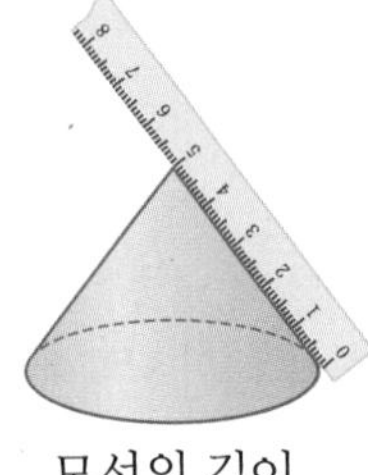
모선의 길이

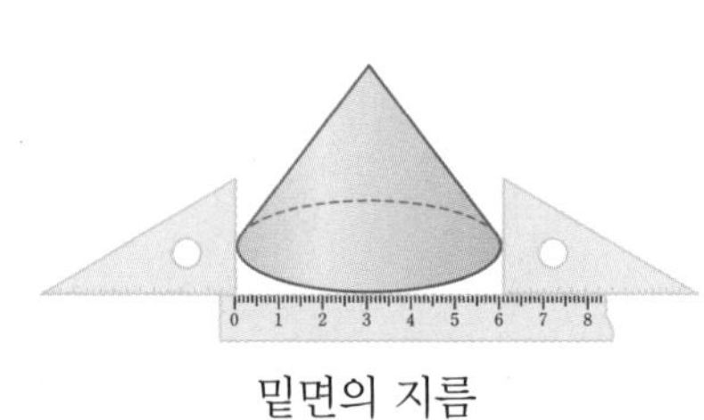
밑면의 지름

원뿔과 원기둥의 공통점과 차이점

도형		원뿔	원기둥
공통점		• 밑면의 모양: 원 • 옆면의 모양: 굽은 면	
차이점	밑면의 수	1	2
	꼭짓점	있음	없음

개념 자세히 보기

• 직각삼각형 모양의 종이를 한 변을 기준으로 한 바퀴 돌리면 어떤 입체도형이 되는지 알아보아요!

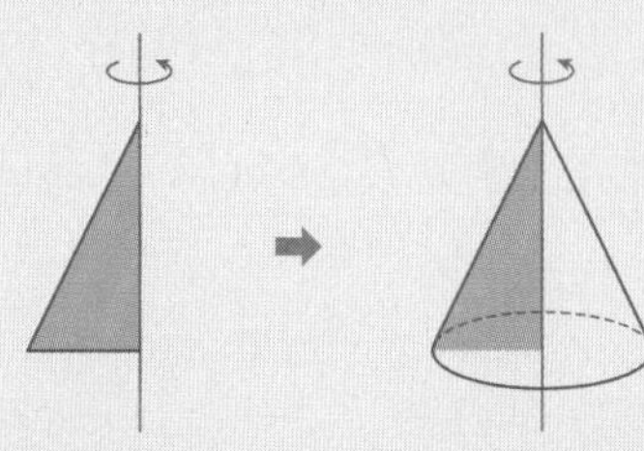

직각삼각형 모양의 종이를 한 변을 기준으로 한 바퀴 돌리면 원뿔이 만들어집니다.

➲ 정답과 풀이 45쪽

1 원뿔을 모두 고르세요. (　　　　　)

① 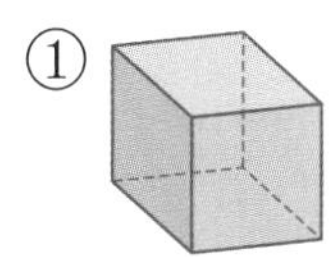 ②  ③ 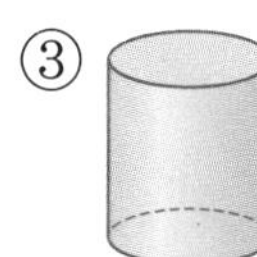 ④ 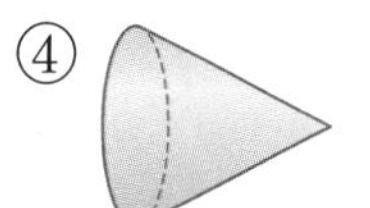 ⑤ 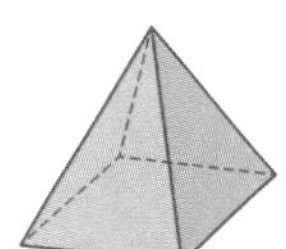

2 보기 에서 □ 안에 알맞은 말을 찾아 써넣으세요.

보기
밑면　　원뿔의 꼭짓점　　모선　　높이　　옆면

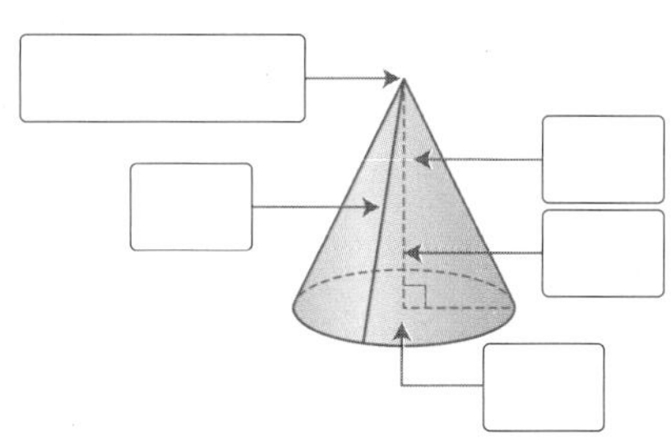

6학년 1학기 때 배웠어요

각뿔 알아보기

각뿔의 구성 요소

각뿔의 꼭짓점, 모서리, 옆면, 높이, 밑면, 꼭짓점

3 원뿔을 보고 물음에 답하세요.

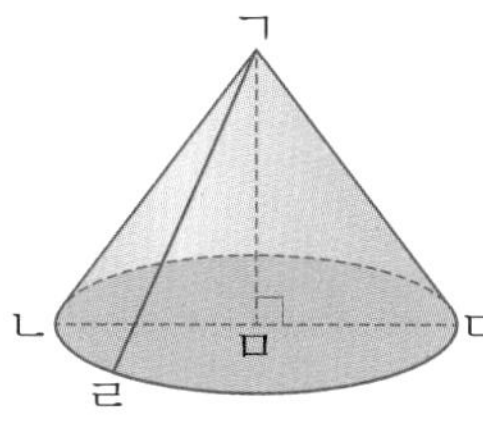

① 원뿔의 높이를 나타내는 선분을 찾아 써 보세요.

(　　　　　　　　　)

② 원뿔의 모선을 나타내는 선분이 아닌 것을 모두 고르세요. (　　　　　)

① 선분 ㄱㄴ　　② 선분 ㄴㄷ

③ 선분 ㄱㄷ　　④ 선분 ㄱㄹ

⑤ 선분 ㄱㅁ

원뿔에서 모선은 셀 수 없이 많으므로 모선을 나타내는 선분은 여러 개 찾을 수 있어요.

4 알맞은 말에 ○표 하고 □ 안에 알맞은 수를 써넣으세요.

① 원뿔과 원기둥은 밑면의 모양이 (같습니다 , 다릅니다).

② 밑면의 수가 원뿔은 □개, 원기둥은 □개입니다.

구 알아보기

● 구 알아보기

• 구: , , 등과 같은 모양의 입체도형

• 구의 구성 요소

① 구의 중심: 구에서 가장 안쪽에 있는 점

② 구의 반지름: 구의 중심에서 구의 겉면의 한 점을 이은 선분

→ 구의 반지름은 모두 같고 무수히 많습니다.

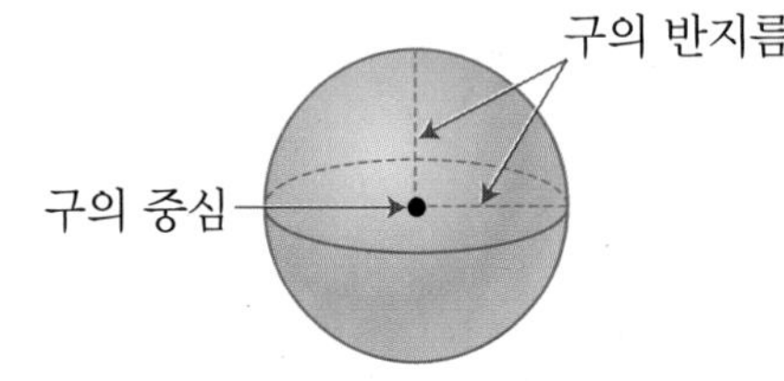

● 원기둥, 원뿔, 구의 공통점과 차이점

도형		원기둥	원뿔	구
공통점		• 굽은 면으로 둘러싸여 있음 • 위에서 본 모양은 원임		
차이점	모양	기둥 모양	뿔 모양	공 모양
	꼭짓점	없음	있음	없음
	앞에서 본 모양	직사각형	이등변삼각형	원
	옆에서 본 모양	직사각형	이등변삼각형	원

개념 자세히 보기

• 반원 모양의 종이를 지름을 기준으로 한 바퀴 돌리면 어떤 입체도형이 되는지 알아보아요!

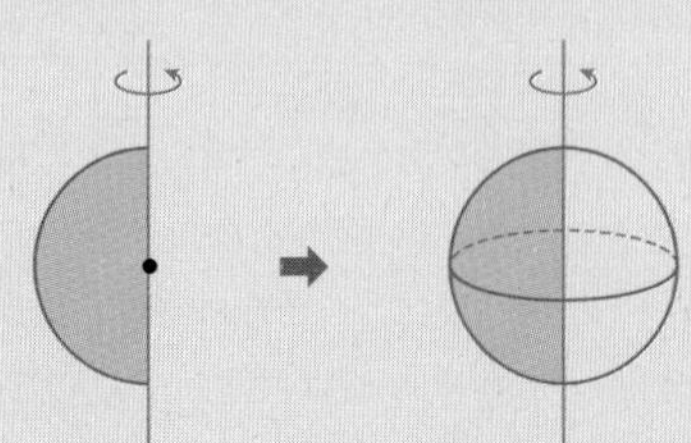

반원 모양의 종이를 지름을 기준으로 한 바퀴 돌리면 구가 만들어집니다.

정답과 풀이 45쪽

1 구에서 각 부분의 이름을 □ 안에 써넣으세요.

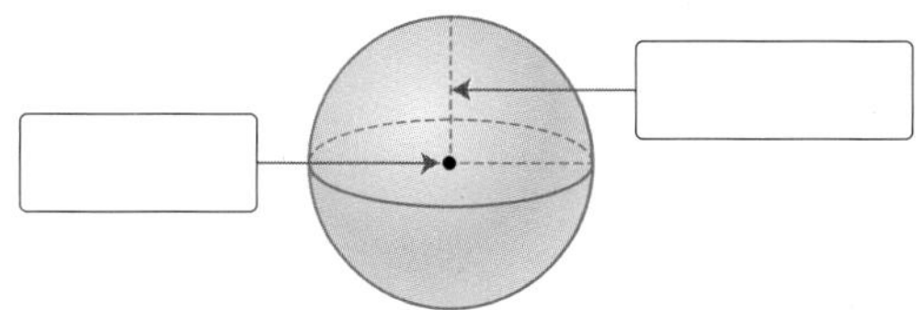

구에서 가장 안쪽에 있는 점은 구의 중심이고, 구의 중심에서 구의 겉면의 한 점을 이은 선분은 구의 반지름이에요.

2 반원 모양의 종이를 지름을 기준으로 한 바퀴 돌려 만들 수 있는 입체도형을 찾아 ○표 하세요.

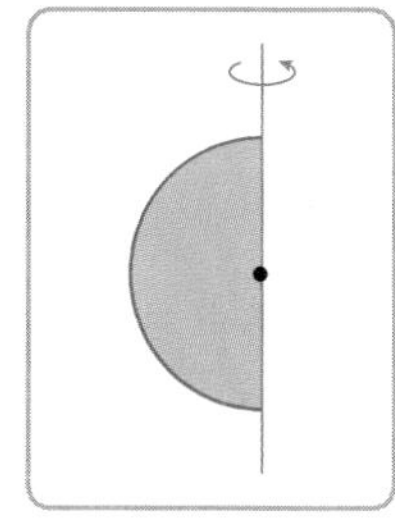

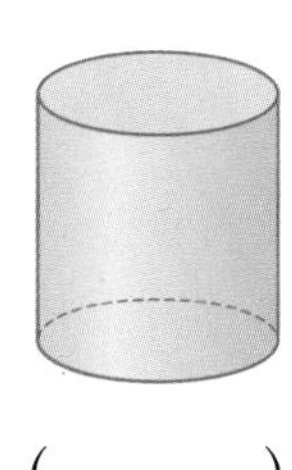
(　　　)

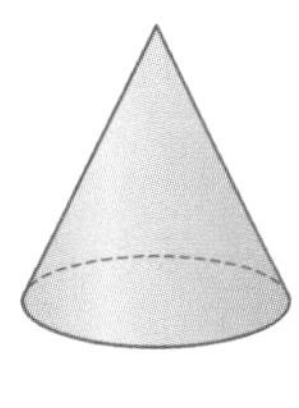
(　　　)

(　　　)

3 구에 대한 설명이 맞으면 ○표, 틀리면 ×표 하세요.

① 구의 반지름은 1개입니다. (　　　)

② 구는 굽은 면으로 둘러싸여 있습니다. (　　　)

4 입체도형을 위, 앞, 옆에서 본 모양을 그려 보세요.

입체도형	위에서 본 모양	앞에서 본 모양	옆에서 본 모양
위, 옆, 앞 (원기둥)			
위, 옆, 앞 (원뿔)			
위, 옆, 앞 (구)			

원기둥, 원뿔, 구는 앞에서 본 모양과 옆에서 본 모양이 같아요.

기본기 강화 문제

1 원기둥 찾기

• 도형을 보고 원기둥을 모두 찾아 기호를 써 보세요.

1

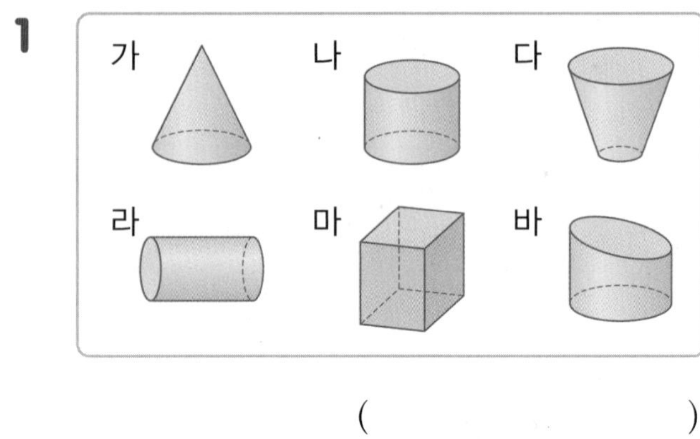

( )

2

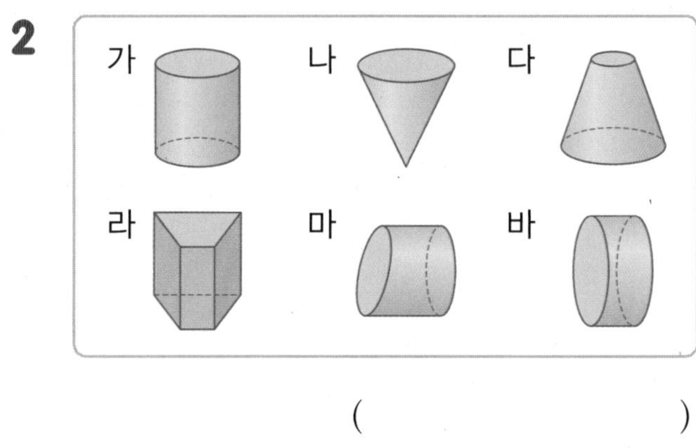

( )

3

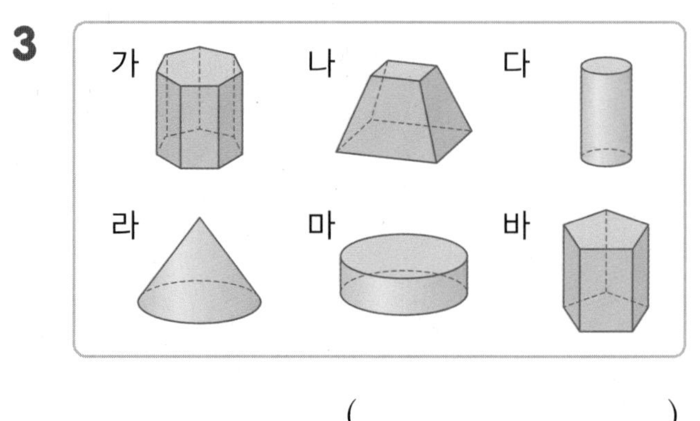

( )

2 직사각형을 한 바퀴 돌려 만든 입체도형 알아보기

• 직사각형 모양의 종이를 한 변을 기준으로 한 바퀴 돌려 입체도형을 만들었습니다. □ 안에 알맞은 수를 써넣으세요.

1

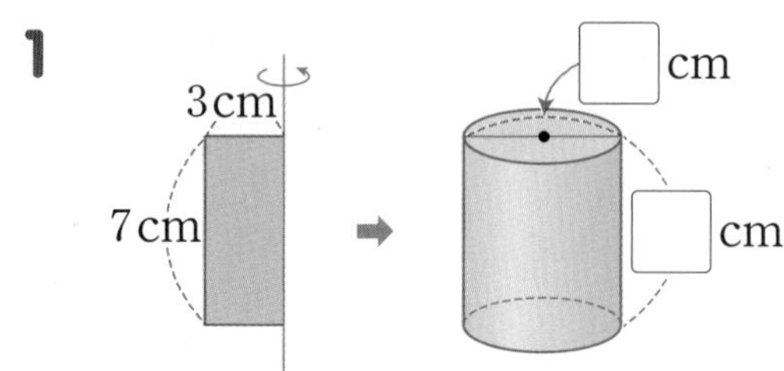

2

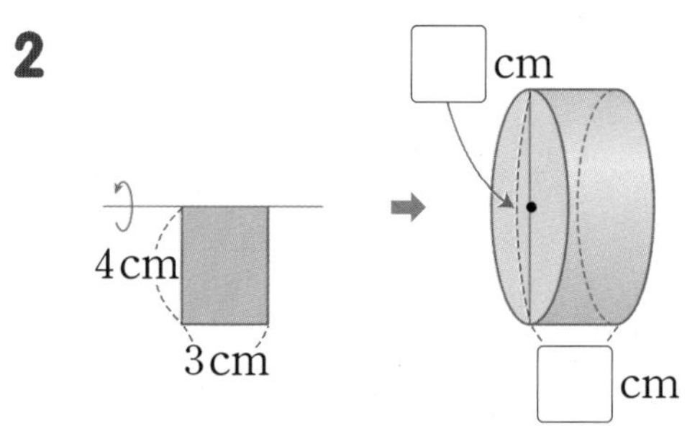

• 직사각형 모양의 종이를 한 변을 기준으로 한 바퀴 돌려 만든 입체도형의 밑면의 지름과 높이를 각각 구해 보세요.

3

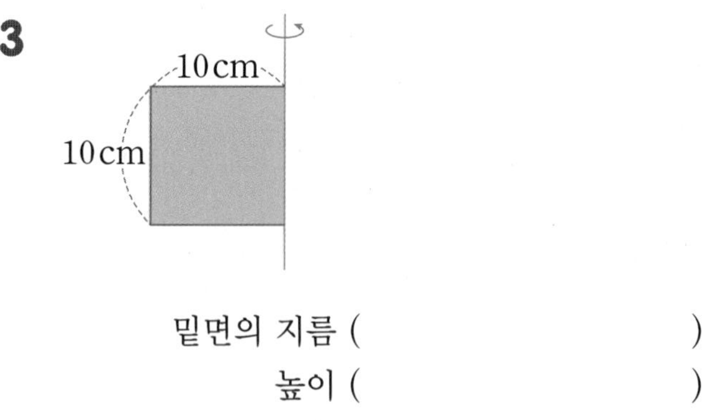

밑면의 지름 ( )

높이 ( )

4

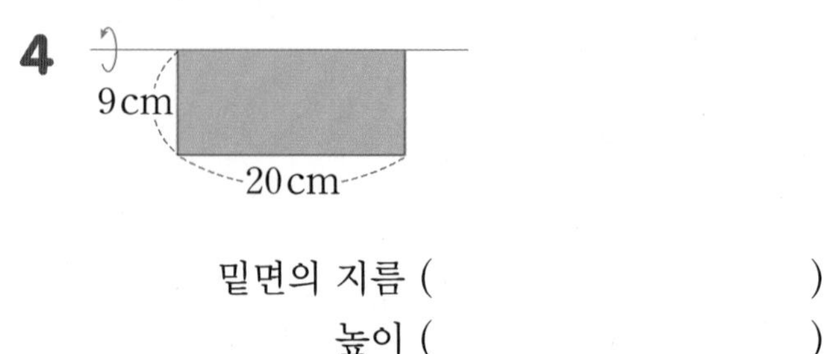

밑면의 지름 ( )

높이 ( )

3 원기둥과 각기둥 비교하기

- 원기둥과 각기둥의 공통점 또는 차이점이 맞으면 ○표, 틀리면 ×표 하세요.

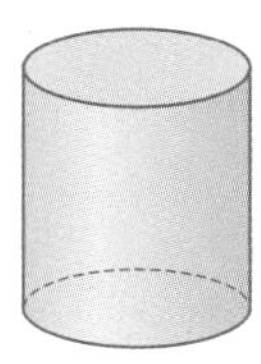
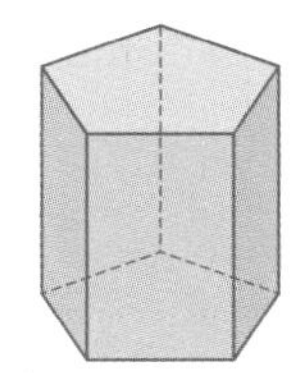

1 원기둥과 각기둥은 모두 굽은 면이 있습니다.

( )

2 각기둥에는 꼭짓점과 모서리가 있지만 원기둥에는 꼭짓점과 모서리가 없습니다.

( )

3 원기둥과 각기둥을 앞에서 본 모양은 모두 직사각형입니다.

( )

4 원기둥의 밑면은 1개이고, 각기둥의 밑면은 2개입니다.

( )

5 원기둥과 각기둥의 밑면은 모두 원입니다.

( )

6 원기둥과 각기둥은 모두 밑면이 합동입니다.

( )

4 조건에 맞는 원기둥 알아보기

- 원기둥 모형을 관찰하며 나눈 대화를 보고 밑면의 지름과 높이를 구해 보세요.

1

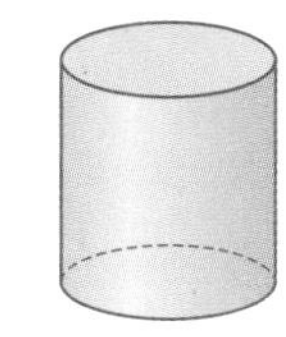

민혁: 위에서 본 모양은 반지름이 7 cm인 원이야.
수빈: 앞에서 본 모양은 정사각형이야.

밑면의 지름 ( )
높이 ( )

2

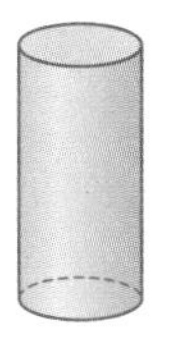

성진: 위에서 본 모양은 반지름이 4 cm인 원이야.
윤서: 앞에서 본 모양은 세로가 가로의 2배인 직사각형이야.

밑면의 지름 ( )
높이 ( )

3

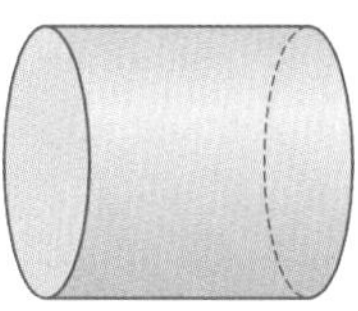

채원: 앞에서 본 모양은 정사각형이야.
민아: 옆에서 본 모양은 반지름이 5 cm인 원이야.

밑면의 지름 ( )
높이 ( )

5 원기둥의 전개도 찾기

• 원기둥을 만들 수 있는 전개도를 찾아 기호를 써 보세요.

1 가 나

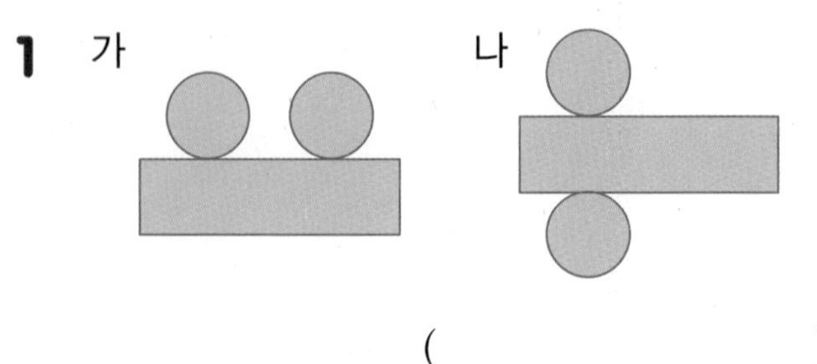

( )

2 가 나

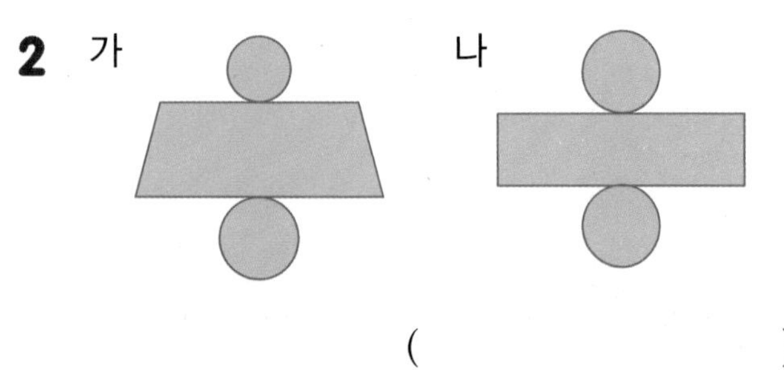

( )

3 가 나

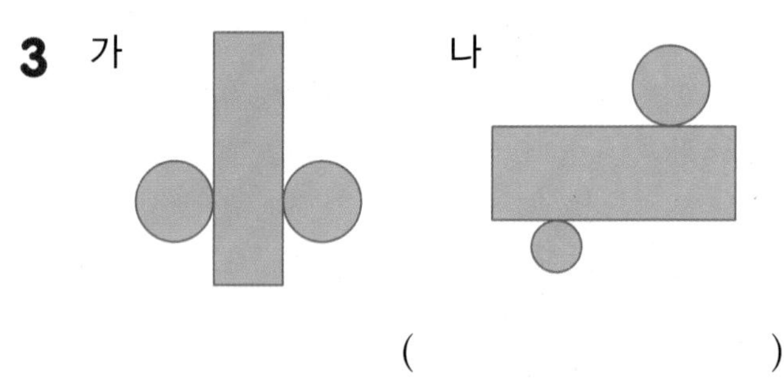

( )

4 가 나

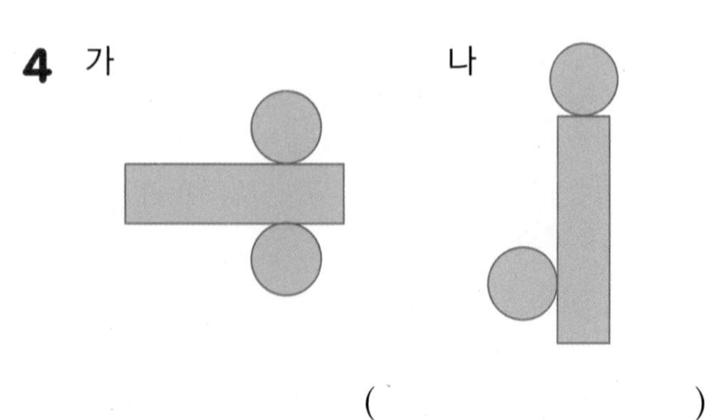

( )

6 원기둥의 전개도가 아닌 이유 알아보기

• 원기둥의 전개도가 아닌 이유를 써 보세요.

1

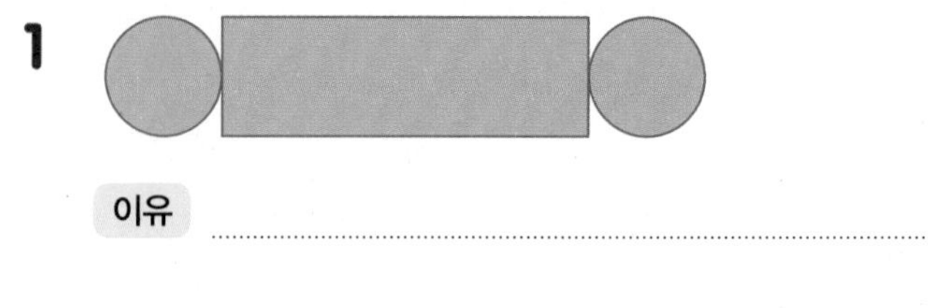

이유

2

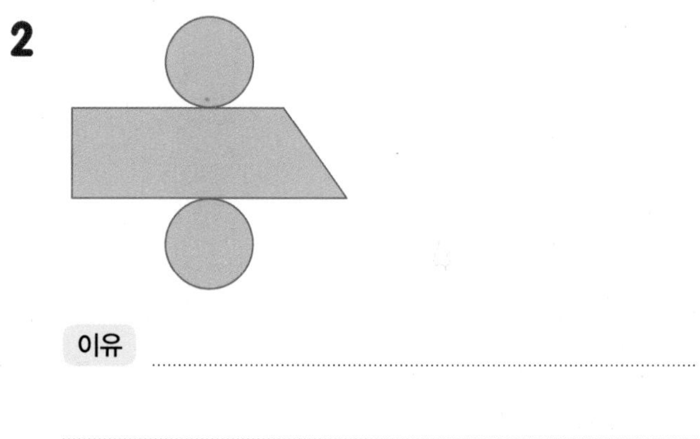

이유

3

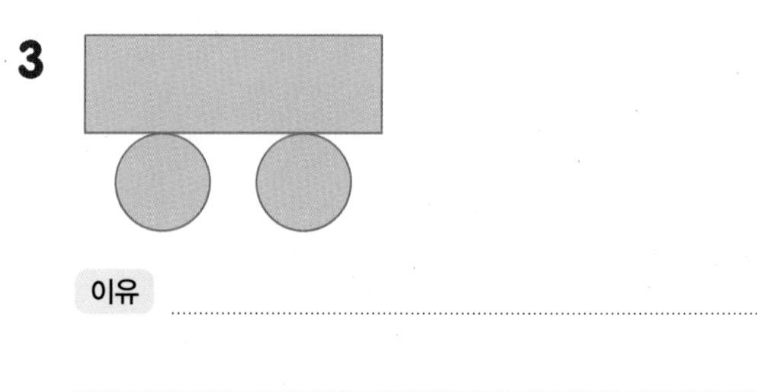

이유

4

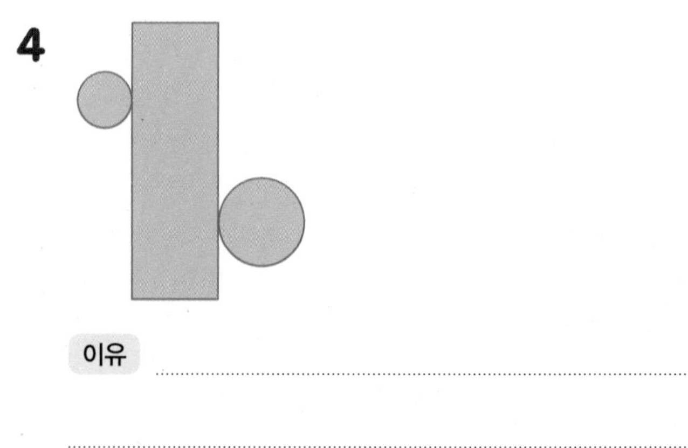

이유

7 원기둥과 원기둥의 전개도의 길이 알아보기

• 원기둥과 원기둥의 전개도를 보고 □ 안에 알맞은 수를 써넣으세요. (원주율: 3.14)

1

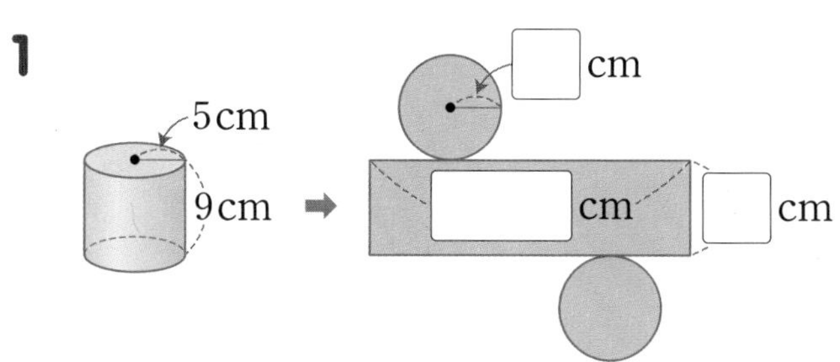

2

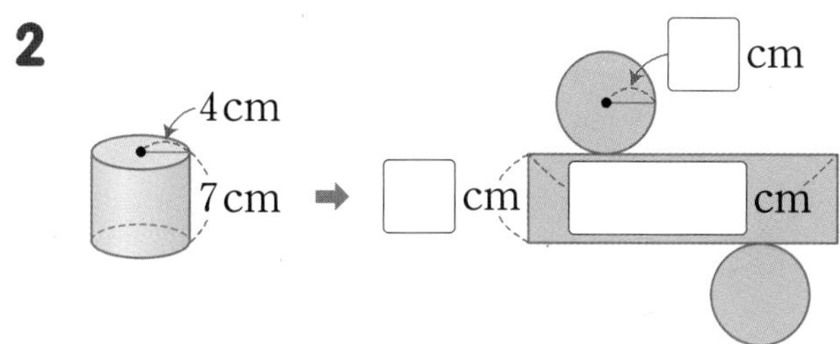

3

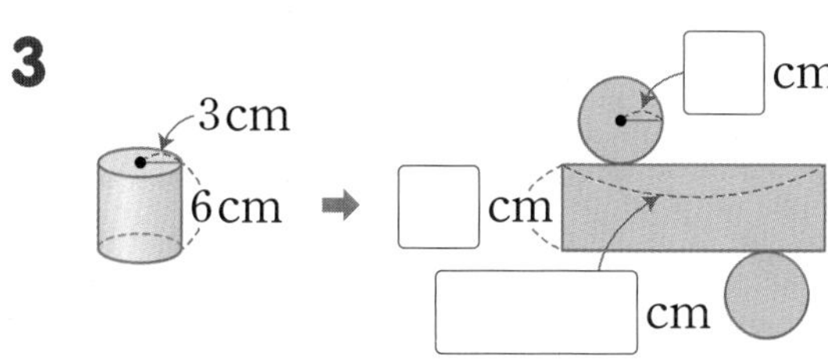

4

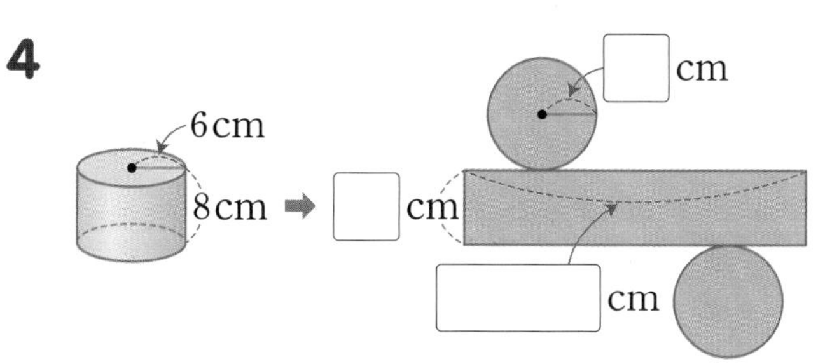

8 원기둥의 전개도 그리기

• 원기둥의 전개도를 그리고 밑면의 반지름과 옆면의 가로, 세로를 나타내어 보세요. (원주율: 3)

1

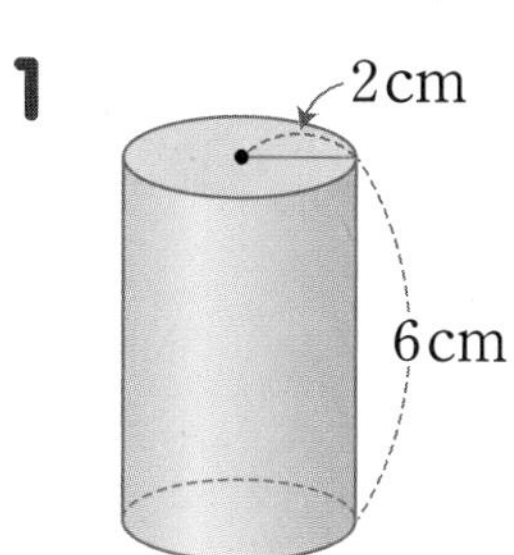

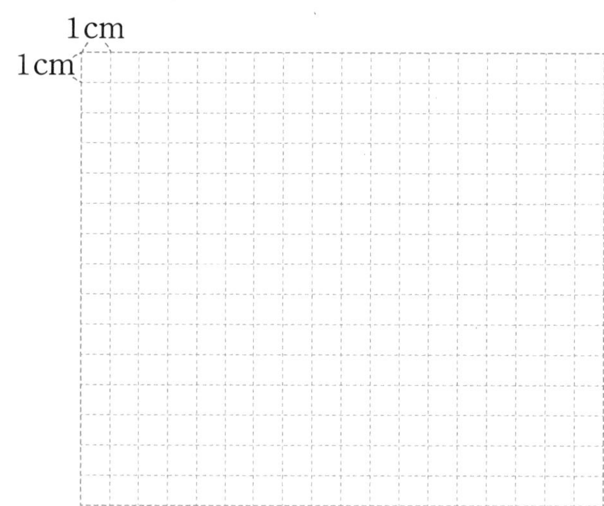

2

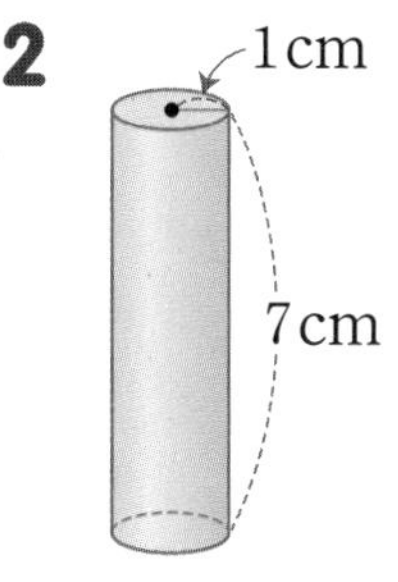

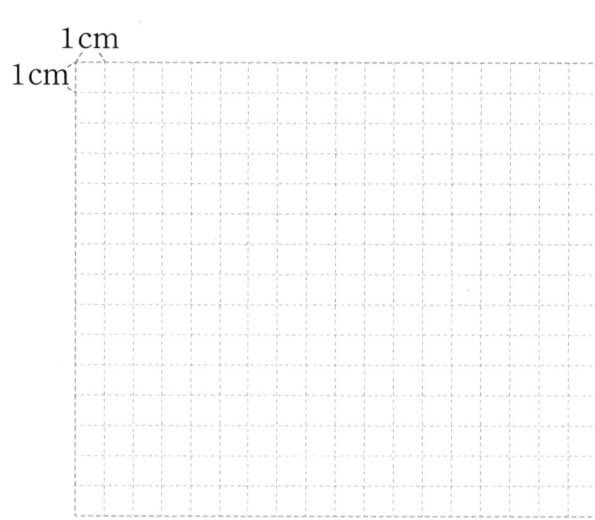

6

9 개미 집 찾기

• 도형을 보고 알맞은 답을 찾아 길을 따라 가면 개미의 집을 찾을 수 있다고 합니다. 개미의 집을 찾아 ○표 하세요.

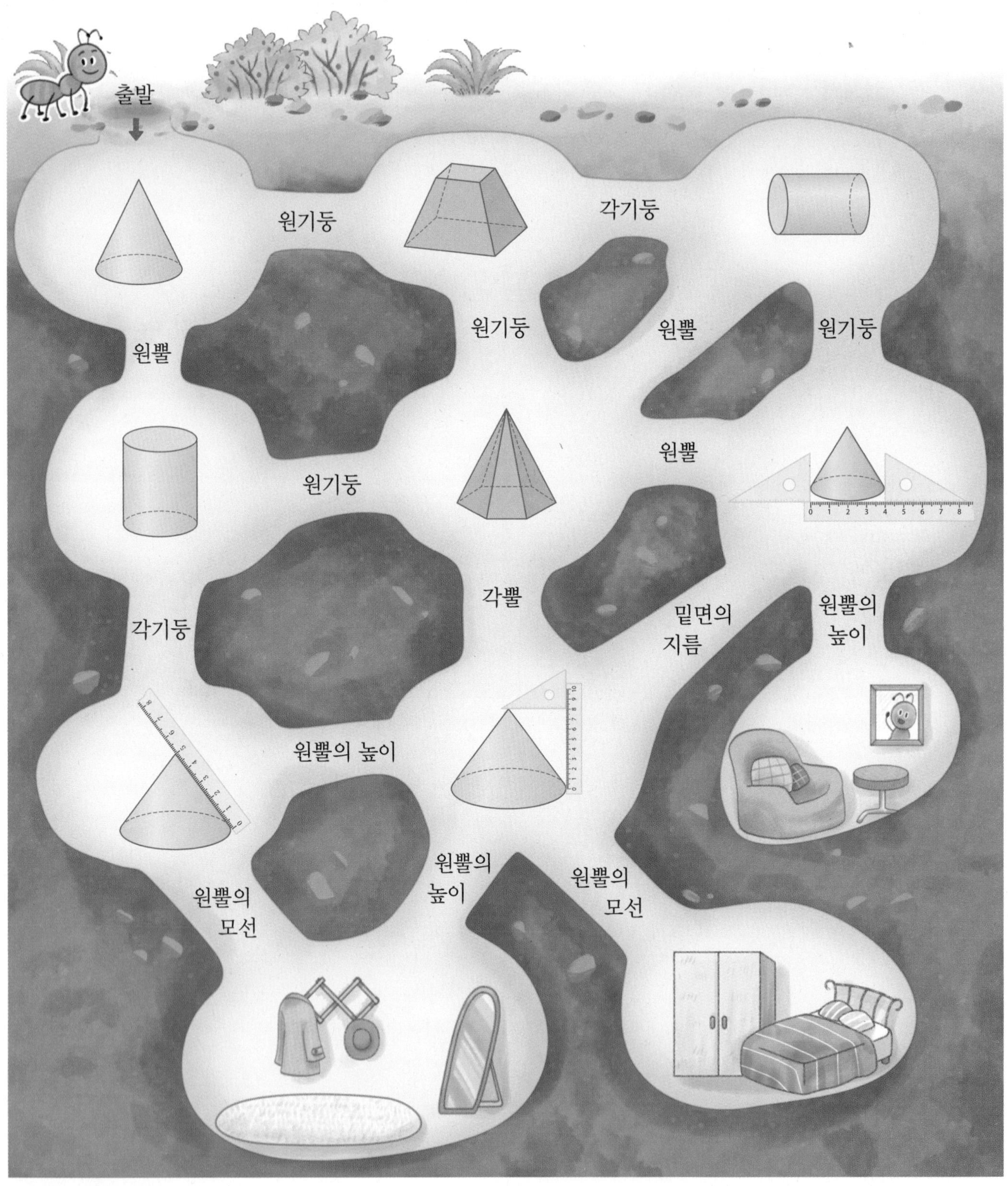

정답과 풀이 47쪽

10 원뿔의 각 부분의 길이 구하기

• 원뿔의 높이와 모선의 길이, 밑면의 지름을 구해 보세요.

1

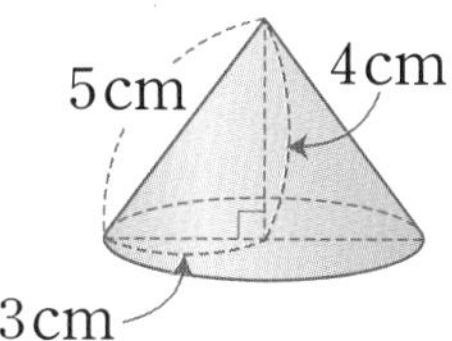

높이 (　　　　　　　　)
모선의 길이 (　　　　　　　　)
밑면의 지름 (　　　　　　　　)

2

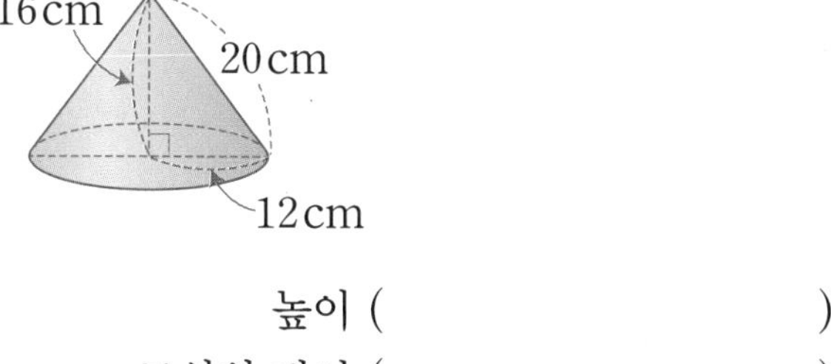

높이 (　　　　　　　　)
모선의 길이 (　　　　　　　　)
밑면의 지름 (　　　　　　　　)

3

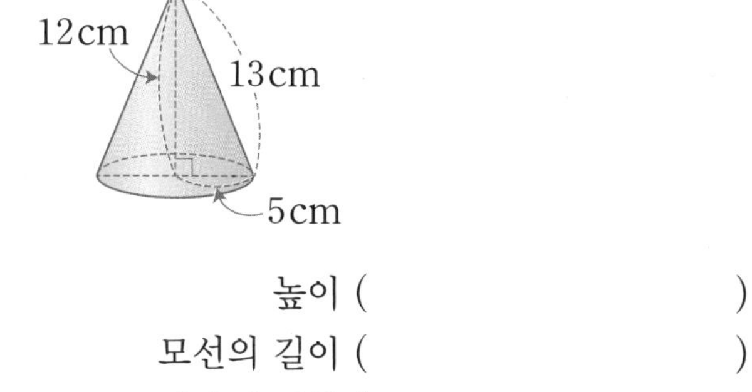

높이 (　　　　　　　　)
모선의 길이 (　　　　　　　　)
밑면의 지름 (　　　　　　　　)

4

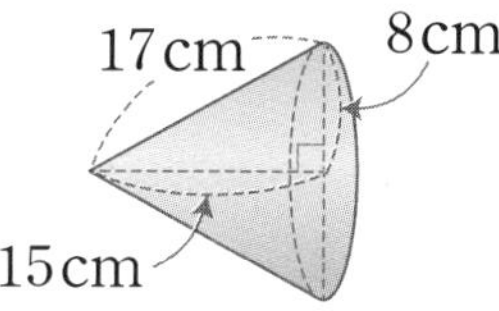

높이 (　　　　　　　　)
모선의 길이 (　　　　　　　　)
밑면의 지름 (　　　　　　　　)

11 직각삼각형을 한 바퀴 돌려 만든 입체도형 알아보기

• 직각삼각형 모양의 종이를 한 변을 기준으로 돌려 입체도형을 만들었습니다. □ 안에 알맞은 수를 써넣으세요.

1

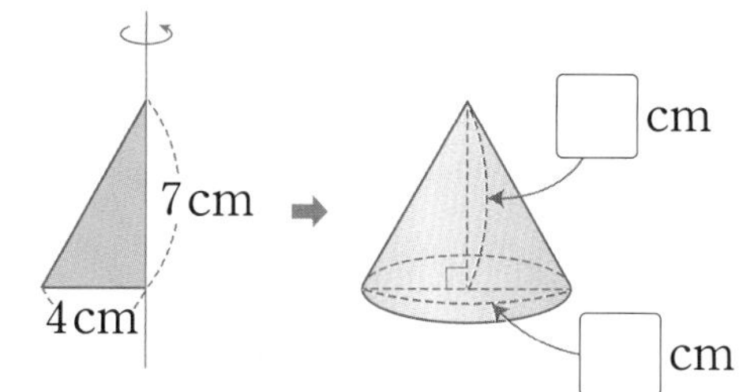

2

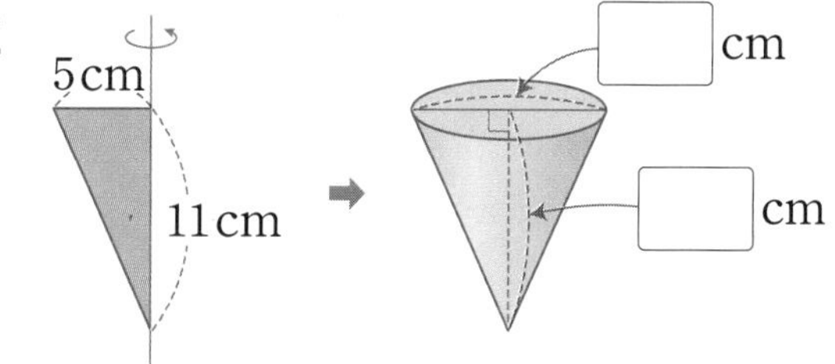

• 직각삼각형 모양의 종이를 한 변을 기준으로 한 바퀴 돌려 만든 입체도형의 밑면의 지름과 높이를 각각 구해 보세요.

3

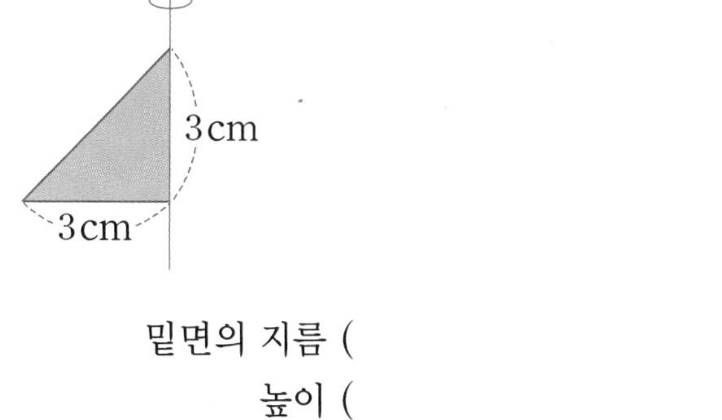

밑면의 지름 (　　　　　　　　)
높이 (　　　　　　　　)

4

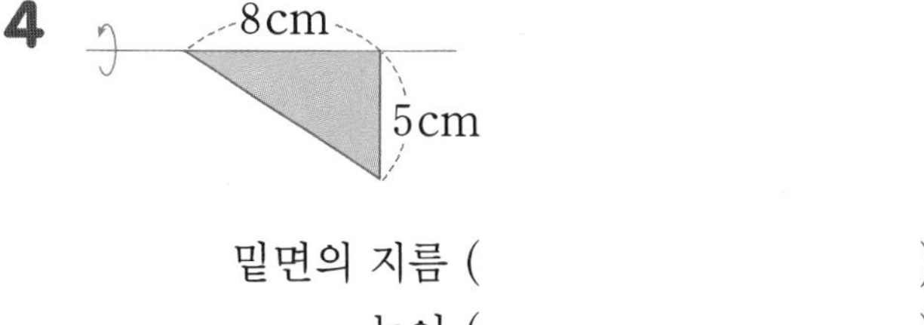

밑면의 지름 (　　　　　　　　)
높이 (　　　　　　　　)

12 원뿔과 입체도형 비교하기

• 두 입체도형의 공통점을 모두 찾아 기호를 써 보세요.

1

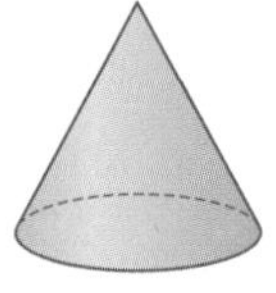

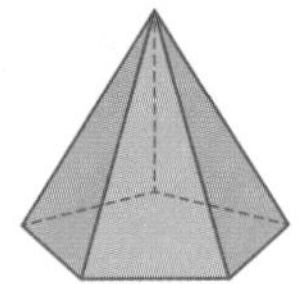

㉠ 밑면의 모양이 원입니다.
㉡ 밑면이 1개입니다.
㉢ 위에서 본 모양이 원입니다.
㉣ 앞에서 본 모양이 삼각형입니다.

(　　　　　　　　　　)

2

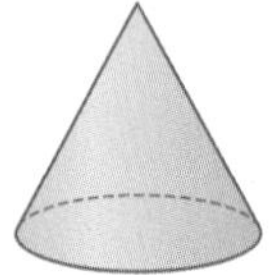

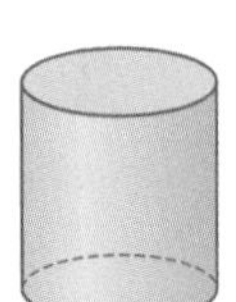

㉠ 옆면이 굽은 면입니다.
㉡ 밑면은 2개입니다.
㉢ 위에서 본 모양이 원입니다.
㉣ 꼭짓점이 있습니다.

(　　　　　　　　　　)

3

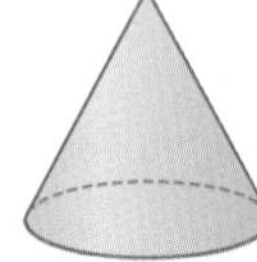

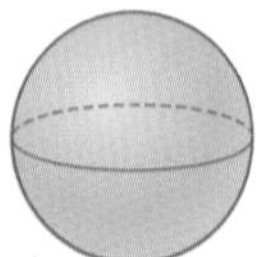

㉠ 뾰족한 부분이 있습니다.
㉡ 굽은 면이 있습니다.
㉢ 위에서 본 모양이 원입니다.
㉣ 앞에서 본 모양이 원입니다.

(　　　　　　　　　　)

13 구의 반지름 알아보기

• 구의 반지름은 몇 cm인지 구해 보세요.

1

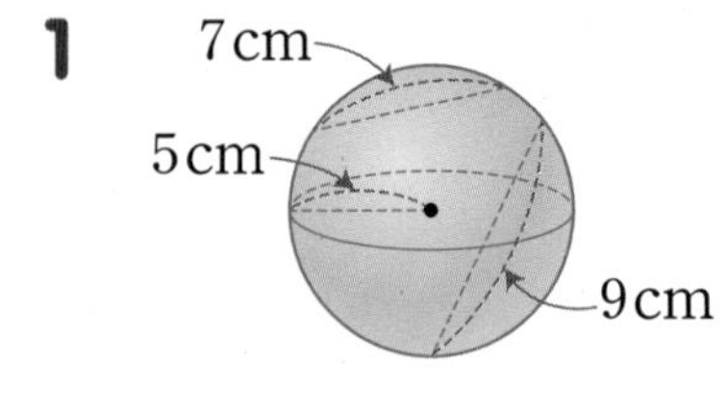

(　　　　　　　　　　)

2

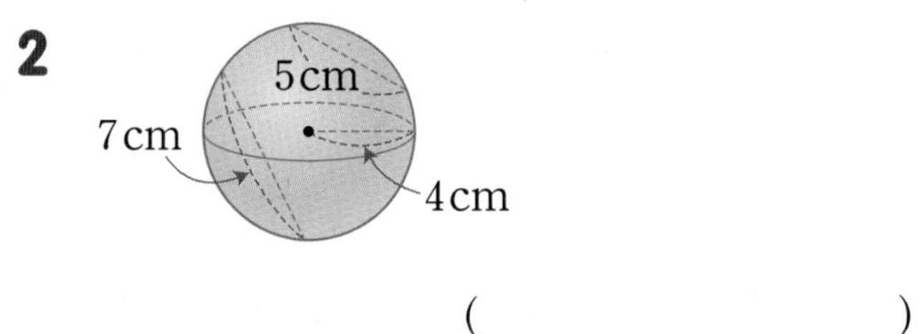

(　　　　　　　　　　)

3

15cm
9cm
7cm

(　　　　　　　　　　)

4

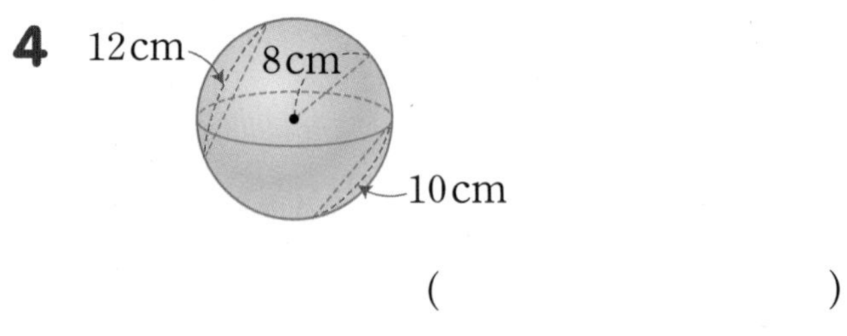

(　　　　　　　　　　)

5

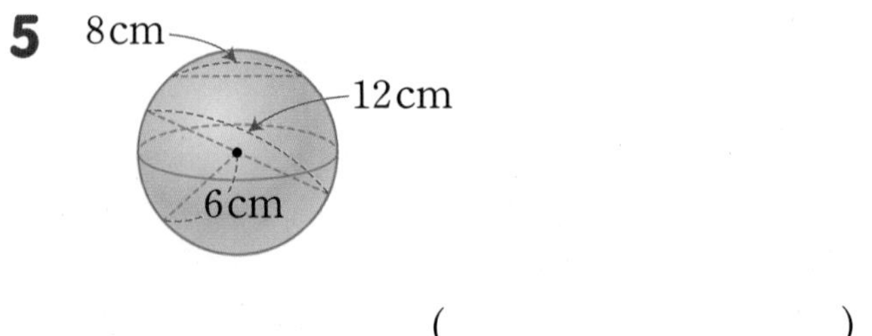

(　　　　　　　　　　)

정답과 풀이 47쪽

14 반원을 한 바퀴 돌려 만든 입체도형 알아보기

• □ 안에 알맞은 수를 써넣으세요.

1

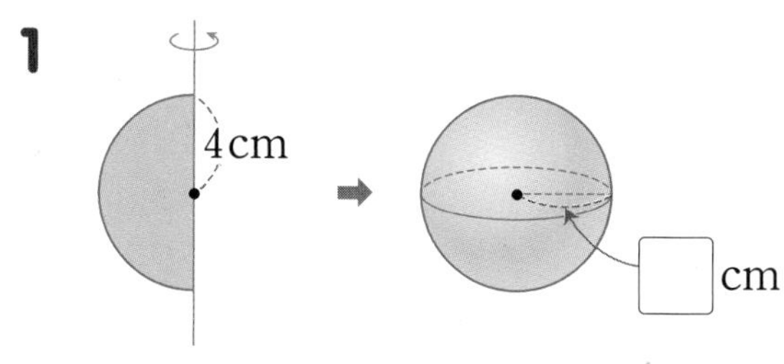

2

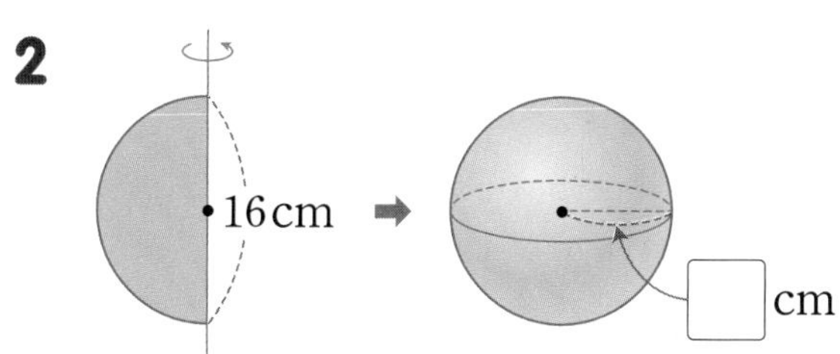

• 반원 모양의 종이를 지름을 기준으로 한 바퀴 돌려 만든 입체도형의 반지름을 구해 보세요.

3

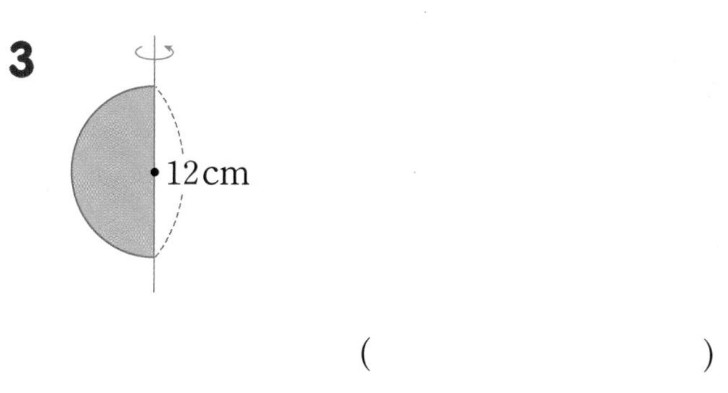

(　　　　　　　　)

4

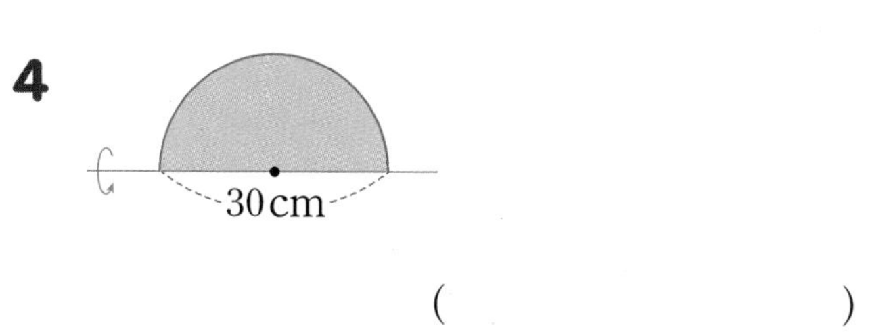

(　　　　　　　　)

15 원기둥, 원뿔, 구 비교하기

• 잘못 설명한 문장을 찾아 기호를 써 보세요.

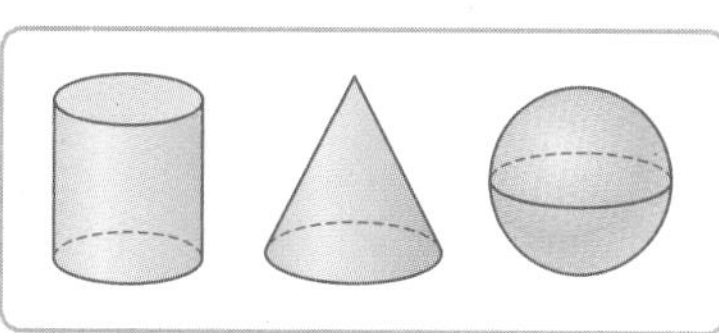

1

㉠ 원기둥, 원뿔, 구는 곡면으로 둘러싸여 있습니다.
㉡ 원기둥은 뾰족한 부분이 있는데 원뿔과 구는 없습니다.

(　　　　　　　　)

2

㉠ 원기둥과 원뿔의 밑면은 2개입니다.
㉡ 원기둥을 앞에서 본 모양은 직사각형이고 구를 앞에서 본 모양은 원입니다.

(　　　　　　　　)

3

㉠ 원기둥은 기둥 모양인데 원뿔은 뿔 모양, 구는 공 모양입니다.
㉡ 구는 어느 방향에서 보아도 모양이 같습니다.
㉢ 원기둥과 원뿔은 꼭짓점이 있는데 구는 없습니다.

(　　　　　　　　)

4

㉠ 원기둥, 원뿔, 구를 어느 방향에서 보아도 모두 원으로 같습니다.
㉡ 원기둥, 원뿔, 구를 앞과 옆에서 본 모양은 각각 직사각형, 삼각형, 원입니다.
㉢ 원기둥, 원뿔, 구를 위에서 본 모양은 모두 원으로 같습니다.

(　　　　　　　　)

단원 평가

점수 확인

[1~2] 입체도형을 보고 물음에 답하세요.

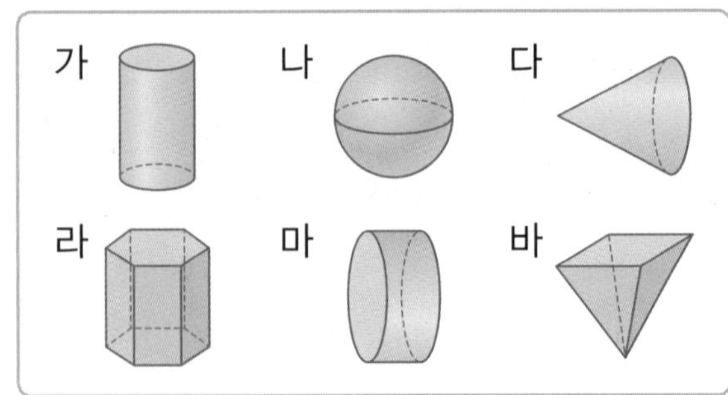

1 원기둥을 모두 찾아 기호를 써 보세요.

( )

2 원뿔을 찾아 기호를 써 보세요.

( )

3 원뿔의 높이를 나타내는 것을 찾아 기호를 써 보세요.

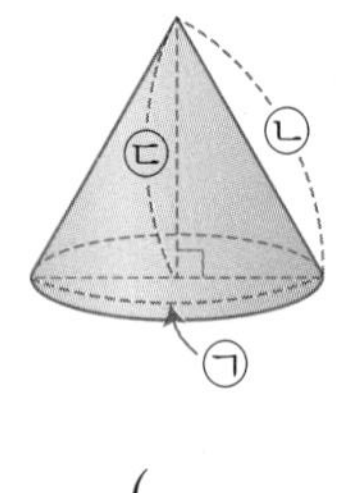

( )

4 오른쪽은 원뿔의 무엇을 재는 것이고, 잰 길이는 몇 cm인지 구해 보세요.

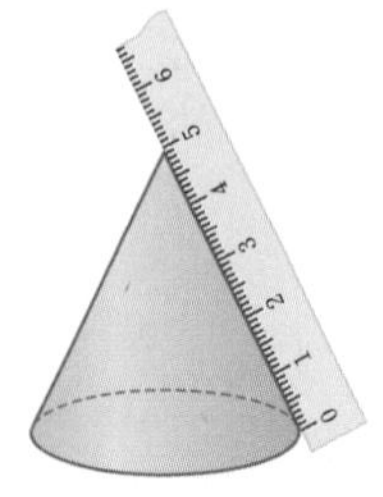

( ), ( )

5 직사각형 모양의 종이를 한 변을 기준으로 한 바퀴 돌려 만들 수 있는 입체도형을 찾아 기호를 써 보세요.

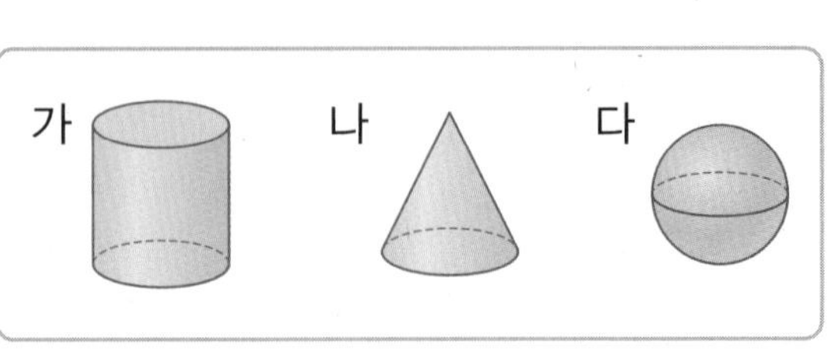

( )

6 원기둥의 전개도는 어느 것일까요?

( )

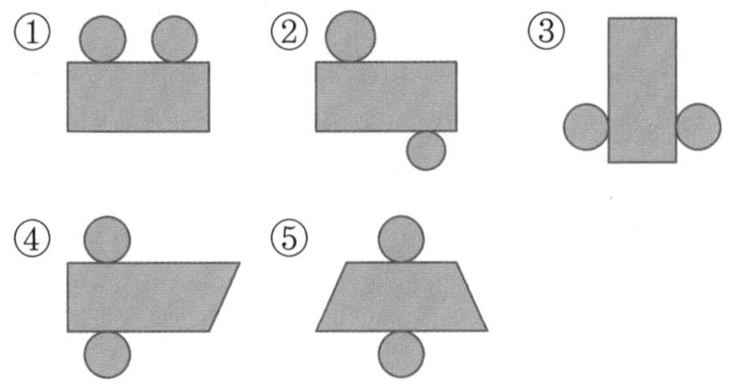

7 원기둥의 전개도에서 밑면의 둘레와 길이가 같은 선분을 모두 찾아 써 보세요.

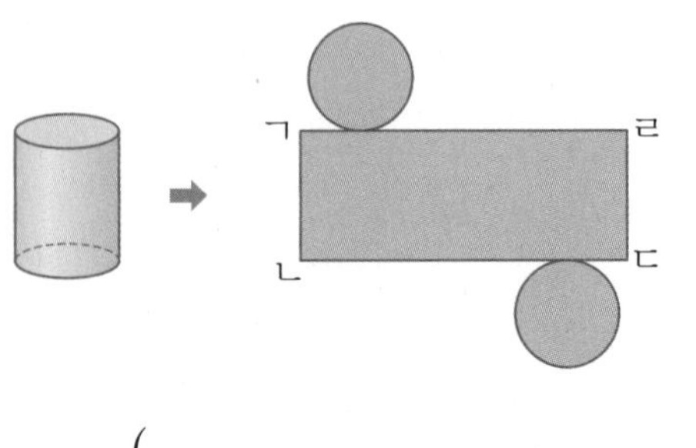

( )

8 원뿔에서 모선의 길이는 몇 cm일까요?

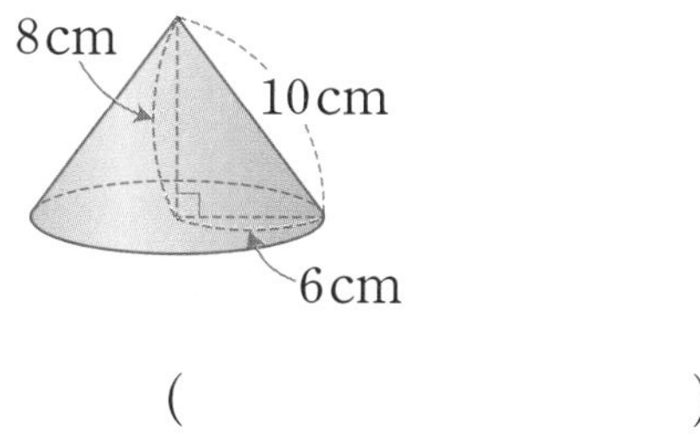

( )

9 원기둥과 원뿔 중 어느 도형의 높이가 몇 cm 더 높을까요?

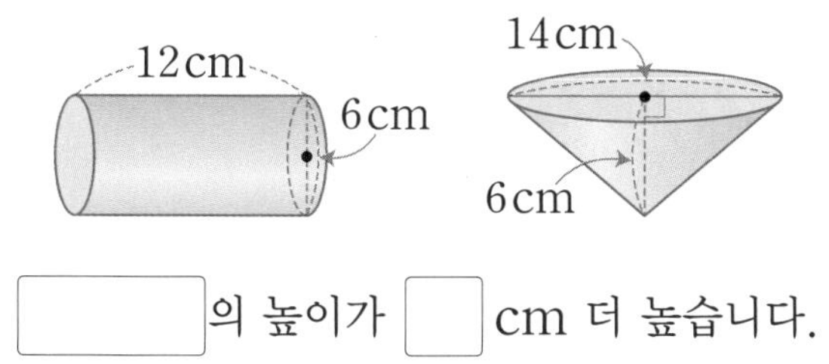

☐의 높이가 ☐cm 더 높습니다.

10 입체도형을 보고 빈칸에 알맞은 말이나 수를 써넣으세요.

도형	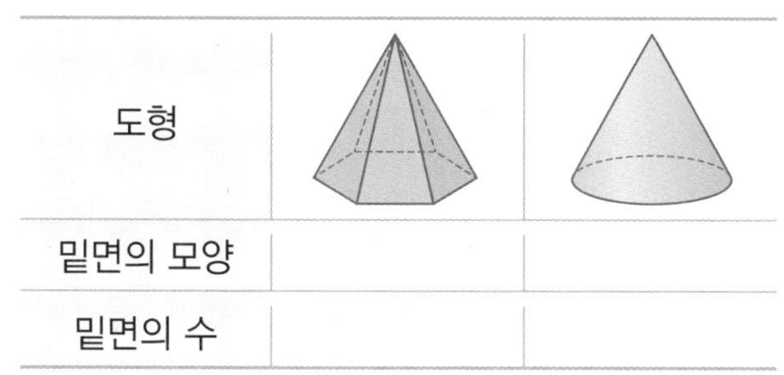	
밑면의 모양		
밑면의 수		

11 원기둥과 원뿔의 같은 점을 바르게 설명한 것은 어느 것일까요? ( )

① 기둥 모양입니다.
② 밑면이 2개입니다.
③ 꼭짓점이 있습니다.
④ 옆면은 굽은 면입니다.
⑤ 밑면의 모양은 다각형입니다.

12 입체도형을 앞에서 본 모양을 그려 보세요.

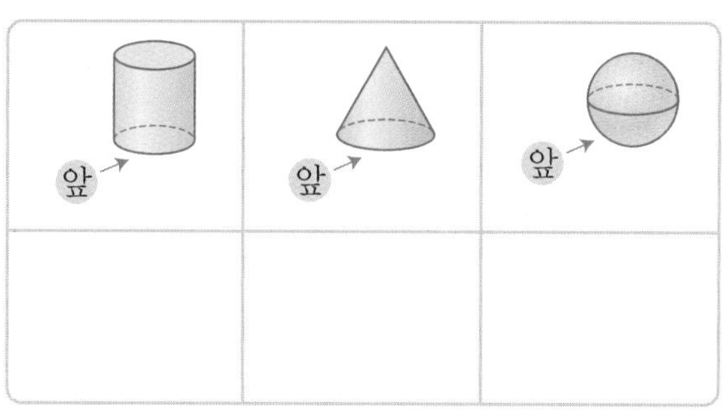

13 직사각형 모양의 종이를 한 변을 기준으로 돌려 입체도형을 만들었습니다. ☐ 안에 알맞은 수를 써넣으세요.

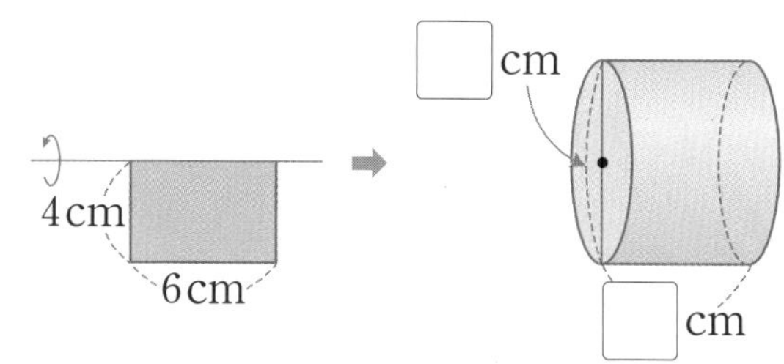

14 직각삼각형 모양의 종이를 한 변을 기준으로 한 바퀴 돌려 만든 입체도형의 높이는 몇 cm일까요?

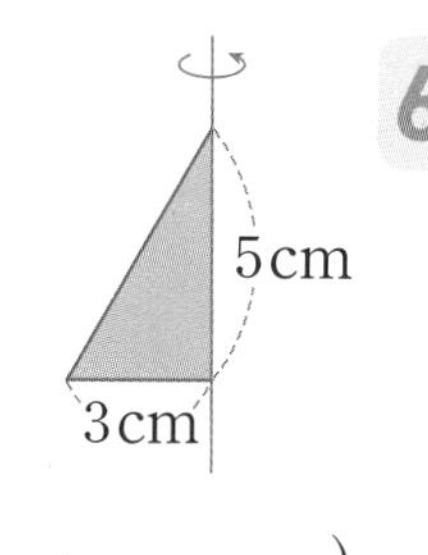

( )

15 수가 많은 것부터 차례로 기호를 써 보세요.

㉠ 원기둥의 밑면의 수
㉡ 원기둥의 꼭짓점의 수
㉢ 원뿔의 모선의 수
㉣ 원뿔의 꼭짓점의 수

( )

서술형 문제

정답과 풀이 48쪽

16 원기둥과 원기둥의 전개도를 보고 □ 안에 알맞은 수를 써넣으세요. (원주율: 3.1)

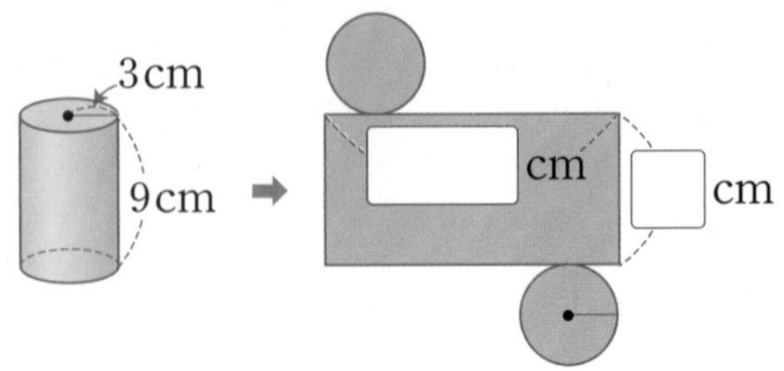

17 원기둥을 위와 앞에서 본 모양입니다. 원기둥의 높이는 몇 cm일까요?

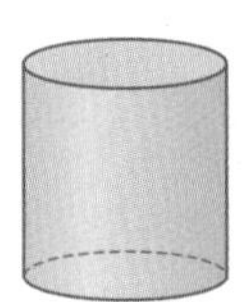

• 위에서 본 모양은 반지름이 8 cm인 원입니다.
• 앞에서 본 모양은 정사각형입니다.

(　　　　　　　　)

18 원기둥의 전개도에서 원기둥의 밑면의 반지름은 몇 cm인지 구해 보세요. (원주율: 3.14)

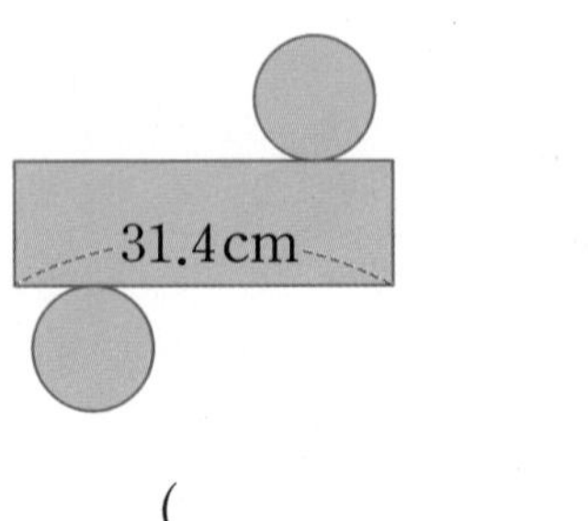

(　　　　　　　　)

19 입체도형이 원뿔이 아닌 이유를 보기 와 같이 설명해 보세요.

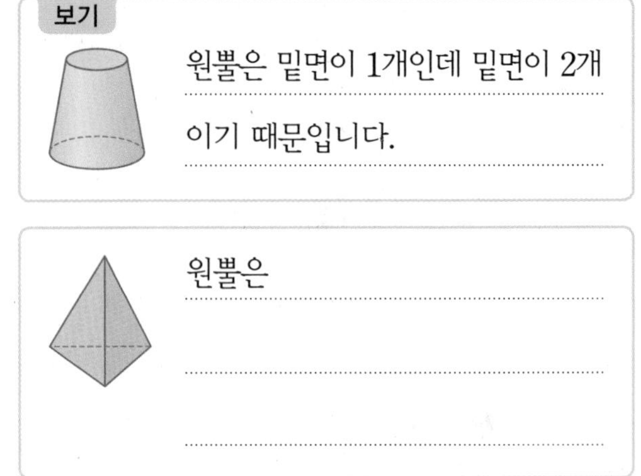

20 반원 모양의 종이를 지름을 기준으로 한 바퀴 돌려 만들 수 있는 구의 반지름은 몇 cm인지 보기 와 같이 풀이 과정을 쓰고 답을 구해 보세요.

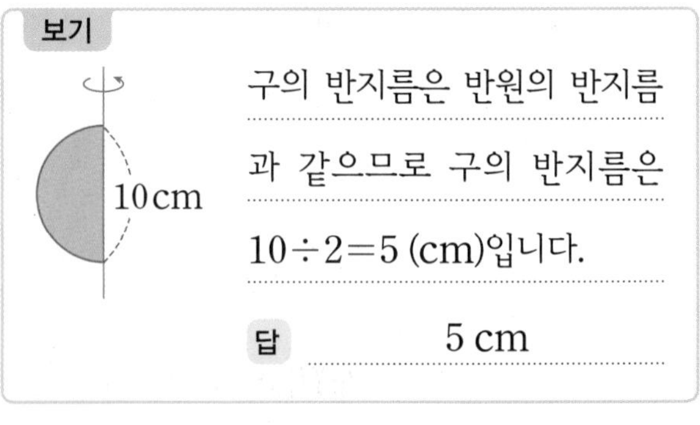

한걸음 한걸음 디딤돌을 걷다 보면
수학이 완성됩니다.

학습 능력과 목표에 따라
맞춤형이 가능한 디딤돌 초등 수학

원리 | 정답과 풀이

6-2

수학 좀 한다면

디딤돌

1 분수의 나눗셈

친구들이 빵집에서 케이크를 나누어 먹으려고 해요.
대화를 읽고 □ 안에 알맞은 수를 써넣으세요.

1 (분수)÷(분수)(1) 9쪽

① 6, 6

② ① 4, 4 ② 2, 2, 4

③ ① 4, 2 ② 10, 2

④ ① 3 ② 11 ③ 5 ④ 3

3 분모가 같은 분수의 나눗셈은 분자끼리 나누어 계산합니다.

4 ③ $\frac{10}{11}\div\frac{2}{11}=10\div2=5$

④ $\frac{9}{16}\div\frac{3}{16}=9\div3=3$

2 (분수)÷(분수)(2) 11쪽

① ① 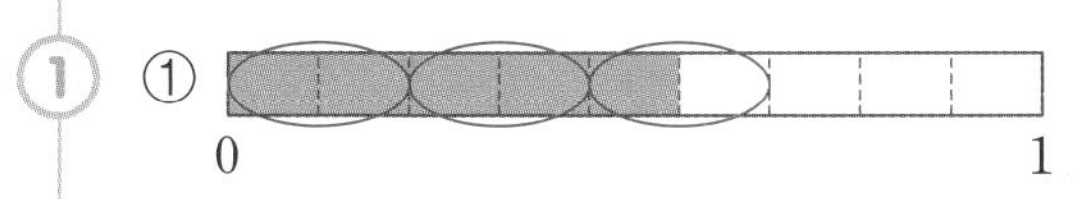

② $2\frac{1}{2}$

② ① 5, 4, $\frac{5}{4}$, $1\frac{1}{4}$ ② 11, 4, $\frac{11}{4}$, $2\frac{3}{4}$

③

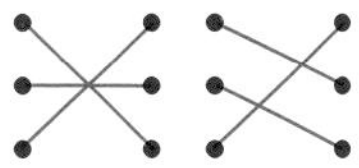

④ ① $\frac{11}{12}\div\frac{5}{12}=11\div5=\frac{11}{5}=2\frac{1}{5}$

② $\frac{4}{7}\div\frac{5}{7}=4\div5=\frac{4}{5}$

1 ② $\frac{5}{9}$에는 $\frac{2}{9}$가 2번과 $\frac{1}{2}$번이 들어갑니다.

따라서 $\frac{5}{9}\div\frac{2}{9}=2\frac{1}{2}$입니다.

2 분모가 같은 분수의 나눗셈은 분자끼리 나누어 계산합니다. 분자끼리 나누어떨어지지 않을 때에는 몫이 분수로 나옵니다.

3 $\frac{13}{15}\div\frac{6}{15}=13\div6=\frac{13}{6}=2\frac{1}{6}$,

$\frac{7}{8}\div\frac{3}{8}=7\div3=\frac{7}{3}=2\frac{1}{3}$, $\frac{5}{17}\div\frac{14}{17}=5\div14=\frac{5}{14}$

3 (분수)÷(분수)(3) 13쪽

① ① 10번 ② 10

② ① 24, 24, 3 ② 9, 20, 9, 20, $\frac{9}{20}$

③ ① $\frac{5}{12}\div\frac{1}{6}=\frac{5}{12}\div\frac{2}{12}=5\div2=\frac{5}{2}=2\frac{1}{2}$

② $\frac{5}{6}\div\frac{7}{8}=\frac{20}{24}\div\frac{21}{24}=20\div21=\frac{20}{21}$

④ 3

1 ② $\frac{5}{7}$에는 $\frac{1}{14}$이 10번 들어갑니다.

따라서 $\frac{5}{7}\div\frac{1}{14}=10$입니다.

4 분자가 같은 분수는 분모가 작을수록 더 크므로 $\frac{2}{15}<\frac{2}{5}$입니다.

➡ $\frac{2}{5}\div\frac{2}{15}=\frac{6}{15}\div\frac{2}{15}=6\div2=3$

기본기 강화 문제

① 그림을 이용하여 (분수)÷(분수)의 몫 구하기 14쪽

1 4 **2** 2

3 $1\frac{1}{2}$ **4** 8

4 $\frac{2}{3}$에는 $\frac{1}{12}$이 8번 들어가므로 $\frac{2}{3}\div\frac{1}{12}=8$입니다.

② 단위분수를 이용하여 (분수)÷(분수)의 몫 구하기 14쪽

1 9, 3, 9, 3, 3 **2** 12, 6, 12, 6, 2

3 5, 7, 5, 7, $\frac{5}{7}$ **4** 3, 10, 3, 10, $\frac{3}{10}$

③ 글자 완성하기 15쪽

1 2, 3, 4, 5, 9, 7 / 재미있는 수학

2 $2\frac{5}{6}$, $\frac{5}{7}$, $\frac{3}{7}$, $5\frac{1}{3}$, $3\frac{1}{4}$, $1\frac{2}{11}$ / 미래의 꿈나무

1 $\frac{8}{9}\div\frac{4}{9}=8\div4=2$, $\frac{3}{4}\div\frac{1}{4}=3\div1=3$

$\frac{12}{13}\div\frac{3}{13}=12\div3=4$, $\frac{15}{17}\div\frac{3}{17}=15\div3=5$

$\frac{9}{14}\div\frac{1}{14}=9\div1=9$, $\frac{21}{26}\div\frac{3}{26}=21\div3=7$

2 $\frac{17}{19}\div\frac{6}{19}=17\div6=\frac{17}{6}=2\frac{5}{6}$

$\frac{5}{12}\div\frac{7}{12}=5\div7=\frac{5}{7}$

$\frac{3}{8}\div\frac{7}{8}=3\div7=\frac{3}{7}$

$\frac{16}{17}\div\frac{3}{17}=16\div3=\frac{16}{3}=5\frac{1}{3}$

$\frac{13}{14}\div\frac{4}{14}=13\div4=\frac{13}{4}=3\frac{1}{4}$

$\frac{13}{18}\div\frac{11}{18}=13\div11=\frac{13}{11}=1\frac{2}{11}$

④ 분모가 다른 (분수)÷(분수) 연습 16쪽

1 $\frac{2}{9}\div\frac{1}{2}=\frac{4}{18}\div\frac{9}{18}=4\div9=\frac{4}{9}$

2 $\frac{2}{3}\div\frac{3}{4}=\frac{8}{12}\div\frac{9}{12}=8\div9=\frac{8}{9}$

3 $\frac{1}{2}\div\frac{3}{4}=\frac{2}{4}\div\frac{3}{4}=2\div3=\frac{2}{3}$

4 $\frac{7}{8}\div\frac{1}{5}=\frac{35}{40}\div\frac{8}{40}=35\div8=\frac{35}{8}=4\frac{3}{8}$

5 $\frac{7}{9}\div\frac{3}{5}=\frac{35}{45}\div\frac{27}{45}=35\div27=\frac{35}{27}=1\frac{8}{27}$

6 $\frac{3}{4}\div\frac{4}{7}=\frac{21}{28}\div\frac{16}{28}=21\div16=\frac{21}{16}=1\frac{5}{16}$

7 $\frac{4}{15}\div\frac{5}{6}=\frac{8}{30}\div\frac{25}{30}=8\div25=\frac{8}{25}$

1~7 분모가 다른 분수의 나눗셈은 분모를 같게 통분하여 분자끼리 나누어 구합니다.

5 여러 가지 수로 나누기 16쪽

1 $\frac{5}{6}, \frac{5}{7}, \frac{5}{8}$　　2 $1\frac{3}{5}, 2, 2\frac{2}{3}$

3 2, 3, 4　　4 $\frac{6}{7}, 1\frac{2}{7}, 1\frac{5}{7}$

1 $\frac{5}{11} \div \frac{6}{11} = 5 \div 6 = \frac{5}{6}$

$\frac{5}{11} \div \frac{7}{11} = 5 \div 7 = \frac{5}{7}$

$\frac{5}{11} \div \frac{8}{11} = 5 \div 8 = \frac{5}{8}$

2 $\frac{8}{13} \div \frac{5}{13} = 8 \div 5 = \frac{8}{5} = 1\frac{3}{5}$

$\frac{8}{13} \div \frac{4}{13} = 8 \div 4 = 2$

$\frac{8}{13} \div \frac{3}{13} = 8 \div 3 = \frac{8}{3} = 2\frac{2}{3}$

3 $\frac{5}{8} \div \frac{5}{16} = \frac{10}{16} \div \frac{5}{16} = 10 \div 5 = 2$

$\frac{5}{8} \div \frac{5}{24} = \frac{15}{24} \div \frac{5}{24} = 15 \div 5 = 3$

$\frac{5}{8} \div \frac{5}{32} = \frac{20}{32} \div \frac{5}{32} = 20 \div 5 = 4$

4 $\frac{3}{7} \div \frac{1}{2} = \frac{6}{14} \div \frac{7}{14} = 6 \div 7 = \frac{6}{7}$

$\frac{3}{7} \div \frac{1}{3} = \frac{9}{21} \div \frac{7}{21} = 9 \div 7 = \frac{9}{7} = 1\frac{2}{7}$

$\frac{3}{7} \div \frac{1}{4} = \frac{12}{28} \div \frac{7}{28} = 12 \div 7 = \frac{12}{7} = 1\frac{5}{7}$

6 바꾸어 나누기 17쪽

1 $3, \frac{1}{3}$　　2 $\frac{5}{6}, 1\frac{1}{5}$　　3 $3\frac{2}{3}, \frac{3}{11}$

4 $2\frac{2}{3}, \frac{3}{8}$　　5 $\frac{1}{2}, 2$　　6 $1\frac{1}{15}, \frac{15}{16}$

1 $\frac{3}{5} \div \frac{1}{5} = 3$

$\frac{1}{5} \div \frac{3}{5} = 1 \div 3 = \frac{1}{3}$

2 $\frac{5}{7} \div \frac{6}{7} = 5 \div 6 = \frac{5}{6}$

$\frac{6}{7} \div \frac{5}{7} = 6 \div 5 = \frac{6}{5} = 1\frac{1}{5}$

3 $\frac{11}{17} \div \frac{3}{17} = 11 \div 3 = \frac{11}{3} = 3\frac{2}{3}$

$\frac{3}{17} \div \frac{11}{17} = 3 \div 11 = \frac{3}{11}$

4 $\frac{1}{3} \div \frac{1}{8} = \frac{8}{24} \div \frac{3}{24} = 8 \div 3 = \frac{8}{3} = 2\frac{2}{3}$

$\frac{1}{8} \div \frac{1}{3} = \frac{3}{24} \div \frac{8}{24} = 3 \div 8 = \frac{3}{8}$

5 $\frac{5}{14} \div \frac{5}{7} = \frac{5}{14} \div \frac{10}{14} = 5 \div 10 = \frac{\overset{1}{\cancel{5}}}{\underset{2}{\cancel{10}}} = \frac{1}{2}$

$\frac{5}{7} \div \frac{5}{14} = \frac{10}{14} \div \frac{5}{14} = 10 \div 5 = 2$

6 $\frac{8}{9} \div \frac{5}{6} = \frac{16}{18} \div \frac{15}{18} = 16 \div 15 = \frac{16}{15} = 1\frac{1}{15}$

$\frac{5}{6} \div \frac{8}{9} = \frac{15}{18} \div \frac{16}{18} = 15 \div 16 = \frac{15}{16}$

7 몇 배 알아보기 17쪽

1 $1\frac{4}{5}$배　　2 $1\frac{3}{4}$배　　3 $1\frac{1}{14}$배

4 $2\frac{1}{4}$배　　5 $7\frac{1}{2}$배

1 $\frac{5}{14} < \frac{9}{14}$ ➡ $\frac{9}{14} \div \frac{5}{14} = 9 \div 5 = \frac{9}{5} = 1\frac{4}{5}$ (배)

2 $\frac{7}{9} > \frac{4}{9}$ ➡ $\frac{7}{9} \div \frac{4}{9} = 7 \div 4 = \frac{7}{4} = 1\frac{3}{4}$ (배)

3 $\frac{2}{5} = \frac{14}{35}$, $\frac{3}{7} = \frac{15}{35}$이므로 $\frac{2}{5} < \frac{3}{7}$입니다.

➡ $\frac{3}{7} \div \frac{2}{5} = \frac{15}{35} \div \frac{14}{35} = 15 \div 14 = \frac{15}{14} = 1\frac{1}{14}$ (배)

4 $\frac{2}{5} = \frac{4}{10}$이므로 $\frac{9}{10} > \frac{2}{5}$입니다.

➡ $\frac{9}{10} \div \frac{2}{5} = \frac{9}{10} \div \frac{4}{10} = \frac{9}{4} = 2\frac{1}{4}$ (배)

5 $\frac{5}{6} = \frac{15}{18}$, $\frac{1}{9} = \frac{2}{18}$이므로 $\frac{5}{6} > \frac{1}{9}$입니다.

➡ $\frac{5}{6} \div \frac{1}{9} = \frac{15}{18} \div \frac{2}{18} = \frac{15}{2} = 7\frac{1}{2}$ (배)

8 나눗셈식 만들고 답 구하기 18쪽

1 $\frac{4}{9}\div\frac{2}{9}=2$ / 2

2 $\frac{9}{11}\div\frac{3}{11}=3$ / 3

3 $\frac{6}{7}\div\frac{2}{7}=3$ / 3

4 $\frac{10}{13}\div\frac{2}{13}=5$ / 5

9 계산 결과 비교하기 18쪽

1 $>$ 2 $<$ 3 $=$

4 $<$ 5 $<$ 6 $>$

7 $>$ 8 $<$

1 $\frac{7}{8}\div\frac{1}{8}=7$, $\frac{5}{9}\div\frac{1}{9}=5$ ➡ $7>5$

2 $\frac{6}{11}\div\frac{3}{11}=6\div3=2$, $\frac{12}{13}\div\frac{2}{13}=12\div2=6$
➡ $2<6$

3 $\frac{15}{17}\div\frac{5}{17}=15\div5=3$, $\frac{18}{19}\div\frac{6}{19}=18\div6=3$
➡ $3=3$

4 $\frac{2}{5}\div\frac{3}{5}=2\div3=\frac{2}{3}$, $\frac{5}{7}\div\frac{3}{7}=5\div3=\frac{5}{3}=1\frac{2}{3}$
➡ $\frac{2}{3}<1\frac{2}{3}$

5 $\frac{3}{4}\div\frac{5}{8}=\frac{6}{8}\div\frac{5}{8}=6\div5=\frac{6}{5}=1\frac{1}{5}$,
$\frac{5}{6}\div\frac{2}{9}=\frac{15}{18}\div\frac{4}{18}=15\div4=\frac{15}{4}=3\frac{3}{4}$
➡ $1\frac{1}{5}<3\frac{3}{4}$

6 $\frac{8}{9}\div\frac{3}{5}=\frac{40}{45}\div\frac{27}{45}=40\div27=\frac{40}{27}=1\frac{13}{27}$,
$\frac{1}{3}\div\frac{4}{5}=\frac{5}{15}\div\frac{12}{15}=5\div12=\frac{5}{12}$
➡ $1\frac{13}{27}>\frac{5}{12}$

7 $\frac{5}{6}\div\frac{3}{4}=\frac{10}{12}\div\frac{9}{12}=10\div9=\frac{10}{9}=1\frac{1}{9}$,
$\frac{5}{8}\div\frac{11}{12}=\frac{15}{24}\div\frac{22}{24}=15\div22=\frac{15}{22}$
➡ $1\frac{1}{9}>\frac{15}{22}$

8 $\frac{3}{7}\div\frac{2}{3}=\frac{9}{21}\div\frac{14}{21}=9\div14=\frac{9}{14}$,
$\frac{3}{14}\div\frac{2}{21}=\frac{9}{42}\div\frac{4}{42}=9\div4=2\frac{1}{4}$
➡ $\frac{9}{14}<2\frac{1}{4}$

10 □ 안에 알맞은 수 구하기 19쪽

1 4 2 3 3 6

4 2 5 8 6 6

7 3 8 9

1 $\square\times\frac{1}{5}=\frac{4}{5}$, $\square=\frac{4}{5}\div\frac{1}{5}=4$

2 $\square\times\frac{3}{17}=\frac{9}{17}$, $\square=\frac{9}{17}\div\frac{3}{17}=9\div3=3$

3 $\square\times\frac{2}{15}=\frac{4}{5}$, $\square=\frac{4}{5}\div\frac{2}{15}=\frac{12}{15}\div\frac{2}{15}=12\div2=6$

4 $\square\times\frac{5}{12}=\frac{5}{6}$, $\square=\frac{5}{6}\div\frac{5}{12}=\frac{10}{12}\div\frac{5}{12}=10\div5=2$

5 $\frac{1}{11}\times\square=\frac{8}{11}$, $\square=\frac{8}{11}\div\frac{1}{11}=8$

6 $\frac{2}{13}\times\square=\frac{12}{13}$, $\square=\frac{12}{13}\div\frac{2}{13}=12\div2=6$

7 $\frac{2}{15}\times\square=\frac{2}{5}$, $\square=\frac{2}{5}\div\frac{2}{15}=\frac{6}{15}\div\frac{2}{15}=6\div2=3$

8 $\frac{1}{12}\times\square=\frac{3}{4}$, $\square=\frac{3}{4}\div\frac{1}{12}=\frac{9}{12}\div\frac{1}{12}=9$

11 분수의 나눗셈의 활용(1) 19쪽

1 8, 4, 2

2 $\frac{7}{8}\div\frac{3}{8}=2\frac{1}{3}$ / $2\frac{1}{3}$배

3 $\frac{4}{9}\div\frac{1}{12}=5\frac{1}{3}$ / $5\frac{1}{3}$배

4 $\frac{15}{16}\div\frac{7}{8}=1\frac{1}{14}$ / $1\frac{1}{14}$ km

2 (수현이가 운동한 시간)÷(민우가 운동한 시간)

$=\frac{7}{8}\div\frac{3}{8}=7\div3=\frac{7}{3}=2\frac{1}{3}$(배)

3 (성재가 먹은 피자 양)÷(준혁이가 먹은 피자 양)

$=\frac{4}{9}\div\frac{1}{12}=\frac{16}{36}\div\frac{3}{36}=16\div3=\frac{16}{3}=5\frac{1}{3}$(배)

4 (자동차가 1분 동안 갈 수 있는 거리)

=(간 거리)÷(걸린 시간)

$=\frac{15}{16}\div\frac{7}{8}=\frac{15}{16}\div\frac{14}{16}=15\div14$

$=\frac{15}{14}=1\frac{1}{14}$ (km)

4 (자연수)÷(분수) 21쪽

① ① (위에서부터) 2 / 3, 2 / 2, 10 / 2, 5, 10

② 3, 5, 10

② ① 3, 4, 12 ② 6, 7, 21

③ ① $15\div\frac{5}{9}=(15\div5)\times9=27$

② $24\div\frac{3}{8}=(24\div3)\times8=64$

1 ① 멜론 $\frac{3}{5}$통의 무게가 6 kg이므로 멜론 $\frac{1}{5}$통의 무게는 6÷3=2 (kg)입니다.

멜론 1통의 무게는 (6÷3)×5=10 (kg)입니다.

5 (분수)÷(분수)를 (분수)×(분수)로 나타내기 23쪽

① ① (위에서부터) $\frac{3}{8}$, $1\frac{1}{8}$ / 2, $\frac{3}{8}$ / 2, 3, $\frac{9}{8}$, $1\frac{1}{8}$

② 2, 3, $\frac{3}{2}$, $\frac{9}{8}$, $1\frac{1}{8}$

② ① $\frac{6}{5}$, $\frac{12}{35}$ ② 2, 1, 2, $\frac{7}{4}$, $1\frac{3}{4}$

③ ① $\frac{1}{7}\div\frac{2}{5}=\frac{1}{7}\times\frac{5}{2}=\frac{5}{14}$

② $\frac{7}{8}\div\frac{4}{5}=\frac{7}{8}\times\frac{5}{4}=\frac{35}{32}=1\frac{3}{32}$

③ $\frac{5}{6}\div\frac{5}{8}=\frac{\overset{1}{\cancel{5}}}{\underset{3}{\cancel{6}}}\times\frac{\overset{4}{\cancel{8}}}{\underset{1}{\cancel{5}}}=\frac{4}{3}=1\frac{1}{3}$

④ $\frac{5}{9}\div\frac{7}{12}=\frac{5}{\underset{3}{\cancel{9}}}\times\frac{\overset{4}{\cancel{12}}}{7}=\frac{20}{21}$

1 ① 철근 $\frac{2}{3}$ m의 무게가 $\frac{3}{4}$ kg이므로 철근 $\frac{1}{3}$ m의 무게는 $\frac{3}{4}\div2=\frac{3}{4}\times\frac{1}{2}=\frac{3}{8}$ (kg)입니다.

따라서 철근 1 m의 무게는

$\frac{3}{4}\times\frac{1}{2}\times3=\frac{9}{8}=1\frac{1}{8}$ (kg)입니다.

2 나눗셈을 곱셈으로 나타내고 나누는 수의 분모와 분자를 바꾸어 줍니다.

6 (분수)÷(분수) 계산하기 25쪽

① ① 28, 15, 28, 15, $\frac{28}{15}$, $1\frac{13}{15}$

② $\frac{4}{3}$, $\frac{28}{15}$, $1\frac{13}{15}$

② 8, 8, 8, $1\frac{3}{5}$ / 1, 2, 5, $\frac{8}{5}$, $1\frac{3}{5}$

③ ① $9\div\frac{2}{3}=9\times\frac{3}{2}=\frac{27}{2}=13\frac{1}{2}$

② $8\div\frac{6}{7}=\overset{4}{\cancel{8}}\times\frac{7}{\underset{3}{\cancel{6}}}=\frac{28}{3}=9\frac{1}{3}$

④ ① $3\frac{3}{14}$ ② $2\frac{4}{5}$ ③ $2\frac{23}{27}$ ④ $7\frac{1}{2}$

2 방법 1 은 분모를 통분하여 분자끼리 나누는 방법이고, 방법 2 는 분수의 곱셈으로 나타내어 계산하는 방법입니다.

4 ① $\frac{9}{7}\div\frac{2}{5}=\frac{9}{7}\times\frac{5}{2}=\frac{45}{14}=3\frac{3}{14}$

② $\frac{7}{3}\div\frac{5}{6}=\frac{7}{\underset{1}{\cancel{3}}}\times\frac{\overset{2}{\cancel{6}}}{5}=\frac{14}{5}=2\frac{4}{5}$

③ $1\frac{2}{9}\div\frac{3}{7}=\frac{11}{9}\div\frac{3}{7}=\frac{11}{9}\times\frac{7}{3}=\frac{77}{27}=2\frac{23}{27}$

④ $4\frac{1}{2}\div\frac{3}{5}=\frac{9}{2}\div\frac{3}{5}=\frac{\overset{3}{\cancel{9}}}{2}\times\frac{5}{\underset{1}{\cancel{3}}}=\frac{15}{2}=7\frac{1}{2}$

기본기 강화 문제

⑫ (자연수)÷(분수)의 계산 연습 26쪽

1 $14\div\frac{7}{9}=(14\div7)\times9=18$

2 $8\div\frac{4}{5}=(8\div4)\times5=10$

3 $15\div\frac{5}{7}=(15\div5)\times7=21$

4 $18\div\frac{3}{5}=(18\div3)\times5=30$

5 $24\div\frac{4}{7}=(24\div4)\times7=42$

6 $12\div\frac{3}{4}=(12\div3)\times4=16$

7 $16\div\frac{4}{11}=(16\div4)\times11=44$

1~7 (자연수)÷(분수)는 자연수를 나누는 수의 분자로 나눈 후 분모를 곱합니다.

⑬ (분수)÷(분수)를 (분수)×(분수)로 나타내어 계산하기 26쪽

1 $\frac{1}{6}\div\frac{5}{7}=\frac{1}{6}\times\frac{7}{5}=\frac{7}{30}$

2 $\frac{2}{5}\div\frac{7}{10}=\frac{2}{\underset{1}{\cancel{5}}}\times\frac{\overset{2}{\cancel{10}}}{7}=\frac{4}{7}$

3 $\frac{4}{5}\div\frac{3}{4}=\frac{4}{5}\times\frac{4}{3}=\frac{16}{15}=1\frac{1}{15}$

4 $\frac{5}{6}\div\frac{3}{5}=\frac{5}{6}\times\frac{5}{3}=\frac{25}{18}=1\frac{7}{18}$

5 $\frac{3}{10}\div\frac{2}{9}=\frac{3}{10}\times\frac{9}{2}=\frac{27}{20}=1\frac{7}{20}$

6 $\frac{7}{8}\div\frac{11}{12}=\frac{7}{\underset{2}{\cancel{8}}}\times\frac{\overset{3}{\cancel{12}}}{11}=\frac{21}{22}$

7 $\frac{5}{8}\div\frac{1}{2}=\frac{5}{\underset{4}{\cancel{8}}}\times\frac{\overset{1}{\cancel{2}}}{1}=\frac{5}{4}=1\frac{1}{4}$

8 $\frac{2}{3}\div\frac{4}{9}=\frac{\overset{1}{\cancel{2}}}{\underset{1}{\cancel{3}}}\times\frac{\overset{3}{\cancel{9}}}{\underset{2}{\cancel{4}}}=\frac{3}{2}=1\frac{1}{2}$

⑭ (자연수)÷(분수)를 (자연수)×(분수)로 나타내어 계산하기 27쪽

1 $9\div\frac{5}{8}=9\times\frac{8}{5}=\frac{72}{5}=14\frac{2}{5}$

2 $5\div\frac{2}{3}=5\times\frac{3}{2}=\frac{15}{2}=7\frac{1}{2}$

3 $4\div\frac{3}{7}=4\times\frac{7}{3}=\frac{28}{3}=9\frac{1}{3}$

4 $13\div\frac{4}{5}=13\times\frac{5}{4}=\frac{65}{4}=16\frac{1}{4}$

5 $2\div\frac{4}{7}=\overset{1}{\cancel{2}}\times\frac{7}{\underset{2}{\cancel{4}}}=\frac{7}{2}=3\frac{1}{2}$

6 $12\div\frac{8}{9}=\overset{3}{\cancel{12}}\times\frac{9}{\underset{2}{\cancel{8}}}=\frac{27}{2}=13\frac{1}{2}$

7 $10\div\frac{6}{7}=\overset{5}{\cancel{10}}\times\frac{7}{\underset{3}{\cancel{6}}}=\frac{35}{3}=11\frac{2}{3}$

8 $16\div\frac{6}{11}=\overset{8}{\cancel{16}}\times\frac{11}{\underset{3}{\cancel{6}}}=\frac{88}{3}=29\frac{1}{3}$

1~8 나눗셈을 곱셈으로 나타내고 나누는 수의 분모와 분자를 바꾸어 줍니다.

⑮ (가분수)÷(분수)를 두 가지 방법으로 계산하기 27쪽

1 $\frac{5}{4}\div\frac{2}{3}=\frac{15}{12}\div\frac{8}{12}=15\div8=\frac{15}{8}=1\frac{7}{8}$ /

$\frac{5}{4}\div\frac{2}{3}=\frac{5}{4}\times\frac{3}{2}=\frac{15}{8}=1\frac{7}{8}$

2 $\frac{7}{6}\div\frac{4}{9}=\frac{21}{18}\div\frac{8}{18}=21\div8=\frac{21}{8}=2\frac{5}{8}$ /

$\frac{7}{6}\div\frac{4}{9}=\frac{7}{\underset{2}{\cancel{6}}}\times\frac{\overset{3}{\cancel{9}}}{4}=\frac{21}{8}=2\frac{5}{8}$

3 $\frac{10}{9}\div\frac{4}{5}=\frac{50}{45}\div\frac{36}{45}=50\div36=\frac{\overset{25}{\cancel{50}}}{\underset{18}{\cancel{36}}}=\frac{25}{18}=1\frac{7}{18}$ /

$\frac{10}{9}\div\frac{4}{5}=\frac{\overset{5}{\cancel{10}}}{9}\times\frac{5}{\underset{2}{\cancel{4}}}=\frac{25}{18}=1\frac{7}{18}$

1~3 통분하여 분자끼리 나누는 방법과 분수의 곱셈으로 나타내어 계산하는 방법으로 나눗셈을 계산합니다.

16 (대분수)÷(분수)를 두 가지 방법으로 계산하기 28쪽

1 $2\frac{1}{4}\div\frac{2}{7}=\frac{9}{4}\div\frac{2}{7}=\frac{63}{28}\div\frac{8}{28}=63\div8$
$=\frac{63}{8}=7\frac{7}{8}$ /
$2\frac{1}{4}\div\frac{2}{7}=\frac{9}{4}\div\frac{2}{7}=\frac{9}{4}\times\frac{7}{2}=\frac{63}{8}=7\frac{7}{8}$

2 $1\frac{5}{6}\div\frac{2}{3}=\frac{11}{6}\div\frac{2}{3}=\frac{11}{6}\div\frac{4}{6}=11\div4=\frac{11}{4}=2\frac{3}{4}$ /
$1\frac{5}{6}\div\frac{2}{3}=\frac{11}{6}\div\frac{2}{3}=\frac{11}{\underset{2}{\cancel{6}}}\times\frac{\overset{1}{\cancel{3}}}{2}=\frac{11}{4}=2\frac{3}{4}$

3 $3\frac{1}{2}\div\frac{3}{4}=\frac{7}{2}\div\frac{3}{4}=\frac{14}{4}\div\frac{3}{4}=14\div3=\frac{14}{3}=4\frac{2}{3}$ /
$3\frac{1}{2}\div\frac{3}{4}=\frac{7}{2}\div\frac{3}{4}=\frac{7}{\underset{1}{\cancel{2}}}\times\frac{\overset{2}{\cancel{4}}}{3}=\frac{14}{3}=4\frac{2}{3}$

1~3 (대분수)÷(분수)는 대분수를 가분수로 나타낸 후 계산합니다.

17 정해진 수로 나누기 28쪽

1 $\frac{32}{33}$, $1\frac{7}{33}$, $1\frac{5}{11}$　**2** $1\frac{19}{30}$, $1\frac{13}{15}$, $2\frac{1}{10}$

3 $2\frac{1}{4}$, $3\frac{9}{20}$, $4\frac{13}{20}$

1 $\frac{4}{11}\div\frac{3}{8}=\frac{4}{11}\times\frac{8}{3}=\frac{32}{33}$
$\frac{5}{11}\div\frac{3}{8}=\frac{5}{11}\times\frac{8}{3}=\frac{40}{33}=1\frac{7}{33}$
$\frac{6}{11}\div\frac{3}{8}=\frac{\overset{2}{\cancel{6}}}{11}\times\frac{8}{\underset{1}{\cancel{3}}}=\frac{16}{11}=1\frac{5}{11}$

2 $\frac{7}{5}\div\frac{6}{7}=\frac{7}{5}\times\frac{7}{6}=\frac{49}{30}=1\frac{19}{30}$
$\frac{8}{5}\div\frac{6}{7}=\frac{\overset{4}{\cancel{8}}}{5}\times\frac{7}{\underset{3}{\cancel{6}}}=\frac{28}{15}=1\frac{13}{15}$
$\frac{9}{5}\div\frac{6}{7}=\frac{\overset{3}{\cancel{9}}}{5}\times\frac{7}{\underset{2}{\cancel{6}}}=\frac{21}{10}=2\frac{1}{10}$

3 $1\frac{7}{8}\div\frac{5}{6}=\frac{15}{8}\div\frac{5}{6}=\frac{\overset{3}{\cancel{15}}}{\underset{4}{\cancel{8}}}\times\frac{\overset{3}{\cancel{6}}}{\underset{1}{\cancel{5}}}=\frac{9}{4}=2\frac{1}{4}$
$2\frac{7}{8}\div\frac{5}{6}=\frac{23}{8}\div\frac{5}{6}=\frac{23}{\underset{4}{\cancel{8}}}\times\frac{\overset{3}{\cancel{6}}}{5}=\frac{69}{20}=3\frac{9}{20}$
$3\frac{7}{8}\div\frac{5}{6}=\frac{31}{8}\div\frac{5}{6}=\frac{31}{\underset{4}{\cancel{8}}}\times\frac{\overset{3}{\cancel{6}}}{5}=\frac{93}{20}=4\frac{13}{20}$

18 계산 결과가 맞는지 확인하기 29쪽

1 20, 20, 15　**2** $\frac{21}{26}$, $\frac{21}{26}$, $\frac{9}{13}$

3 $1\frac{7}{20}$, $1\frac{7}{20}$, $\frac{5}{6}$, $1\frac{1}{8}$　**4** $4\frac{1}{8}$, $4\frac{1}{8}$, $\frac{8}{9}$, $3\frac{2}{3}$

1 $15\div\frac{3}{4}=\overset{5}{\cancel{15}}\times\frac{4}{\underset{1}{\cancel{3}}}=20$

2 $\frac{9}{13}\div\frac{6}{7}=\frac{\overset{3}{\cancel{9}}}{13}\times\frac{7}{\underset{2}{\cancel{6}}}=\frac{21}{26}$

3 $1\frac{1}{8}\div\frac{5}{6}=\frac{9}{8}\div\frac{5}{6}=\frac{9}{\underset{4}{\cancel{8}}}\times\frac{\overset{3}{\cancel{6}}}{5}=\frac{27}{20}=1\frac{7}{20}$

4 $3\frac{2}{3}\div\frac{8}{9}=\frac{11}{3}\div\frac{8}{9}=\frac{11}{\underset{1}{\cancel{3}}}\times\frac{\overset{3}{\cancel{9}}}{8}=\frac{33}{8}=4\frac{1}{8}$

19 잘못 계산한 곳 찾아 바르게 계산하기 29쪽

1 예 $12\div\frac{1}{3}=12\times3=36$

2 예 $\frac{8}{9}\div\frac{3}{5}=\frac{8}{9}\times\frac{5}{3}=\frac{40}{27}=1\frac{13}{27}$

3 예 $\frac{15}{7}\div\frac{3}{14}=\frac{30}{14}\div\frac{3}{14}=30\div3=10$

4 예 $2\frac{4}{5}\div\frac{9}{10}=\frac{14}{5}\div\frac{9}{10}=\frac{14}{\underset{1}{\cancel{5}}}\times\frac{\overset{2}{\cancel{10}}}{9}=\frac{28}{9}=3\frac{1}{9}$

1 (자연수)÷(단위분수)는 자연수와 단위분수의 분모를 곱하여 계산합니다.

2 나누는 분수의 분모와 분자를 바꾸어 곱해야 합니다.

3 통분하여 분자끼리만 계산해야 합니다.

4 대분수를 가분수로 나타내어 계산해야 합니다.

20 길 찾기 30쪽

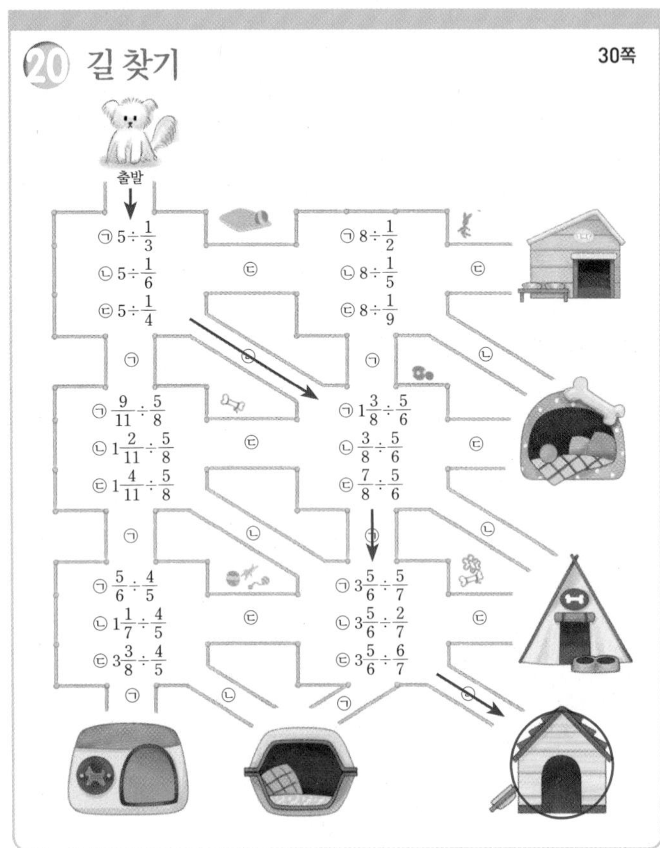

• ㉠ $5\div\frac{1}{3}$ ㉡ $5\div\frac{1}{6}$ ㉢ $5\div\frac{1}{4}$

나누어지는 수가 같을 때에는 나누는 수가 작을수록 몫이 커집니다.

$\frac{1}{6}<\frac{1}{4}<\frac{1}{3}$이므로 계산 결과가 가장 큰 것은 ㉡입니다.

• ㉠ $1\frac{3}{8}\div\frac{5}{6}$ ㉡ $\frac{3}{8}\div\frac{5}{6}$ ㉢ $\frac{7}{8}\div\frac{5}{6}$

나누는 수가 같을 때에는 나누어지는 수가 클수록 몫이 커집니다.

$\frac{3}{8}<\frac{7}{8}<1\frac{3}{8}$이므로 계산 결과가 가장 큰 것은 ㉠입니다.

• ㉠ $3\frac{5}{6}\div\frac{5}{7}$ ㉡ $3\frac{5}{6}\div\frac{2}{7}$ ㉢ $3\frac{5}{6}\div\frac{6}{7}$

나누어지는 수가 같을 때에는 나누는 수가 작을수록 몫이 커집니다.

$\frac{2}{7}<\frac{5}{7}<\frac{6}{7}$이므로 계산 결과가 가장 큰 것은 ㉡입니다.

21 계산 결과가 가장 큰 나눗셈식 만들기 31쪽

1 $\frac{3}{4}, \frac{1}{8}, 6$ **2** $\frac{5}{3}, \frac{5}{11}, 3\frac{2}{3}$

3 $1\frac{8}{9}, \frac{2}{9}, 8\frac{1}{2}$ **4** $3\frac{1}{5}, \frac{4}{7}, 5\frac{3}{5}$

5 $\frac{8}{5}, \frac{2}{3}, 2\frac{2}{5}$

1 나누어지는 수가 클수록, 나누는 수가 작을수록 계산 결과가 커집니다.

$\frac{1}{4}=\frac{2}{8}$, $\frac{3}{4}=\frac{6}{8}$이고 $\frac{3}{4}>\frac{5}{8}>\frac{1}{4}>\frac{1}{8}$이므로

$\frac{3}{4}\div\frac{1}{8}=\frac{3}{\cancel{4}_{1}}\times\cancel{8}^{2}=6$입니다.

2 나누어지는 수가 클수록, 나누는 수가 작을수록 계산 결과가 커집니다.

$\frac{5}{3}>\frac{5}{7}>\frac{5}{9}>\frac{5}{11}$이므로

$\frac{5}{3}\div\frac{5}{11}=\frac{\cancel{5}^{1}}{3}\times\frac{11}{\cancel{5}_{1}}=\frac{11}{3}=3\frac{2}{3}$입니다.

3 나누어지는 수가 클수록, 나누는 수가 작을수록 계산 결과가 커집니다.

$1\frac{8}{9}>1\frac{5}{9}>\frac{7}{9}>\frac{2}{9}$이므로

$1\frac{8}{9}\div\frac{2}{9}=\frac{17}{9}\div\frac{2}{9}=17\div2=\frac{17}{2}=8\frac{1}{2}$입니다.

4 나누어지는 수가 클수록, 나누는 수가 작을수록 계산 결과가 커집니다.

$3\frac{1}{5}>2\frac{1}{6}>1\frac{2}{3}>\frac{4}{7}$이므로

$3\frac{1}{5}\div\frac{4}{7}=\frac{16}{5}\div\frac{4}{7}$

$=\frac{\cancel{16}^{4}}{5}\times\frac{7}{\cancel{4}_{1}}=\frac{28}{5}=5\frac{3}{5}$

입니다.

5 나누어지는 수가 클수록, 나누는 수가 작을수록 계산 결과가 커집니다.

$\frac{8}{5}=1\frac{3}{5}$, $\frac{2}{3}=\frac{4}{6}$이고 $\frac{8}{5}>1\frac{2}{5}>\frac{5}{6}>\frac{2}{3}$이므로

$\frac{8}{5}\div\frac{2}{3}=\frac{\cancel{8}^{4}}{5}\times\frac{3}{\cancel{2}_{1}}=\frac{12}{5}=2\frac{2}{5}$입니다.

22 어떤 수 구하기 31쪽

1 $\frac{3}{7}$, $\frac{3}{7}$, $\frac{18}{35}$, $\frac{18}{35}$ **2** 18

3 $\frac{77}{32}$ **4** $9\frac{3}{8}$

1 어떤 수를 ■라고 하면 ■$\times\frac{5}{6}=\frac{3}{7}$이므로

■$=\frac{3}{7}\div\frac{5}{6}=\frac{3}{7}\times\frac{6}{5}=\frac{18}{35}$입니다.

2 어떤 수를 □라고 하면 □$\times\frac{4}{9}=8$이므로

□$=8\div\frac{4}{9}=\overset{2}{\cancel{8}}\times\frac{9}{\underset{1}{\cancel{4}}}=18$입니다.

3 어떤 가분수를 □라고 하면 $\frac{4}{7}\times$□$=1\frac{3}{8}$이므로

□$=1\frac{3}{8}\div\frac{4}{7}=\frac{11}{8}\div\frac{4}{7}=\frac{11}{8}\times\frac{7}{4}=\frac{77}{32}$입니다.

4 어떤 대분수를 □라고 하면 $\frac{2}{5}\times$□$=3\frac{3}{4}$이므로

□$=3\frac{3}{4}\div\frac{2}{5}=\frac{15}{4}\div\frac{2}{5}=\frac{15}{4}\times\frac{5}{2}=\frac{75}{8}=9\frac{3}{8}$

입니다.

23 도형에서 길이 구하기 32쪽

1 $\frac{4}{5}$, $2\frac{1}{2}$ **2** $2\frac{4}{5}$ m **3** $\frac{5}{9}$ m

1 (평행사변형의 높이)=(넓이)÷(밑변의 길이)

$=2\div\frac{4}{5}=\overset{1}{\cancel{2}}\times\frac{5}{\underset{2}{\cancel{4}}}=\frac{5}{2}=2\frac{1}{2}$ (m)

2 (직사각형의 가로)=(넓이)÷(세로)

$=2\frac{2}{5}\div\frac{6}{7}=\frac{12}{5}\div\frac{6}{7}=\frac{\overset{2}{\cancel{12}}}{5}\times\frac{7}{\underset{1}{\cancel{6}}}$

$=\frac{14}{5}=2\frac{4}{5}$ (m)

3 삼각형의 높이를 □ m라고 하면 삼각형의 넓이는

$\frac{8}{9}\times$□$\div2=\frac{20}{81}$입니다.

$\frac{8}{9}\times$□$=\frac{20}{81}\times2$, $\frac{8}{9}\times$□$=\frac{40}{81}$,

□$=\frac{40}{81}\div\frac{8}{9}=\frac{\overset{5}{\cancel{40}}}{\underset{9}{\cancel{81}}}\times\frac{\overset{1}{\cancel{9}}}{\underset{1}{\cancel{8}}}=\frac{5}{9}$입니다.

24 분수의 나눗셈의 활용(2) 32쪽

1 $\frac{5}{8}$, 16 **2** $2\frac{1}{6}\div\frac{3}{5}=3\frac{11}{18}$ / $3\frac{11}{18}$배

3 $1\frac{2}{5}\div\frac{7}{8}=1\frac{3}{5}$ / $1\frac{3}{5}$ kg **4** 15 km

1 (필요한 봉지 수)

=(전체 돼지고기의 무게)

÷(한 봉지에 담는 돼지고기의 무게)

$=10\div\frac{5}{8}=\overset{2}{\cancel{10}}\times\frac{8}{\underset{1}{\cancel{5}}}=16$(봉지)

2 (해바라기의 키)÷(봉선화의 키)

$=2\frac{1}{6}\div\frac{3}{5}=\frac{13}{6}\div\frac{3}{5}=\frac{13}{6}\times\frac{5}{3}=\frac{65}{18}=3\frac{11}{18}$(배)

3 (철근 1 m의 무게)

$=1\frac{2}{5}\div\frac{7}{8}=\frac{7}{5}\div\frac{7}{8}=\frac{\overset{1}{\cancel{7}}}{5}\times\frac{8}{\underset{1}{\cancel{7}}}=\frac{8}{5}=1\frac{3}{5}$ (kg)

4 (휘발유 1 L로 갈 수 있는 거리)

$=6\frac{2}{3}\div\frac{4}{9}=\frac{20}{3}\div\frac{4}{9}=\frac{\overset{5}{\cancel{20}}}{\underset{1}{\cancel{3}}}\times\frac{\overset{3}{\cancel{9}}}{\underset{1}{\cancel{4}}}=15$ (km)

단원 평가 33~35쪽

1 3, 3 **2** 12, 3, 4 **3**

4 $\frac{7}{8}\div\frac{3}{4}=\frac{7}{\underset{2}{\cancel{8}}}\times\frac{\overset{1}{\cancel{4}}}{3}=\frac{7}{6}=1\frac{1}{6}$

5 (1) $7\frac{7}{8}$ (2) $7\frac{1}{5}$ **6** ⑤ **7** 3

8 ⓒ / $9\div\frac{5}{6}=9\times\frac{6}{5}=\frac{54}{5}=10\frac{4}{5}$ **9** $7\frac{1}{5}$

10 ( )(○)( )

11 > **12** 40 **13** ⓒ

14 $\frac{15}{17}\div\frac{3}{17}=5$ / 5배 **15** $\frac{6}{7}\div\frac{2}{21}=9$ / 9명

16 10개 **17** $1\frac{1}{5}$ m

18 $4\frac{1}{6}$ km **19** $1\frac{1}{5}$배 **20** $3\frac{3}{7}$ m

3 나눗셈을 곱셈으로 나타내고 나누는 분수의 분모와 분자를 바꾸어 줍니다.

5 (1) $\frac{9}{4}\div\frac{2}{7}=\frac{9}{4}\times\frac{7}{2}=\frac{63}{8}=7\frac{7}{8}$

(2) $3\frac{1}{5}\div\frac{4}{9}=\frac{16}{5}\div\frac{4}{9}=\frac{\overset{4}{\cancel{16}}}{5}\times\frac{9}{\underset{1}{\cancel{4}}}=\frac{36}{5}=7\frac{1}{5}$

6 ① $2\div\frac{1}{12}=2\times12=24$ ② $5\div\frac{1}{7}=5\times7=35$

③ $4\div\frac{1}{8}=4\times8=32$ ④ $3\div\frac{1}{9}=3\times9=27$

⑤ $6\div\frac{1}{6}=6\times6=36$

7 $\frac{12}{13}>\frac{10}{13}>\frac{4}{13}$

➡ (가장 큰 수)÷(가장 작은 수)

$=\frac{12}{13}\div\frac{4}{13}=12\div4=3$

8 ㉡ 분수의 나눗셈식을 곱셈식으로 나타낼 때에 분수의 분모와 분자를 바꾸어야 합니다.

9 $\square\times\frac{1}{2}=3\frac{3}{5}$,

$\square=3\frac{3}{5}\div\frac{1}{2}=\frac{18}{5}\div\frac{1}{2}=\frac{18}{5}\times2=\frac{36}{5}=7\frac{1}{5}$

10 $\frac{9}{11}\div\frac{3}{11}=9\div3=3$,

$\frac{5}{9}\div\frac{2}{9}=5\div2=\frac{5}{2}=2\frac{1}{2}$,

$\frac{10}{13}\div\frac{5}{13}=10\div5=2$

11 $10\div\frac{2}{5}=\overset{5}{\cancel{10}}\times\frac{5}{\underset{1}{\cancel{2}}}=25$,

$15\div\frac{5}{6}=\overset{3}{\cancel{15}}\times\frac{6}{\underset{1}{\cancel{5}}}=18$

➡ $25>18$

12 $\frac{6}{7}\div\frac{9}{10}=\frac{\overset{2}{\cancel{6}}}{7}\times\frac{10}{\underset{3}{\cancel{9}}}=\frac{20}{21}$

➡ ㉠=10, ㉡=9, ㉢=21이므로

㉠+㉡+㉢=10+9+21=40입니다.

13 ㉠ $\frac{5}{6}\div\frac{3}{4}=\frac{5}{\underset{3}{\cancel{6}}}\times\frac{\overset{2}{\cancel{4}}}{3}=\frac{10}{9}=1\frac{1}{9}$

㉡ $\frac{4}{7}\div\frac{2}{3}=\frac{\overset{2}{\cancel{4}}}{7}\times\frac{3}{\underset{1}{\cancel{2}}}=\frac{6}{7}$

㉢ $\frac{5}{8}\div\frac{2}{5}=\frac{5}{8}\times\frac{5}{2}=\frac{25}{16}=1\frac{9}{16}$

14 (백과사전의 무게)÷(위인전의 무게)

$=\frac{15}{17}\div\frac{3}{17}=15\div3=5$(배)

15 $\frac{6}{7}\div\frac{2}{21}=\frac{\overset{3}{\cancel{6}}}{\underset{1}{\cancel{7}}}\times\frac{\overset{3}{\cancel{21}}}{\underset{1}{\cancel{2}}}=9$(명)

16 (필요한 비커 수)

=(전체 물의 양)÷(비커 한 개에 담는 물의 양)

$=4\div\frac{2}{5}=\overset{2}{\cancel{4}}\times\frac{5}{\underset{1}{\cancel{2}}}=10$(개)

17 삼각형의 높이를 □m라고 하면 삼각형의 넓이는

$\frac{7}{8}\times\square\div2=\frac{21}{40}$입니다.

$\frac{7}{8}\times\square=\frac{21}{40}\times2$, $\frac{7}{8}\times\square=\frac{21}{20}$,

$\square=\frac{21}{20}\div\frac{7}{8}=\frac{\overset{3}{\cancel{21}}}{\underset{5}{\cancel{20}}}\times\frac{\overset{2}{\cancel{8}}}{\underset{1}{\cancel{7}}}=\frac{6}{5}=1\frac{1}{5}$

18 45분$=\frac{45}{60}$시간$=\frac{3}{4}$시간

(한 시간에 간 거리)$=3\frac{1}{8}\div\frac{3}{4}=\frac{25}{8}\div\frac{3}{4}=\frac{25}{\underset{2}{\cancel{8}}}\times\frac{\overset{1}{\cancel{4}}}{3}$

$=\frac{25}{6}=4\frac{1}{6}$ (km)

서술형
19 $\frac{9}{10}$는 $\frac{3}{4}$의 $\frac{9}{10}\div\frac{3}{4}=\frac{\overset{3}{\cancel{9}}}{\underset{5}{\cancel{10}}}\times\frac{\overset{2}{\cancel{4}}}{\underset{1}{\cancel{3}}}=\frac{6}{5}=1\frac{1}{5}$(배)입니다.

평가 기준	배점(5점)
알맞은 나눗셈식을 세웠나요?	2점
$\frac{9}{10}$는 $\frac{3}{4}$의 몇 배인지 구했나요?	3점

서술형
20 넓이가 $2\frac{2}{7}$ m^2인 직사각형의 세로는

$2\frac{2}{7}\div\frac{2}{3}=\frac{16}{7}\div\frac{2}{3}=\frac{\overset{8}{\cancel{16}}}{7}\times\frac{3}{\underset{1}{\cancel{2}}}$

$=\frac{24}{7}=3\frac{3}{7}$ (m)입니다.

평가 기준	배점(5점)
직사각형의 세로를 구하는 식을 세웠나요?	2점
직사각형의 세로를 구했나요?	3점

2 소수의 나눗셈

친구들이 심은 딸기를 수확하여 바구니에 똑같이 나누어 담으려고 해요.
딸기를 담을 바구니가 몇 개 필요한지 □ 안에 알맞은 수를 써넣으세요.

1 (소수)÷(소수)(1) 39쪽

① ① 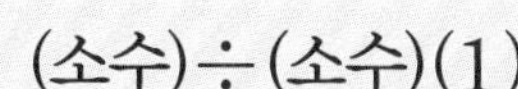
0 1 2 3 3.5
② 5

② 567, 567 / 567, 567, 63, 63

③ ① (위에서부터) 488, 8, 61 / 61
② (위에서부터) 175, 5, 35 / 35

1 ② 3.5에서 0.7씩 5번을 덜어 낼 수 있으므로 3.5÷0.7=5입니다.

2 1 cm는 10 mm이므로 56.7 cm=567 mm, 0.9 cm=9 mm입니다.
56.7 cm를 0.9 cm씩 자르는 것과 567 mm를 9 mm씩 자르는 것은 같으므로 56.7÷0.9=567÷9=63입니다.

3 ① 나누어지는 수와 나누는 수를 똑같이 10배 하여 (자연수)÷(자연수)로 계산합니다.
② 나누어지는 수와 나누는 수를 똑같이 100배 하여 (자연수)÷(자연수)로 계산합니다.

2 (소수)÷(소수)(2) 41쪽

① ① 72, 9, 72, 9, 8 ② 384, 32, 384, 32, 12

② (위에서부터) 100, 25, 100

③ ① (위에서부터) 14, 7, 28, 28
② (위에서부터) 33, 87, 87, 87

④ ① 7 ② 9 ③ 13 ④ 32

1 나누어지는 수와 나누는 수가 모두 소수 한 자리 수이면 분모가 10인 분수로 바꾸고, 소수 두 자리 수이면 분모가 100인 분수로 바꾸어 계산합니다.

2 나누어지는 수와 나누는 수를 똑같이 100배 하여 (자연수)÷(자연수)로 계산합니다.

3 자연수의 나눗셈과 같은 방법으로 계산하고, 몫의 소수점은 옮긴 위치에 찍습니다.

4 ①
```
       7
0.6)4.2
    4 2
    ---
      0
```
②
```
         9
0.13)1.17
      1 1 7
      -----
          0
```

③
$$\begin{array}{r} 13 \\ 0.4\overline{)5.2} \\ 4 \\ \hline 12 \\ 12 \\ \hline 0 \end{array}$$

④
$$\begin{array}{r} 32 \\ 0.74\overline{)23.68} \\ 222 \\ \hline 148 \\ 148 \\ \hline 0 \end{array}$$

3 (소수)÷(소수)(3) 43쪽

① 864, 540, 1.6

② 57.5, 25, 2.3

③ **방법 1** (위에서부터) 2.4, 640, 1280, 1280

방법 2 (위에서부터) 2.4, 64, 128, 128

④ ① 1.3 ② 3.4 ③ 2.6 ④ 1.7

1 나누어지는 수와 나누는 수에 똑같이 100을 곱하여 계산할 수 있습니다.

2 나누어지는 수와 나누는 수에 똑같이 10을 곱하여 계산할 수 있습니다.

4 ①
$$\begin{array}{r} 1.3 \\ 1.5\overline{)1.95} \\ 15 \\ \hline 45 \\ 45 \\ \hline 0 \end{array}$$
또는
$$\begin{array}{r} 1.3 \\ 1.50\overline{)1.950} \\ 150 \\ \hline 450 \\ 450 \\ \hline 0 \end{array}$$

②
$$\begin{array}{r} 3.4 \\ 0.7\overline{)2.38} \\ 21 \\ \hline 28 \\ 28 \\ \hline 0 \end{array}$$
또는
$$\begin{array}{r} 3.4 \\ 0.70\overline{)2.380} \\ 210 \\ \hline 280 \\ 280 \\ \hline 0 \end{array}$$

③
$$\begin{array}{r} 2.6 \\ 3.6\overline{)9.36} \\ 72 \\ \hline 216 \\ 216 \\ \hline 0 \end{array}$$
또는
$$\begin{array}{r} 2.6 \\ 3.60\overline{)9.360} \\ 720 \\ \hline 2160 \\ 2160 \\ \hline 0 \end{array}$$

④
$$\begin{array}{r} 1.7 \\ 1.3\overline{)2.21} \\ 13 \\ \hline 91 \\ 91 \\ \hline 0 \end{array}$$
또는
$$\begin{array}{r} 1.7 \\ 1.30\overline{)2.210} \\ 130 \\ \hline 910 \\ 910 \\ \hline 0 \end{array}$$

기본기 강화 문제

① 단위를 변환하여 나눗셈의 몫 구하기 44쪽

1 182, 182 / 182, 182, 26, 26

2 219, 219 / 219, 219, 73, 73

3 534, 6, 534 / 534, 534, 89, 89

② 자릿수가 같은 소수의 나눗셈을 분수의 나눗셈으로 바꾸어 계산하기 44쪽

1 $8.1 \div 0.9 = \frac{81}{10} \div \frac{9}{10} = 81 \div 9 = 9$

2 $7.2 \div 0.6 = \frac{72}{10} \div \frac{6}{10} = 72 \div 6 = 12$

3 $12.8 \div 0.8 = \frac{128}{10} \div \frac{8}{10} = 128 \div 8 = 16$

4 $9.15 \div 0.15 = \frac{915}{100} \div \frac{15}{100} = 915 \div 15 = 61$

5 $8.16 \div 0.34 = \frac{816}{100} \div \frac{34}{100} = 816 \div 34 = 24$

6 $9.99 \div 0.27 = \frac{999}{100} \div \frac{27}{100} = 999 \div 27 = 37$

7 $6.76 \div 0.52 = \frac{676}{100} \div \frac{52}{100} = 676 \div 52 = 13$

③ 기린 찾기 45쪽

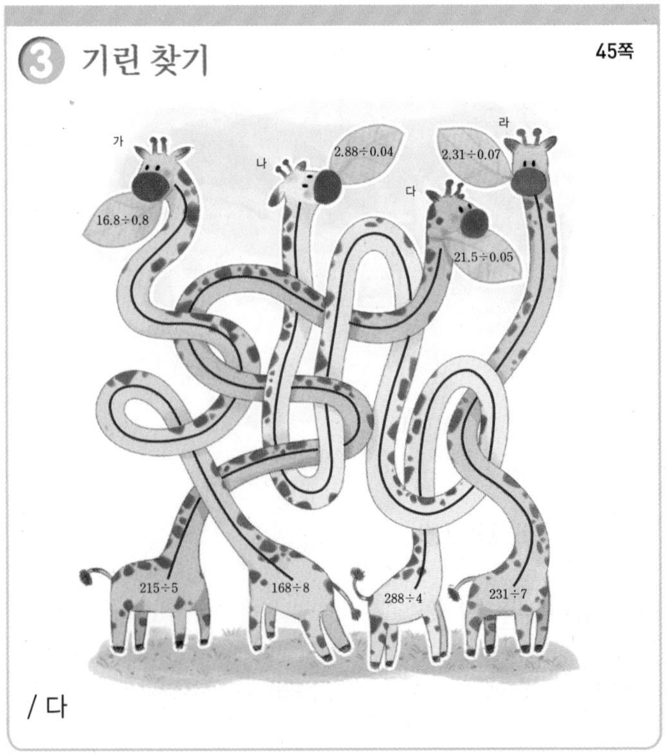

/ 다

가: 16.8÷0.8=168÷8=21
나: 2.88÷0.04=288÷4=72
다: 21.5÷0.05=2150÷5=430, 215÷5=43
라: 2.31÷0.07=231÷7=33

④ 자릿수가 같은 소수의 나눗셈 연습 46쪽

1 9 **2** 16 **3** 74
4 14 **5** 4 **6** 8
7 17 **8** 13

1
```
        9
 0.3)2.7
     2 7
       0
```

2
```
       1 6
 0.6)9.6
       6
     3 6
     3 6
       0
```

3
```
        7 4
 0.7)5 1.8
     4 9
       2 8
       2 8
         0
```

4
```
        1 4
 3.2)4 4.8
     3 2
     1 2 8
     1 2 8
         0
```

5
```
            4
 0.36)1.4 4
      1 4 4
          0
```

6
```
            8
 0.14)1.1 2
      1 1 2
          0
```

7
```
          1 7
 0.47)7.9 9
      4 7
      3 2 9
      3 2 9
          0
```

8
```
          1 3
 0.69)8.9 7
      6 9
      2 0 7
      2 0 7
          0
```

⑤ 자릿수가 다른 소수의 나눗셈을 분수의 나눗셈으로 바꾸어 계산하기 46쪽

1 7, 19.6, 7, 2.8 / 70, 196, 70, 2.8

2 12, 22.8, 12, 1.9 / 120, 228, 120, 1.9

3 $\frac{45}{10}$, 94.5, 45, 2.1 / $\frac{450}{100}$, 945, 450, 2.1

4 $\frac{33}{10}$, 85.8, 33, 2.6 / $\frac{330}{100}$, 858, 330, 2.6

⑥ 자릿수가 다른 소수의 나눗셈 연습 47쪽

1 8.4 **2** 1.6 **3** 0.8
4 2.6 **5** 5.2 **6** 1.3
7 1.5 **8** 1.9

1 나누어지는 수와 나누는 수의 소수점을 오른쪽으로 똑같이 한 자리씩 또는 두 자리씩 옮겨서 계산합니다.

```
          8.4   또는            8.4
 0.6)5.0 4          0.60)5.0 4 0
     4 8                 4 8 0
       2 4                 2 4 0
       2 4                 2 4 0
         0                     0
```

2
```
          1.6   또는            1.6
 0.9)1.4 4          0.90)1.4 4 0
       9                   9 0
     5 4                 5 4 0
     5 4                 5 4 0
         0                     0
```

3
```
          0.8   또는            0.8
 6.8)5.4 4          6.80)5.4 4 0
     5 4 4               5 4 4 0
         0                     0
```

4
```
          2.6   또는            2.6
 3.7)9.6 2          3.70)9.6 2 0
     7 4                 7 4 0
     2 2 2               2 2 2 0
     2 2 2               2 2 2 0
         0                     0
```

5
```
          5.2   또는            5.2
 1.2)6.2 4          1.20)6.2 4 0
     6 0                 6 0 0
       2 4                 2 4 0
       2 4                 2 4 0
         0                     0
```

6
```
          1.3   또는            1.3
 7.2)9.3 6          7.20)9.3 6 0
     7 2                 7 2 0
     2 1 6               2 1 6 0
     2 1 6               2 1 6 0
         0                     0
```

7

```
      1.5   또는          1.5
1.5)2.2.5       1.50)2.25.0
    1 5              1 5 0
      7 5              7 5 0
      7 5              7 5 0
        0                  0
```

8

```
      1.9   또는          1.9
4.1)7.7.9       4.10)7.79.0
    4 1              4 1 0
    3 6 9            3 6 9 0
    3 6 9            3 6 9 0
        0                  0
```

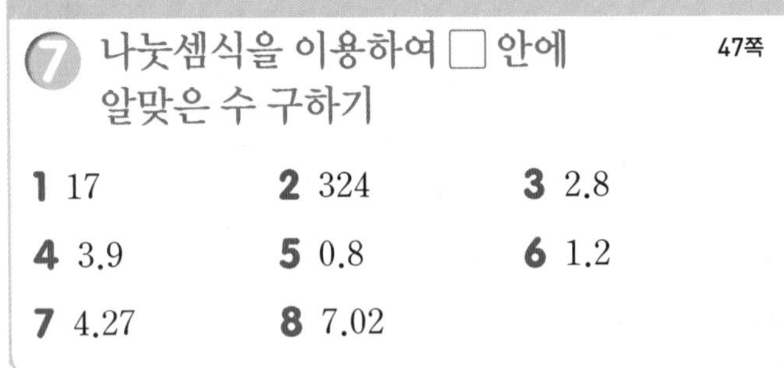

⑦ 나눗셈식을 이용하여 □ 안에 알맞은 수 구하기 47쪽

1 17 **2** 324 **3** 2.8

4 3.9 **5** 0.8 **6** 1.2

7 4.27 **8** 7.02

1~8 나누어지는 수와 나누는 수에 같은 수를 곱하여도 몫은 변하지 않습니다.

⑧ 계산 결과 비교하기(1) 48쪽

1 $>$ **2** $>$ **3** $<$

4 $<$ **5** $=$ **6** $>$

7 $<$ **8** $<$

1 $7.6 \div 0.4 = 19$, $8.5 \div 0.5 = 17$

2 $11.2 \div 1.6 = 7$, $13.8 \div 2.3 = 6$

3 $9.24 \div 0.66 = 14$, $4.86 \div 0.27 = 18$

4 $9.75 \div 0.39 = 25$, $5.25 \div 0.15 = 35$

5 $3.42 \div 0.6 = 5.7$, $4.56 \div 0.8 = 5.7$

6 $5.18 \div 1.4 = 3.7$, $8.28 \div 2.3 = 3.6$

7 $4.26 \div 7.1 = 0.6$, $5.31 \div 5.9 = 0.9$

8 $9.72 \div 2.7 = 3.6$, $5.52 \div 1.2 = 4.6$

⑨ 잘못 계산한 곳을 찾아 바르게 계산하기(1) 48쪽

1

```
        3 2
1.8)5 7.6
    5 4
      3 6
      3 6
        0
```

2

```
           1 9
0.47)8.9 3
      4 7
      4 2 3
      4 2 3
          0
```

3

```
      1.3   또는          1.3
2.5)3.2.5       2.50)3.25
    2 5              2 5 0
      7 5              7 5 0
      7 5              7 5 0
        0                  0
```

4

```
      2.4   또는          2.4
2.6)6.2.4       2.60)6.24
    5 2              5 2 0
    1 0 4            1 0 4 0
    1 0 4            1 0 4 0
        0                  0
```

1 소수점을 옮겨 계산할 때에 몫의 소수점은 옮긴 위치에 찍어야 합니다.

2 소수점을 옮겨 계산할 때에 몫의 소수점은 옮긴 위치에 찍어야 합니다.

3 $32.5 \div 25 = 1.3$이므로 $3.25 \div 2.5$의 몫은 1.3입니다.

4 $62.4 \div 26 = 2.4$이므로 $6.24 \div 2.6$의 몫은 2.4입니다.

⑩ 조건을 만족하는 나눗셈식 만들기 49쪽

1 96.6, 0.3, 322 **2** 10.4, 0.4, 26

3 2.24, 0.07, 32 **4** 3.85, 0.35, 11

1 966과 3을 각각 $\frac{1}{10}$배 하면 96.6과 0.3이 되므로 조건을 만족하는 나눗셈식은 $96.6 \div 0.3 = 322$입니다.

2 104와 4를 각각 $\frac{1}{10}$배 하면 10.4와 0.4가 되므로 조건을 만족하는 나눗셈식은 $10.4 \div 0.4 = 26$입니다.

3 224와 7을 각각 $\frac{1}{100}$배 하면 2.24와 0.07이 되므로 조건을 만족하는 나눗셈식은 2.24÷0.07=32입니다.

4 385와 35를 각각 $\frac{1}{100}$배 하면 3.85와 0.35가 되므로 조건을 만족하는 나눗셈식은 3.85÷0.35=11입니다.

11 소수의 나눗셈의 활용(1) 49쪽

1 1.5, 3 **2** 27개
3 15.9 g **4** 1.6배

2 (만들 수 있는 고리의 수)
=(전체 리본의 길이)÷(자른 리본 한 도막의 길이)
=7.29÷0.27
=27(개)

3 (소금물 1 L에 녹아 있는 소금의 양)
=(소금의 양)÷(소금물의 양)
=68.37÷4.3
=15.9 (g)

4 (집에서 우체국까지의 거리)÷(집에서 은행까지의 거리)
=2.24÷1.4
=1.6(배)

4 (자연수)÷(소수) 51쪽

1 ① 25, 25, 26 ② 106, 5300, 106, 50

2 (위에서부터) 10, 6, 10

3 ① (위에서부터) 6, 90, 0
② (위에서부터) 25, 120, 120, 0

4 ① 8 ② 65 ③ 36

1 ① 나누는 수가 소수 한 자리 수이므로 분모가 10인 분수로 바꾸어 계산합니다.
② 나누는 수가 소수 두 자리 수이므로 분모가 100인 분수로 바꾸어 계산합니다.

2 나누어지는 수와 나누는 수에 같은 수를 곱하여도 몫은 변하지 않습니다.

4 ① 6.5)52.0 → 몫 8; 520, 0

② 1.2)78.0 → 몫 65; 72, 60, 60, 0

③ 1.25)45.00 → 몫 36; 375, 750, 750, 0

5 몫을 반올림하여 나타내기 53쪽

1 ① 2 ② 2.2 ③ 2.17

2 ① 3 ② 2.6 ③ 2.57

3 ① 0.7 ② 1.7

1 ① 13÷6=2.1⋯, 몫의 소수 첫째 자리 숫자가 1이므로 버림합니다. ➡ 2
② 13÷6=2.16⋯, 몫의 소수 둘째 자리 숫자가 6이므로 올림합니다. ➡ 2.2
③ 13÷6=2.166⋯, 몫의 소수 셋째 자리 숫자가 6이므로 올림합니다. ➡ 2.17

2 ① 1.8÷0.7=2.5⋯, 몫의 소수 첫째 자리 숫자가 5이므로 올림합니다. ➡ 3
② 1.8÷0.7=2.57⋯, 몫의 소수 둘째 자리 숫자가 7이므로 올림합니다. ➡ 2.6
③ 1.8÷0.7=2.571⋯, 몫의 소수 셋째 자리 숫자가 1이므로 버림합니다. ➡ 2.57

3 ① 9)5.90 → 몫 0.65; 54, 50, 45, 5
5.9÷9=0.65⋯, 몫의 소수 둘째 자리 숫자가 5이므로 올림합니다.
➡ 0.7

② 0.7)1.200 → 몫 1.71; 7, 50, 49, 10, 7, 3
1.2÷0.7=1.71⋯, 몫의 소수 둘째 자리 숫자가 1이므로 버림합니다. ➡ 1.7

6 나누어 주고 남는 양 알아보기 55쪽

① ① 1.4 ② 7, 1.4

② 1.8

③ 6명, 1.8 m

④ 6, 1.8 / 6, 1.8

3 $31.8\underbrace{-5-5-5-5-5-5}_{6번}=1.8$

31.8에서 5를 6번 뺄 수 있으므로 6명에게 나누어 줄 수 있고, 31.8에서 5를 6번 빼면 1.8이 남으므로 남는 철사의 길이는 1.8 m입니다.

4

```
        6     ← 나누어 줄 수 있는 사람 수
5 ) 3 1.8
    3 0
      1.8     ← 남는 철사의 길이
```

기본기 강화 문제

⑫ (자연수)÷(소수)를 분수의 나눗셈으로 바꾸어 계산하기 56쪽

1 $27\div5.4=\frac{270}{10}\div\frac{54}{10}=270\div54=5$

2 $12\div1.5=\frac{120}{10}\div\frac{15}{10}=120\div15=8$

3 $85\div3.4=\frac{850}{10}\div\frac{34}{10}=850\div34=25$

4 $5\div1.25=\frac{500}{100}\div\frac{125}{100}=500\div125=4$

5 $15\div0.75=\frac{1500}{100}\div\frac{75}{100}=1500\div75=20$

6 $9\div0.36=\frac{900}{100}\div\frac{36}{100}=900\div36=25$

7 $62\div1.24=\frac{6200}{100}\div\frac{124}{100}=6200\div124=50$

1~3 나누는 수가 소수 한 자리 수이므로 분모가 10인 분수로 바꾸어 계산합니다.

4~7 나누는 수가 소수 두 자리 수이므로 분모가 100인 분수로 바꾸어 계산합니다.

⑬ 여러 가지 수로 나누기 56쪽

1 9, 90, 900 **2** 13, 130, 1300

3 59, 590, 5900 **4** 800, 80, 8

5 900, 90, 9 **6** 1900, 190, 19

1~3 나누는 수가 $\frac{1}{10}$배, $\frac{1}{100}$배가 되면 몫은 10배, 100배가 됩니다.

4~6 나누는 수가 10배, 100배가 되면 몫은 $\frac{1}{10}$배, $\frac{1}{100}$배가 됩니다.

⑭ 사자성어 완성하기 57쪽

1 5, 6, 60, 50 / 청산유수

2 36, 35, 15, 48 / 사필귀정

1

```
         5                  6
1.2 ) 6.0         2.5 ) 1 5.0
      6 0               1 5 0
        0                   0

          6 0                 5 0
0.05 ) 3.0 0      1.64 ) 8 2.0 0
        3 0               8 2 0
          0                   0
```

2

```
        3 6                3 5
0.5 ) 1 8.0       1.4 ) 4 9.0
      1 5               4 2
        3 0               7 0
        3 0               7 0
          0                 0

        1 5                  4 8
3.8 ) 5 7.0       1.25 ) 6 0.0 0
      3 8                5 0 0
      1 9 0              1 0 0 0
      1 9 0              1 0 0 0
          0                    0
```

⑮ 정해진 수로 나누기 58쪽

1 95, 950, 9500 **2** 24, 240, 2400

3 32, 320, 3200 **4** 3900, 390, 39

5 6600, 660, 66 **6** 3700, 370, 37

1~3 나누어지는 수가 10배, 100배가 되면 몫도 10배, 100배가 됩니다.

4~6 나누어지는 수가 $\frac{1}{10}$배, $\frac{1}{100}$배가 되면 몫도 $\frac{1}{10}$배, $\frac{1}{100}$배가 됩니다.

16 몫을 반올림하여 일의 자리까지 나타내기 58쪽

1 3 **2** 3 **3** 10

4 4 **5** 8

1

```
     2.6
  3)8.0
    6
    2 0
    1 8
      2
```

$8 \div 3 = 2.6\cdots$, 몫의 소수 첫째 자리 숫자가 6이므로 올림합니다. ➡ 3

2

```
      3.2
  7)2 3.0
    2 1
      2 0
      1 4
        6
```

$23 \div 7 = 3.2\cdots$, 몫의 소수 첫째 자리 숫자가 2이므로 버림합니다. ➡ 3

3

```
      9.6
  6)5 8.0
    5 4
      4 0
      3 6
        4
```

$58 \div 6 = 9.6\cdots$, 몫의 소수 첫째 자리 숫자가 6이므로 올림합니다. ➡ 10

4

```
        4.3
  0.3)1.3.0
      1 2
        1 0
          9
          1
```

$1.3 \div 0.3 = 4.3\cdots$, 몫의 소수 첫째 자리 숫자가 3이므로 버림합니다. ➡ 4

5

```
         8.2
  1.1)9.1.0
      8 8
        3 0
        2 2
          8
```

$9.1 \div 1.1 = 8.2\cdots$, 몫의 소수 첫째 자리 숫자가 2이므로 버림합니다. ➡ 8

17 몫을 반올림하여 소수 첫째 자리까지 나타내기 59쪽

1 0.8 **2** 1.4

3 2.3 **4** 7.1

1

```
     0.7 5
  9)6.8 0
    6 3
      5 0
      4 5
        5
```

$6.8 \div 9 = 0.75\cdots$, 몫의 소수 둘째 자리 숫자가 5이므로 올림합니다. ➡ 0.8

2

```
     1.4 2
  4)5.7 0
    4
    1 7
    1 6
      1 0
        8
        2
```

$5.7 \div 4 = 1.42\cdots$, 몫의 소수 둘째 자리 숫자가 2이므로 버림합니다. ➡ 1.4

3

```
      2.2 8
  6)1 3.7 0
    1 2
      1 7
      1 2
        5 0
        4 8
          2
```

$13.7 \div 6 = 2.28\cdots$, 몫의 소수 둘째 자리 숫자가 8이므로 올림합니다. ➡ 2.3

4

```
       7.1 3
2.3)1 6.4 0 0
    1 6 1
    -------
        3 0
        2 3
    -------
          7 0
          6 9
    -------
            1
```

16.4÷2.3=7.13⋯, 몫의 소수 둘째 자리 숫자가 3이므로 버림합니다. ➡ 7.1

4

```
       3.9 4 4
1.8)7.1 0 0 0
    5 4
    ---------
    1 7 0
    1 6 2
    ---------
        8 0
        7 2
    ---------
          8 0
          7 2
    ---------
            8
```

7.1÷1.8=3.944⋯, 몫의 소수 셋째 자리 숫자가 4이므로 버림합니다. ➡ 3.94

18 몫을 반올림하여 소수 둘째 자리까지 나타내기 59쪽

1 5.67 **2** 6.23

3 3.07 **4** 3.94

1

```
     5.6 6 6
6)3 4.0 0 0
  3 0
  ---------
    4 0
    3 6
  ---------
      4 0
      3 6
  ---------
        4 0
        3 6
  ---------
          4
```

34÷6=5.666⋯, 몫의 소수 셋째 자리 숫자가 6이므로 올림합니다. ➡ 5.67

2

```
     6.2 2 8
7)4 3.6 0 0
  4 2
  ---------
    1 6
    1 4
  ---------
      2 0
      1 4
  ---------
        6 0
        5 6
  ---------
          4
```

43.6÷7=6.228⋯, 몫의 소수 셋째 자리 숫자가 8이므로 올림합니다. ➡ 6.23

3

```
   3.0 6 6
3)9.2 0 0
  9
  -------
    2 0
    1 8
  -------
      2 0
      1 8
  -------
        2
```

9.2÷3=3.066⋯, 몫의 소수 셋째 자리 숫자가 6이므로 올림합니다. ➡ 3.07

19 나눗셈의 몫과 나머지 구하기 60쪽

1 2, 1.7 **2** 3, 0.9 **3** 2, 1.4

4 8, 4.8 **5** 4, 1.5

1

```
   2
4)9.7
  8
  ---
  1.7
```

2

```
   3
2)6.9
  6
  ---
  0.9
```

3

```
    2
7)1 5.4
  1 4
  -----
    1.4
```

4

```
    8
6)5 2.8
  4 8
  -----
    4.8
```

5

```
    4
3)1 3.5
  1 2
  -----
    1.5
```

20 뺄셈식을 이용하여 나누어 주고 남는 양 알아보기 60쪽

1 0.4, 7, 0.4 **2** 5.6, 5, 5.6

3 0.9, 3, 0.9

1 14.4−2−2−2−2−2−2−2=0.4 (−2를 7번)

14.4에서 2를 7번 빼면 0.4가 남으므로 7병에 나누어 담을 수 있고 남는 포도주스의 양은 0.4 L입니다.

2 45.6$\underbrace{-8-8-8-8-8}_{5번}$=5.6

45.6에서 8을 5번 빼면 5.6이 남으므로 5명에게 나누어 줄 수 있고 남는 리본의 길이는 5.6 m입니다.

3 21.9$\underbrace{-7-7-7}_{3번}$=0.9

21.9에서 7을 3번 빼면 0.9가 남으므로 3상자에 나누어 담을 수 있고 남는 사과의 양은 0.9 kg입니다.

21 나눗셈식을 이용하여 나누어 주고 남는 양 알아보기 61쪽

1 9, 2.8 / 9, 2.8 **2** 4, 1.2 / 4, 1.2

3 6, 48, 0.3 / 6, 0.3

22 잘못 계산한 곳을 찾아 바르게 계산하기(2) 61쪽

1
```
     7     / 7, 1.5
3 ) 2 2.5
    2 1
      1.5
```

2
```
     9     / 9, 0.6
4 ) 3 6.6
    3 6
      0.6
```

1 사람 수는 소수가 아닌 자연수이므로 몫을 자연수까지만 구해야 합니다.

2 남는 밤의 양의 소수점은 나누어지는 수의 소수점의 자리에 맞추어 찍어야 합니다.

23 계산 결과 비교하기(2) 62쪽

1 ㉡ **2** ㉠ **3** ㉠

4 ㉡ **5** ㉡

1 ㉠ 48÷9=5.3⋯ ➡ 5

2 ㉠ 8.3÷6=1.38⋯ ➡ 1.4

3 ㉠ 63÷11=5.7⋯ ➡ 6
㉡ 63÷11=5.72⋯ ➡ 5.7

4 ㉠ 2.3÷0.7=3.2⋯ ➡ 3
㉡ 2.3÷0.7=3.285⋯ ➡ 3.29

5 ㉠ 1.5÷1.3=1.153⋯ ➡ 1.15
㉡ 1.5÷1.3=1.15⋯ ➡ 1.2

24 어떤 수 구하기 62쪽

1 16 **2** 52 **3** 8

4 4.3 **5** 1.7

1 어떤 수를 □라고 하면 □×0.48=7.68이므로
□=7.68÷0.48=16입니다.
따라서 어떤 수는 16입니다.

2 어떤 수를 □라고 하면 □×0.5=26이므로
□=26÷0.5=52입니다.
따라서 어떤 수는 52입니다.

3 어떤 수를 □라고 하면 □×4.5=36이므로
□=36÷4.5=8입니다.
따라서 어떤 수는 8입니다.

4 어떤 수를 □라고 하면 1.3×□=5.59이므로
□=5.59÷1.3=4.3입니다.
따라서 어떤 수는 4.3입니다.

5 어떤 수를 □라고 하면 3.5×□=5.95이므로
□=5.95÷3.5=1.7입니다.
따라서 어떤 수는 1.7입니다.

25 도형에서 길이 구하기 63쪽

1 2.8 cm **2** 5 m

3 4 cm **4** 3.9 cm

1 (직사각형의 세로)=(넓이)÷(가로)
=7.28÷2.6=2.8 (cm)

2 (직사각형의 가로)=(넓이)÷(세로)
=7÷1.4=5 (m)

3 (평행사변형의 넓이)=(밑변의 길이)×(높이)
➡ (높이)=(평행사변형의 넓이)÷(밑변의 길이)
=13÷3.25=4 (cm)

4 (삼각형의 넓이)=(밑변의 길이)×(높이)÷2이므로 높이를 □cm라고 하면 4.6×□÷2=8.97입니다.
➡ □=8.97×2÷4.6=3.9

26 수 카드를 이용하여 나눗셈식 만들기 63쪽

1 7, 3, 2 / 6.1 **2** 7, 6, 4 / 190
3 2, 3, 4 / 3.9 **4** 2, 4, 8 / 30

1 몫이 가장 크려면 나누어지는 수가 가장 커야 합니다.
➡ 7.32÷1.2=6.1

2 나누어지는 수가 클수록, 나누는 수가 작을수록 몫이 커집니다.
➡ 76÷0.4=190

3 몫이 가장 작으려면 나누어지는 수가 가장 작아야 합니다. ➡ 2.34÷0.6=3.9

4 나누어지는 수가 작을수록, 나누는 수가 클수록 몫이 작아집니다.
➡ 24÷0.8=30

27 몫의 소수점 아래 숫자들의 규칙 찾기 64쪽

1 3 **2** 7 **3** 3
4 6 **5** 1 **6** 9

1 16÷3=5.333…으로 소수점 아래 자릿수가 모두 3인 규칙이 있습니다. 따라서 소수 일곱째 자리 숫자는 3입니다.

2 25÷9=2.777…로 소수점 아래 자릿수가 모두 7인 규칙이 있습니다. 따라서 소수 일곱째 자리 숫자는 7입니다.

3 4÷11=0.363636…으로 소수점 아래 자릿수가 홀수이면 3이고 소수점 아래 자릿수가 짝수이면 6인 규칙이 있습니다. 7은 홀수이므로 소수 일곱째 자리 숫자는 3입니다.

4 43÷6=7.1666…으로 소수 첫째 자리 아래 자릿수가 모두 6인 규칙이 있습니다. 따라서 소수 여덟째 자리 숫자는 6입니다.

5 28÷9=3.111…로 소수점 아래 자릿수가 모두 1인 규칙이 있습니다. 따라서 소수 여덟째 자리 숫자는 1입니다.

6 12÷11=1.090909…로 소수점 아래 자릿수가 홀수이면 0이고 소수점 아래 자릿수가 짝수이면 9인 규칙이 있습니다. 8은 짝수이므로 소수 여덟째 자리 숫자는 9입니다.

28 소수의 나눗셈의 활용(2) 64쪽

1 0.6, 5 **2** 4면, 2.8 L
3 2.42배 **4** 17.6 km

2 18.8÷4의 몫을 자연수까지만 구하면 4이고, 이때 나머지는 2.8입니다. 따라서 벽 4면을 칠할 수 있고, 남는 페인트는 2.8 L입니다.

3 55.6÷23=2.417…이므로 몫을 반올림하여 소수 둘째 자리까지 나타내면 2.417… ➡ 2.42입니다.
따라서 민성이의 몸무게는 동생의 몸무게의 2.42배입니다.

4 42.2÷2.4=17.58… ➡ 17.6 km

단원 평가 65~67쪽

1 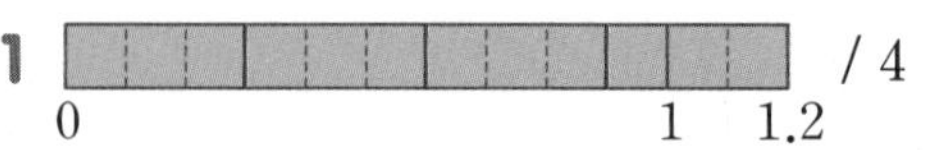

/ 4

2 (위에서부터) 100, 100, 236, 4, 59 / 59

3 (1) 9, 108, 9, 12 (2) 255, 17, 255, 17, 15

4 (1) 6 (2) 27

5 (위에서부터) 100, 4.1, 4.1 100

6 ㉡, ㉢

7 $9\div0.25=\frac{900}{100}\div\frac{25}{100}=900\div25=36$	
8 ④	**9** 3.1
10 2.8	**11** ㉠, ㉢, ㉡
12 13.91	**13** 3.2배
14 2.8	**15** $17\div0.68=25$ / 25개
16 95.24 km	**17** 43상자, 2.8 m
18 9, 6, 3 / 320	**19** 4
20 53봉지	

1 1.2에서 0.3씩 4번을 덜어 낼 수 있습니다.

4 (1)

```
       6
2.9)17.4
    174
      0
```

(2)

```
         27
0.34)9.18
      68
     238
     238
       0
```

6 나누어지는 수와 나누는 수의 소수점을 똑같이 옮긴 것은 ㉡, ㉢입니다.

8

```
   2
6)13.8
  12
   1.8
```

9 $8.37>2.7$ ➡ $8.37\div2.7=3.1$

10 $4.48>3.9>2.87>1.6$이므로 가장 큰 수는 4.48, 가장 작은 수는 1.6입니다.
➡ $4.48\div1.6=44.8\div16=2.8$

11 나누는 수가 자연수가 되도록 나누는 수와 나누어지는 수의 소수점을 옮기면 ㉠ $1260\div84$, ㉡ $12.6\div84$, ㉢ $126\div84$이고 나누어지는 수를 비교하면 $1260>126>12.6$입니다.
따라서 나누는 수가 같을 때 나누어지는 수가 클수록 몫이 크므로 몫이 큰 것부터 차례로 기호를 쓰면 ㉠, ㉢, ㉡입니다.

다른 풀이

㉠ $12.6\div0.84=15$
㉡ $1.26\div8.4=0.15$
㉢ $1.26\div0.84=1.5$

12 $97.4\div7=13.914\cdots$,
몫의 소수 셋째 자리 숫자가 4이므로 버림합니다.
➡ 13.91

13 (집에서 학교까지의 거리)÷(집에서 도서관까지의 거리)
$=2.08\div0.65=3.2$(배)

14 (높이)=(평행사변형의 넓이)÷(밑변의 길이)
$=8.12\div2.9$
$=81.2\div29=2.8$ (cm)

15 (전체 대나무의 길이)
÷(대나무 피리 한 개를 만드는 데 사용하는 대나무의 길이)
$=17\div0.68=25$
따라서 대나무 피리를 25개 만들 수 있습니다.

16 (버스가 한 시간 동안 달린 거리)
=(달린 거리)÷(달린 시간)
$=400\div4.2$
$=95.238\cdots$ ➡ 95.24 km

17

```
   43   ← 포장할 수 있는 선물 상자 수
4)174.8
  16
   14
   12
    2.8 ← 남는 끈의 길이
```

➡ 선물 상자를 43상자까지 포장할 수 있고 남는 끈의 길이는 2.8 m입니다.

18 나누어지는 수가 클수록, 나누는 수가 작을수록 몫이 커집니다.
➡ $96\div0.3=320$

서술형
19 $5.8\div9=0.644\cdots$이므로 소수 둘째 자리부터 숫자 4가 반복됩니다. 따라서 몫의 소수 여덟째 자리 숫자는 4입니다.

평가 기준	배점(5점)
나눗셈을 바르게 계산했나요?	3점
몫의 소수점 아래 반복되는 숫자들의 규칙을 찾아 답을 구했나요?	2점

서술형
20 밤 21.2 kg을 한 봉지에 0.4 kg씩 담으면
$21.2\div0.4=212\div4=53$(봉지)에 나누어 담을 수 있습니다.

평가 기준	배점(5점)
나누어 담을 수 있는 봉지 수를 구하는 식을 세웠나요?	2점
나누어 담을 수 있는 봉지 수를 구했나요?	3점

3 공간과 입체

1 어느 방향에서 보았는지 알아보기 쌓은 모양과 쌓기나무의 개수 알아보기(1) 71쪽

① ⑤, ①, ③

② 나

③ (선 잇기)

1 첫 번째 사진은 노란색 직육면체 모양 건물이 오른쪽에 있으므로 ⑤에서 찍은 사진입니다.
두 번째 사진은 노란색 직육면체 모양 건물이 왼쪽에 있으므로 ①에서 찍은 사진입니다.
세 번째 사진은 노란색 직육면체 모양 건물이 초록색 지붕이 있는 집에 가려져 있으므로 ③에서 찍은 사진입니다.

2 나를 앞에서 보면 ○표 한 부분이 보입니다.

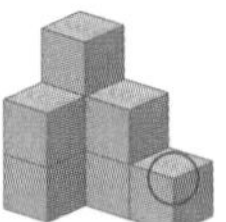

3 첫 번째 모양은 1층이 위에서부터 2개, 2개, 2개가 연결되어 있는 모양이고, 두 번째 모양은 1층이 위에서부터 3개, 3개, 1개가 연결되어 있는 모양이고, 마지막 모양은 1층이 위에서부터 3개, 2개가 연결되어 있는 모양입니다.

2 쌓은 모양과 쌓기나무의 개수 알아보기(2) 73쪽

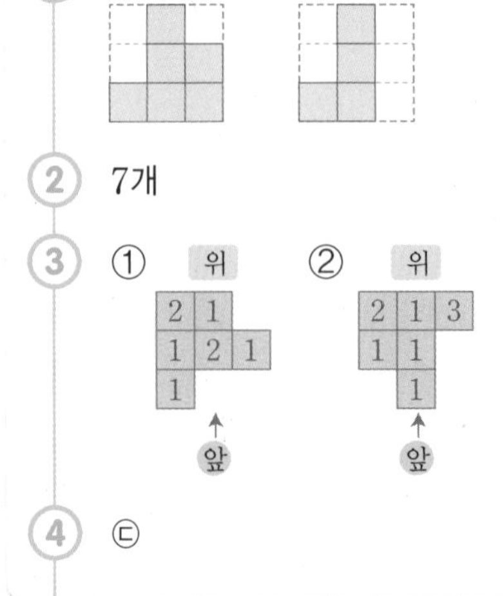

④ ㉢

1 위에서 본 모양을 보면 보이지 않는 쌓기나무가 없다는 것을 알 수 있습니다.

2 위에서 본 모양을 보면 1층의 쌓기나무는 5개 입니다. 앞에서 본 모양을 보면 ○ 부분은 쌓기 나무가 각각 1개이고, △ 부분은 3개 이하입니다. 옆에서 본 모양을 보면 △ 부분 중 ● 부분은 쌓기나무가 3개이고 나머지는 1개입니다. 따라서 1층에 5개, 2층에 1개, 3층에 1개로 똑같은 모양으로 쌓는 데 필요한 쌓기나무는 7개입니다.

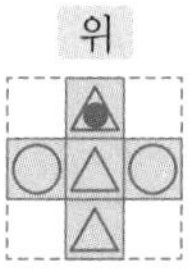

4 앞에서 보면 왼쪽부터 차례로 3층, 1층으로 보입니다.

3 쌓은 모양과 쌓기나무의 개수 알아보기(3) 75쪽

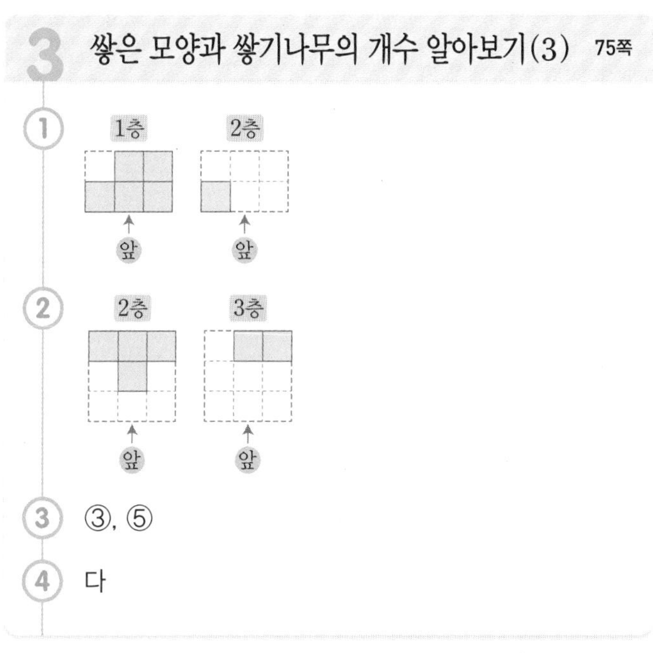

③ ③, ⑤

④ 다

2 1층 모양을 보고 쌓기나무로 쌓은 모양의 뒤에 보이지 않는 쌓기나무가 없다는 것을 알 수 있습니다. 2층에는 쌓기나무 4개, 3층에는 쌓기나무 2개가 있습니다.

3 ③ (그림), ⑤ (그림)

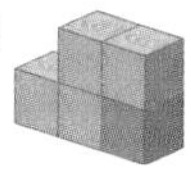

기본기 강화 문제

① 여러 방향에서 본 모양 알아보기 76쪽

1 다 **2** 라

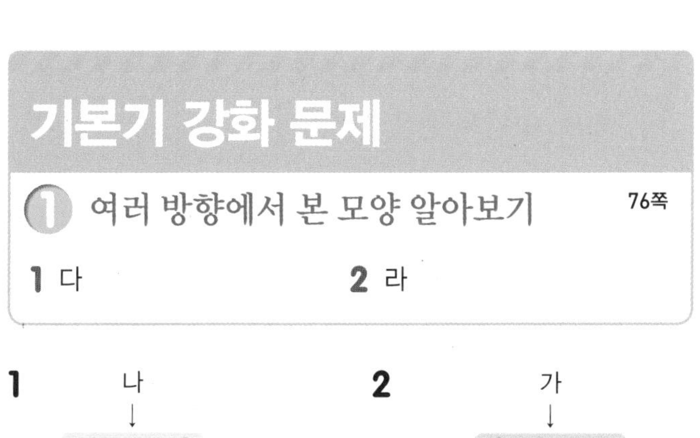

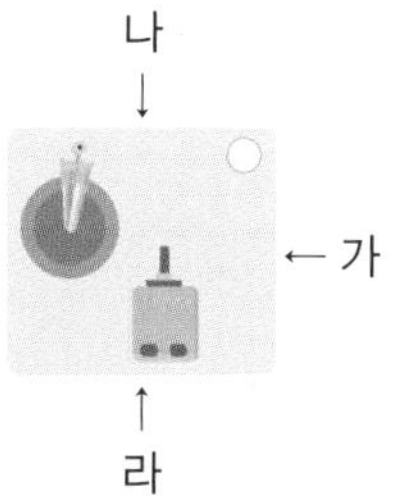

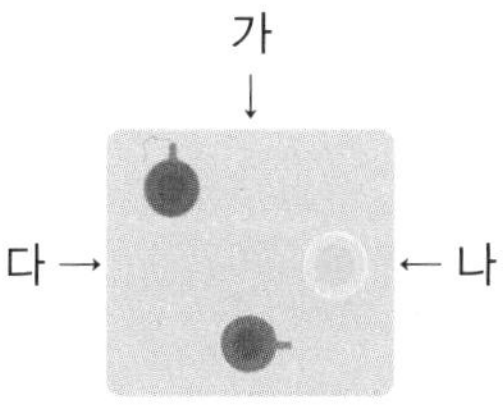

② 쌓은 모양과 위에서 본 모양을 보고 앞, 옆에서 본 모양 그리기 76쪽

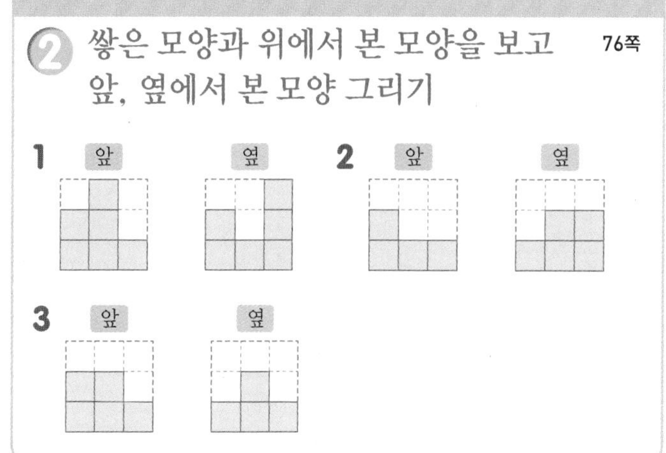

1~2 위에서 본 모양을 보면 보이지 않는 쌓기나무가 없다는 것을 알 수 있습니다.

3 위에서 본 모양을 보면 보이지 않는 쌓기나무가 1개 있다는 것을 알 수 있습니다.

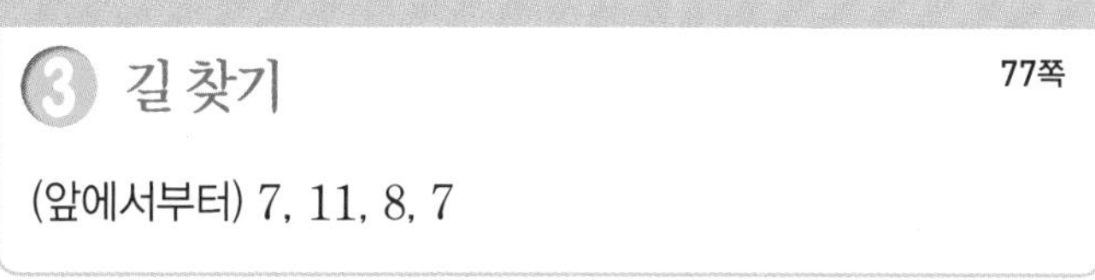

③ 길 찾기 77쪽

(앞에서부터) 7, 11, 8, 7

- 1층에 4개, 2층에 2개, 3층에 1개이므로 주어진 모양과 똑같이 쌓는 데 쌓기나무 7개가 필요합니다.
- 1층에 5개, 2층에 2개, 3층에 1개이므로 주어진 모양과 똑같이 쌓는 데 쌓기나무 8개가 필요합니다.
- 1층에 4개, 2층에 2개, 3층에 1개이므로 주어진 모양과 똑같이 쌓는 데 쌓기나무 7개가 필요합니다.
- 1층에 5개, 2층에 4개, 3층에 2개이므로 주어진 모양과 똑같이 쌓는 데 쌓기나무 11개가 필요합니다.

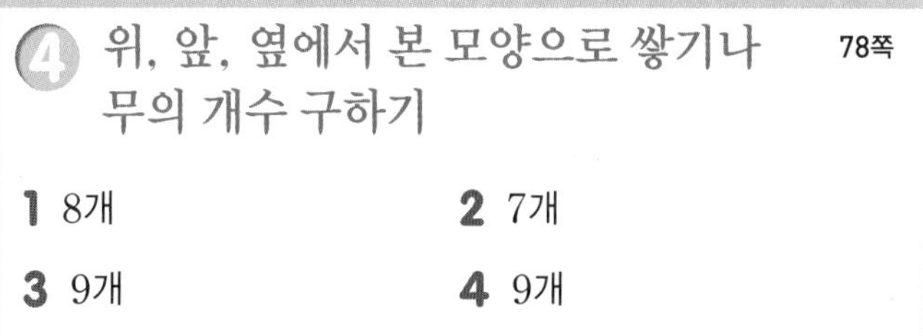

④ 위, 앞, 옆에서 본 모양으로 쌓기나무의 개수 구하기 78쪽

1 8개 **2** 7개

3 9개 **4** 9개

1 위에서 본 모양을 보면 1층의 쌓기나무는 5개입니다. 앞에서 본 모양을 보면 ○ 부분은 쌓기 나무가 각각 1개이고, △ 부분은 2개, ● 부분은 3개입니다.

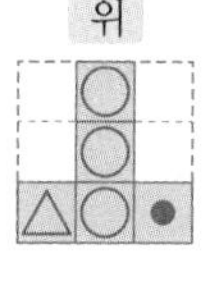

➡ (필요한 쌓기나무의 개수)=5+2+1=8(개) (1층 2층 3층)

2 위에서 본 모양을 보면 1층의 쌓기나무는 4개입니다. 앞에서 본 모양을 보면 ○ 부분은 쌓기나무가 각각 1개이고, △ 부분은 3개 이하입니다. 옆에서 본 모양을 보면 △ 부분 중 ● 부분은 쌓기나무가 3개이고 나머지는 2개입니다.

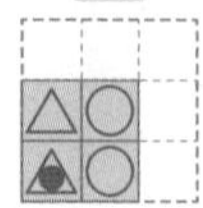

➡ (필요한 쌓기나무의 개수)=4+2+1=7(개)

3 위에서 본 모양을 보면 1층의 쌓기나무는 5개입니다. 앞에서 본 모양을 보면 ○ 부분은 쌓기나무가 각각 1개이고, △ 부분은 3개 이하입니다. 옆에서 본 모양을 보면 △ 부분 중 ● 부분은 쌓기나무가 3개이고 나머지는 2개입니다.

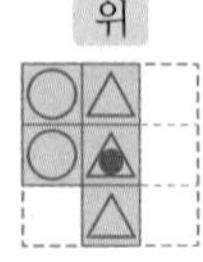

➡ (필요한 쌓기나무의 개수)=5+3+1=9(개)

4 위에서 본 모양을 보면 1층의 쌓기나무는 6개입니다. 앞에서 본 모양을 보면 ○ 부분은 쌓기나무가 각각 1개이고, △ 부분은 3개 이하입니다. 옆에서 본 모양을 보면 △ 부분 중 ● 부분은 쌓기나무가 3개, ■ 부분은 2개, 나머지는 1개입니다.

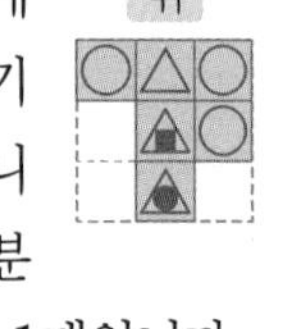

➡ (필요한 쌓기나무의 개수)=6+2+1=9(개)

5 위, 앞, 옆에서 본 모양을 보고 쌓기나무로 쌓은 모양 알아보기 78쪽

1 가, 다 **2** 나, 다 **3** 가, 다

1 나를 앞에서 본 모양은 [그림] 입니다.

2 가를 옆에서 본 모양은 [그림] 입니다.

3 나를 앞에서 본 모양은 [그림] 입니다.

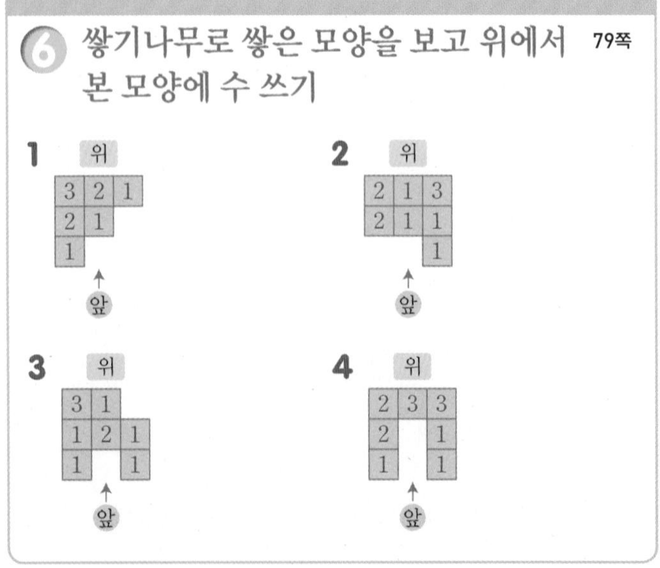

1~4 위에서 본 모양의 각 자리에 쌓인 쌓기나무의 개수를 세어 위에서 본 모양에 씁니다.

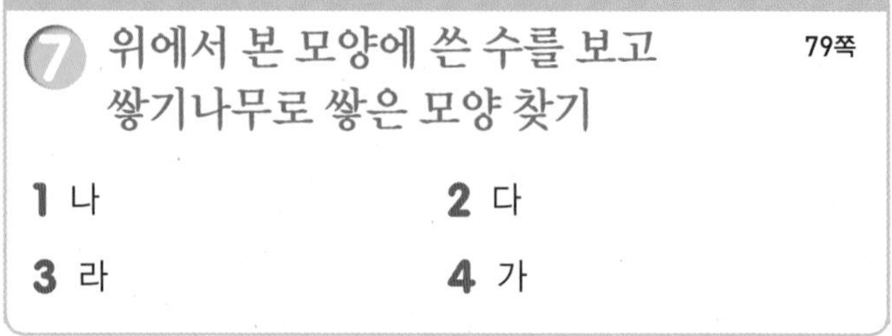

1~4 위에서 본 모양에 쌓인 쌓기나무의 개수를 세어 쌓은 모양을 찾아봅니다.

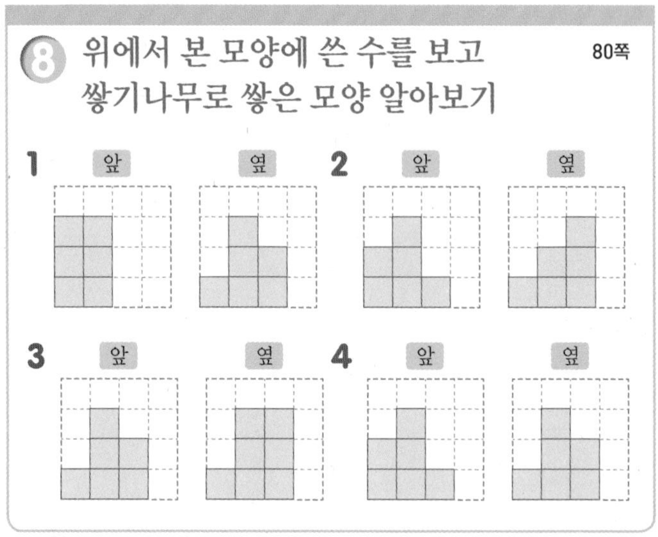

1~4 앞과 옆에서 본 모양은 각 방향에서 각 줄의 가장 큰 수를 기준으로 그립니다.

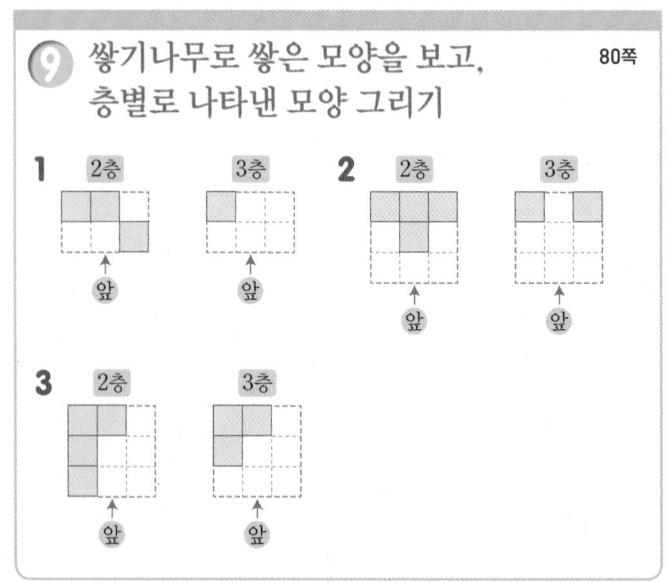

1 1층 모양을 보고 쌓기나무로 쌓은 모양의 뒤에 보이지 않는 쌓기나무가 없다는 것을 알 수 있습니다. 2층에는 쌓기나무 3개, 3층에는 쌓기나무 1개가 있습니다.

2 1층 모양을 보고 쌓기나무로 쌓은 모양의 뒤에 보이지 않는 쌓기나무가 없다는 것을 알 수 있습니다. 2층에는 쌓기나무 4개, 3층에는 쌓기나무 2개가 있습니다.

3 1층 모양을 보고 쌓기나무로 쌓은 모양의 뒤에 보이지 않는 쌓기나무가 없다는 것을 알 수 있습니다. 2층에는 쌓기나무 4개, 3층에는 쌓기나무 3개가 있습니다.

⑩ 층별로 나타낸 모양을 보고 쌓기나무의 모양 알아보기 81쪽

1 나 **2** 가 **3** 다

1 1층 모양으로 가능한 모양은 나와 다입니다. 다는 2층 모양이 입니다.

2 1층 모양으로 가능한 모양은 가와 나입니다. 나는 2층 모양이 입니다.

3 1층 모양으로 가능한 모양은 가와 다입니다. 가는 3층 모양이 입니다.

⑪ 층별로 나타낸 모양을 보고 쌓기나무의 개수 구하기 81쪽

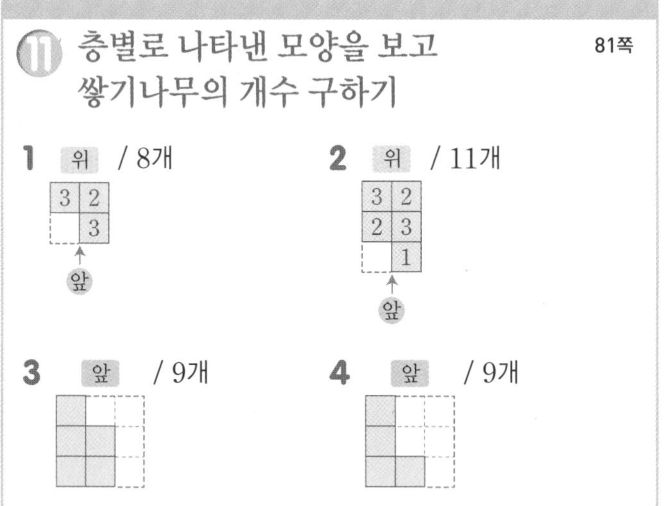

1 쌓기나무를 층별로 나타낸 모양에서 1층의 ○ 부분은 쌓기나무가 3층까지, △ 부분은 쌓기나무가 2층까지 있습니다. 따라서 똑같은 모양으로 쌓는 데 필요한 쌓기나무는 8개입니다.

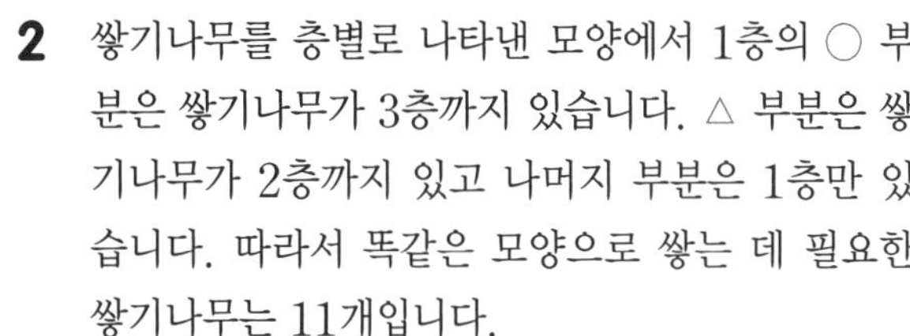

2 쌓기나무를 층별로 나타낸 모양에서 1층의 ○ 부분은 쌓기나무가 3층까지 있습니다. △ 부분은 쌓기나무가 2층까지 있고 나머지 부분은 1층만 있습니다. 따라서 똑같은 모양으로 쌓는 데 필요한 쌓기나무는 11개입니다.

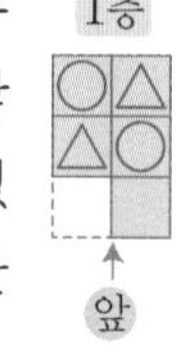

3 쌓기나무를 층별로 나타낸 모양에서 1층의 ○ 부분은 쌓기나무가 3층까지 있습니다. △ 부분은 쌓기나무가 2층까지 있고 나머지 부분은 1층만 있습니다. 따라서 똑같은 모양으로 쌓는 데 필요한 쌓기나무는 9개입니다.

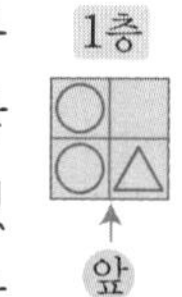

4 쌓기나무를 층별로 나타낸 모양에서 1층의 ○ 부분은 쌓기나무가 3층까지 있습니다. △ 부분은 쌓기나무가 2층까지 있고 나머지 부분은 1층만 있습니다. 따라서 똑같은 모양으로 쌓는 데 필요한 쌓기나무는 9개입니다.

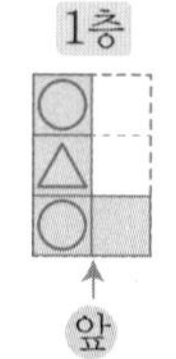

⑫ 쌓기나무 1개를 붙여서 만들 수 있는 모양 찾기 82쪽

1 가 **2** 다 **3** 라

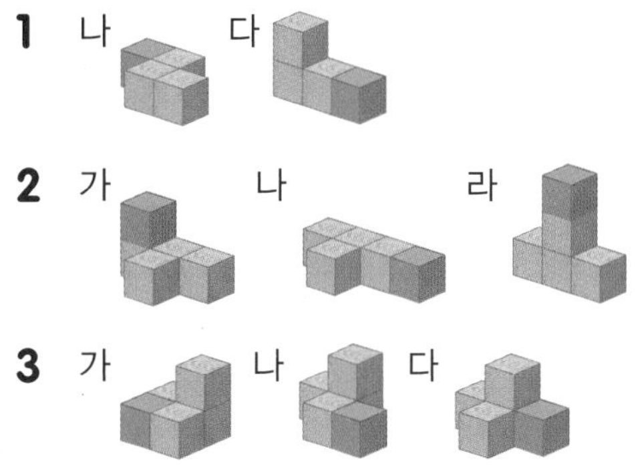

3 가 나 다

⑬ 두 가지 모양을 사용하여 여러 가지 모양 만들기 82쪽

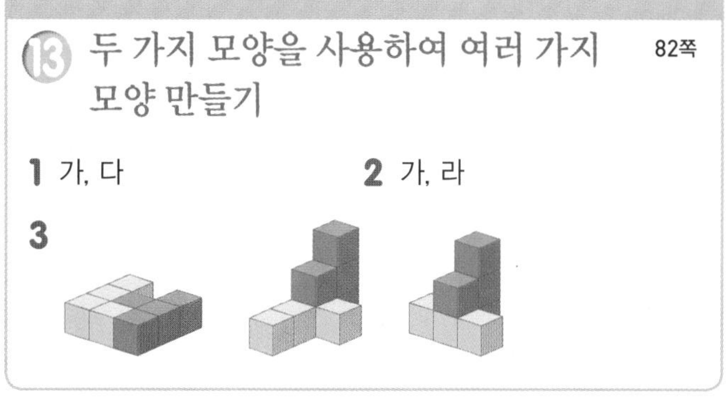

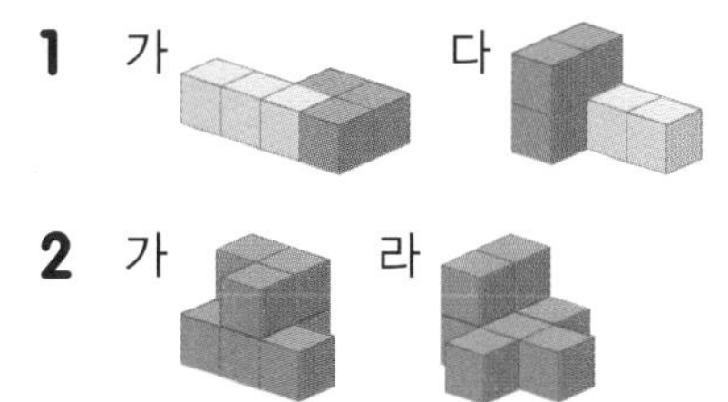

단원 평가

83~85쪽

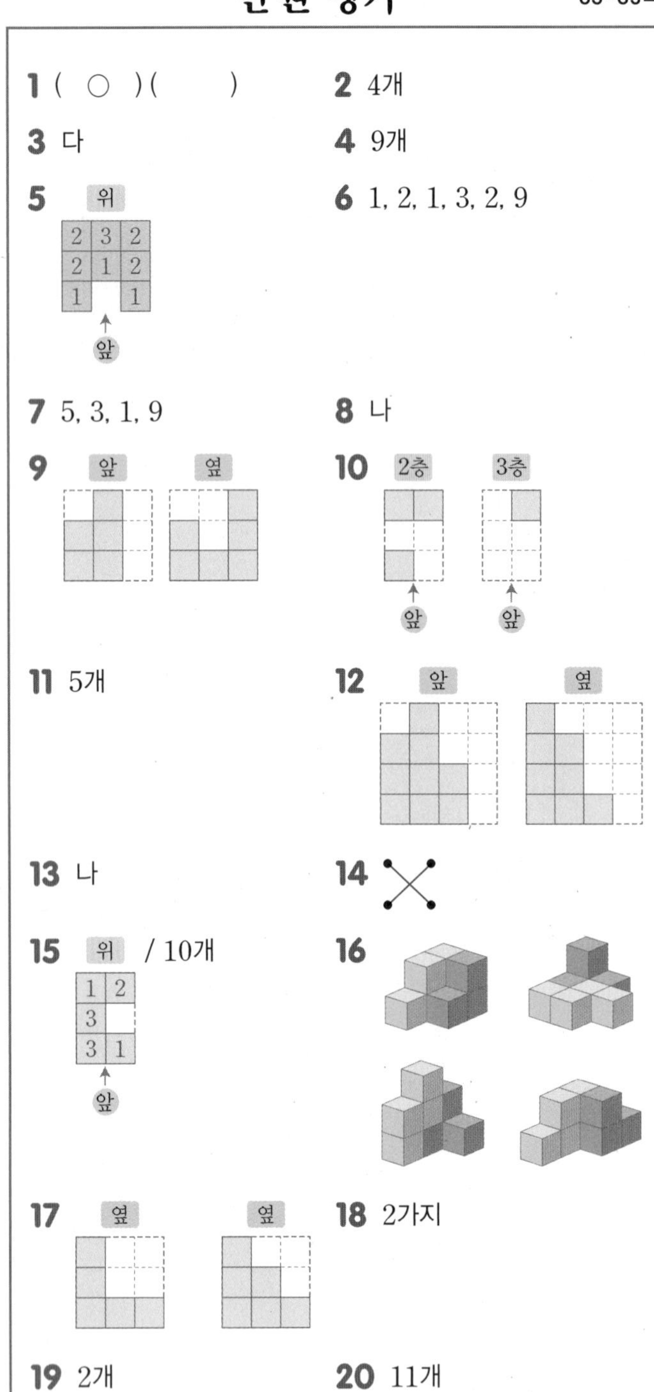

1 1층이 위에서부터 3개, 1개가 연결되어 있는 모양을 찾아봅니다.

2 1층에 쌓인 모양은 위에서 본 모양과 같으므로 1층에 쌓인 쌓기나무는 4개입니다.

3 가 나 다

4 1층에 5개, 2층에 3개, 3층에 1개이므로 주어진 모양과 똑같이 쌓는 데 쌓기나무 9개가 필요합니다.

5 위에서 본 모양의 각 자리에 쌓인 쌓기나무의 개수를 세어 위에서 본 모양에 씁니다.

10 1층 모양을 보고 쌓기나무로 쌓은 모양의 뒤에 보이지 않는 쌓기나무가 없다는 것을 알 수 있습니다. 2층에는 쌓기나무 3개, 3층에는 쌓기나무 1개가 있습니다.

11 위에서 본 모양을 보면 1층의 쌓기나무는 4개입니다. 앞에서 본 모양을 보면 ○ 부분은 쌓기나무가 각각 1개이고, △ 부분은 2개 이하입니다. 옆에서 본 모양을 보면 △ 부분 중 ● 부분은 쌓기나무가 2개이고 나머지는 1개입니다. 따라서 1층에 4개, 2층에 1개로 똑같은 모양을 쌓는 데 필요한 쌓기나무는 5개입니다.

12 앞과 옆에서 본 모양은 각 방향에서 각 줄의 가장 큰 수를 기준으로 그립니다.

13 오각뿔을 위에서 내려다 본 모양을 생각해 봅니다.

14 왼쪽 그림의 각 칸에 쓰여 있는 수만큼 쌓기나무를 쌓은 모양을 찾습니다.

15 쌓기나무를 층별로 나타낸 모양에서 1층의 ○ 부분은 쌓기나무가 2층까지 있습니다. △ 부분은 쌓기나무가 3층까지 있고 나머지는 1층까지 있습니다. 따라서 똑같은 모양으로 쌓는 데 필요한 쌓기나무는 10개입니다.

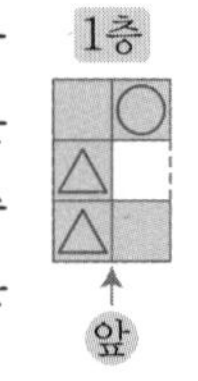

17 보이지 않는 부분에 몇 개까지 놓을 수 있는지 생각해 봅니다.

18 위 / 위

서술형

19 3층에 쌓인 쌓기나무는 그림에서 3 이상의 수가 적힌 칸 수와 같으므로 2개입니다.

평가 기준	배점(5점)
3층에 쌓인 쌓기나무의 개수와 □ 안에 적힌 수의 관계를 알았나요?	2점
3층에 쌓인 쌓기나무의 개수를 구했나요?	3점

서술형

20 쌓기나무가 가장 많은 경우는 1층에 6개, 2층에 4개, 3층에 1개인 경우이므로 쌓기나무는 $6+4+1=11$(개)입니다.

평가 기준	배점(5점)
쌓기나무가 가장 많은 경우 각 자리 또는 각 층의 쌓기나무의 개수를 구했나요?	2점
쌓기나무가 가장 많은 경우의 쌓기나무의 개수를 구했나요?	3점

4 비례식과 비례배분

친구들이 레몬에이드를 만들고 있어요. 레몬에이드 만들기 방법대로 레몬 가루를 각각 몇 스푼 넣어야 하는지 □ 안에 알맞은 수를 써넣으세요.

1 비의 성질 알아보기 89쪽

(1) ① 4 : 5 ② 9 : 2

(2) ① 곱하여도 ② 나누어도

(3)

(4) ① (위에서부터) 4, 4 ② (위에서부터) 3, 2

1 ① 비 4 : 5에서 기호 ':' 앞에 있는 4를 전항, 뒤에 있는 5를 후항이라고 합니다.
② 비 9 : 2에서 기호 ':' 앞에 있는 9를 전항, 뒤에 있는 2를 후항이라고 합니다.

3 20 : 15는 전항과 후항을 5로 나눈 4 : 3과 비율이 같습니다.
2 : 7은 전항과 후항에 3을 곱한 6 : 21과 비율이 같습니다.
1 : 9는 전항과 후항에 2를 곱한 2 : 18과 비율이 같습니다.

4 ① 비의 전항과 후항에 4를 곱합니다.
② 비의 전항과 후항을 2로 나눕니다.

2 간단한 자연수의 비로 나타내기 91쪽

(1) ① 10 ② (위에서부터) 14, 5 / 10

(2) ① 8 ② (위에서부터) 8 / 6, 5 / 8

(3) ① 12 ② (위에서부터) 12 / 4, 3 / 12

(4) (위에서부터) 3 / 80, 27 / 90

1 소수 한 자리 수이므로 전항과 후항에 10을 곱하여 간단한 자연수의 비로 나타냅니다.

2 비의 전항과 후항에 4와 8의 최소공배수인 8을 곱하여 간단한 자연수의 비로 나타냅니다.

3 비의 전항과 후항을 48과 36의 최대공약수인 12로 나누어 간단한 자연수의 비로 나타냅니다.

4 후항 0.3을 분수로 바꾸면 $\frac{3}{10}$입니다. $\frac{8}{9} : \frac{3}{10}$의 전항과 후항에 90을 곱하면 80 : 27이 됩니다.

3 비례식 알아보기 93쪽

① ① $\frac{1}{2}$ ② 3, 1 ③ 같습니다 ④ 비례식

② ① (위에서부터) 12 / 3, 16
② (위에서부터) 3, 15 / 5, 9

③ (　　)(　　)(○)

④ ㉢

2 ① 비례식 4 : 3=16 : 12에서 바깥쪽에 있는 4와 12를 외항, 안쪽에 있는 3과 16을 내항이라고 합니다.
② 비례식 3 : 5=9 : 15에서 바깥쪽에 있는 3과 15를 외항, 안쪽에 있는 5와 9를 내항이라고 합니다.

3 비율이 같은 두 비를 기호 '='를 사용하여 나타낸 식을 찾아봅니다.

4 비의 비율을 알아보면 2 : 3 ➡ $\frac{2}{3}$
㉠ 6 : 8 ➡ $\frac{6}{8}=\frac{3}{4}$
㉡ 8 : 10 ➡ $\frac{8}{10}=\frac{4}{5}$
㉢ 10 : 15 ➡ $\frac{10}{15}=\frac{2}{3}$입니다.
따라서 2 : 3과 비율이 같은 비는 ㉢ 10 : 15입니다.

기본기 강화 문제

1 전항, 후항 알아보기 94쪽

1 3, 7　**2** 9, 4　**3** 12, 38
4 ㉡, ㉣　**5** ㉠, ㉢

1~3 비에서 기호 ':' 앞에 있는 항을 전항, 뒤에 있는 항을 후항이라고 합니다.

4 ㉠ 전항: 3, 후항: 9 ㉡ 전항: 12, 후항: 8
㉢ 전항: 5, 후항: 7 ㉣ 전항: 25, 후항: 11

5 ㉠ 전항: 15, 후항: 8 ㉡ 전항: 9, 후항: 36
㉢ 전항: 6, 후항: 3 ㉣ 전항: 7, 후항: 42

2 비의 성질 94쪽

1 (위에서부터) 3 / 27　**2** (위에서부터) 5 / 35 / 5
3 (위에서부터) 6 / 12 / 6　**4** (위에서부터) 9 / 4
5 (위에서부터) 7 / 8 / 7　**6** (위에서부터) 4 / 8 / 4

3 알맞은 옷 찾기 95쪽

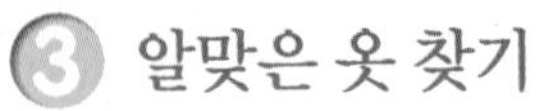
에 ○표 / 에 ○표 / 에 ○표 /
에 ○표 / 에 ○표 / 에 ○표 / 

- 5 : 8은 전항과 후항에 5를 곱한 25 : 40과 비율이 같습니다.
- 72 : 81은 전항과 후항을 9로 나눈 8 : 9와 비율이 같습니다.
- 12 : 8은 전항과 후항을 4로 나눈 3 : 2와 비율이 같습니다.
- 9 : 2는 전항과 후항에 30을 곱한 270 : 60과 비율이 같습니다.
- 1 : 7은 전항과 후항에 6을 곱한 6 : 42와 비율이 같습니다.
- 36 : 20은 전항과 후항을 4로 나눈 9 : 5와 비율이 같습니다.

4 길이의 비가 같은 도형 찾기 96쪽

1 나, 다　**2** 나, 라　**3** 가, 다

1 가 8 : 5
나 18 : 12의 전항과 후항을 6으로 나누면 3 : 2입니다.
다 21 : 14의 전항과 후항을 7로 나누면 3 : 2입니다.
라 24 : 15의 전항과 후항을 3으로 나누면 8 : 5입니다.

2 가 8 : 10의 전항과 후항을 2로 나누면 4 : 5입니다.
나 15 : 12의 전항과 후항을 3으로 나누면 5 : 4입니다.
다 12 : 9의 전항과 후항을 3으로 나누면 4 : 3입니다.
라 10 : 8의 전항과 후항을 2로 나누면 5 : 4입니다.

3 가 63 : 81의 전항과 후항을 9로 나누면 7 : 9입니다.
나 54 : 42의 전항과 후항을 6으로 나누면 9 : 7입니다.
다 21 : 27의 전항과 후항을 3으로 나누면 7 : 9입니다.
라 36 : 28의 전항과 후항을 4로 나누면 9 : 7입니다.

⑤ 간단한 자연수의 비로 나타내기(1) 96쪽

1 (위에서부터) 20, 15 **2** (위에서부터) 6, 9
3 (위에서부터) 10, 2 **4** (위에서부터) 33, 10
5 (위에서부터) 5, 100 **6** (위에서부터) 7, 8

1 분수로 나타낸 비 $\frac{3}{4}:\frac{1}{5}$의 전항과 후항에 분모의 최소공배수인 20을 곱하면 15 : 4가 됩니다.

2 분수로 나타낸 비 $\frac{7}{9}:\frac{2}{3}$의 전항과 후항에 분모의 최소공배수인 9를 곱하면 7 : 6이 됩니다.

3 소수로 나타낸 비 0.2 : 0.9의 전항과 후항에 10을 곱하면 2 : 9가 됩니다.

4 소수로 나타낸 비 1.3 : 3.3의 전항과 후항에 10을 곱하면 13 : 33이 됩니다.

5 800 : 500의 전항과 후항을 100으로 나누면 8 : 5가 됩니다.

6 56 : 49의 전항과 후항을 전항과 후항의 최대공약수인 7로 나누면 8 : 7이 됩니다.

⑥ 간단한 자연수의 비로 나타내기(2) 97쪽

1 예 7 : 25 **2** 예 102 : 79 **3** 예 2 : 3
4 예 12 : 13 **5** 예 7 : 5 **6** 예 10 : 9
7 예 24 : 25 **8** 예 1 : 10 **9** 예 49 : 40

1 0.7 : 2.5의 전항과 후항에 10을 곱하면 7 : 25가 됩니다.

2 1.02 : 0.79의 전항과 후항에 100을 곱하면 102 : 79가 됩니다.

3 0.8 : 1.2의 전항과 후항에 10을 곱하면 8 : 12가 됩니다. 8 : 12의 전항과 후항을 4로 나누면 2 : 3이 됩니다.

4 48 : 52의 전항과 후항을 4로 나누면 12 : 13이 됩니다.

5 56 : 40의 전항과 후항을 8로 나누면 7 : 5가 됩니다.

6 $\frac{5}{6}:\frac{3}{4}$의 전항과 후항에 12를 곱하면 10 : 9가 됩니다.

7 $\frac{4}{5}:\frac{5}{6}$의 전항과 후항에 30을 곱하면 24 : 25가 됩니다.

8 $1\frac{2}{3}=\frac{5}{3}$이므로 $\frac{1}{6}:\frac{5}{3}$의 전항과 후항에 6을 곱하면 1 : 10이 됩니다.

9 $\frac{7}{10}:\frac{4}{7}$의 전항과 후항에 70을 곱하면 49 : 40이 됩니다.

⑦ 간단한 자연수의 비를 두 가지 방법으로 나타내기 97쪽

1 방법 1 예 전항 $\frac{1}{2}$을 소수로 바꾸면 $\frac{1}{2}=\frac{5}{10}=0.5$입니다. 0.5 : 0.7의 전항과 후항에 10을 곱하면 5 : 7입니다.

방법 2 예 후항 0.7을 분수로 바꾸면 $\frac{7}{10}$입니다.

$\frac{1}{2}:\frac{7}{10}$의 전항과 후항에 10을 곱하면 5 : 7입니다.

2 방법 1 예 후항 $1\frac{4}{5}$를 소수로 바꾸면 $\frac{9}{5}=\frac{18}{10}=1.8$입니다. 2.7 : 1.8의 전항과 후항에 10을 곱하면 27 : 18입니다. 27 : 18의 전항과 후항을 9로 나누면 3 : 2입니다.

방법 2 예 전항 2.7을 분수로 바꾸면 $\frac{27}{10}$입니다.

$\frac{27}{10}:\frac{9}{5}$의 전항과 후항에 10을 곱하면 27 : 18입니다. 27 : 18의 전항과 후항을 9로 나누면 3 : 2입니다.

⑧ 간단한 자연수의 비의 활용 98쪽

1 예 8 : 9 **2** 예 5 : 4
3 예 61 : 95 **4** 예 1 : 3

1 16 : 18의 전항과 후항을 전항과 후항의 최대공약수인 2로 나누면 8 : 9가 됩니다.

2 $\frac{1}{4}:\frac{1}{5}$의 전항과 후항에 분모의 최소공배수인 20을 곱하면 5 : 4가 됩니다.

3 0.61 : 0.95의 전항과 후항에 100을 곱하면 61 : 95가 됩니다.

4 0.2 : $\frac{3}{5}$의 후항 $\frac{3}{5}$을 소수로 고치면 0.6입니다.
0.2 : 0.6의 전항과 후항에 10을 곱하면 2 : 6이 됩니다.
2 : 6의 전항과 후항을 2로 나누면 1 : 3이 됩니다.

9 외항과 내항 찾기 98쪽

1 4, 18 / 3, 24 **2** 2, 36 / 9, 8
3 4, 20 / 5, 16 **4** 16, 5 / 40, 2
5 8, 88 / 11, 64 **6** 35, 7 / 49, 5

10 비례식 세우기 99쪽

1 3, 6, 15, 30 (또는 15, 30, 3, 6)
2 5, 2, 25, 10 (또는 25, 10, 5, 2)
3 12, 9, 8, 6 (또는 8, 6, 12, 9)
4 4, 7, 28, 49 (또는 28, 49, 4, 7)
5 6, 4, 0.9, 0.6 (또는 0.9, 0.6, 6, 4)

1 각 비의 비율을 알아봅니다.
3 : 6 ➡ $\frac{3}{6}\left(=\frac{1}{2}\right)$, 15 : 5 ➡ $\frac{15}{5}=3$,
10 : 16 ➡ $\frac{10}{16}\left(=\frac{5}{8}\right)$, 15 : 30 ➡ $\frac{15}{30}\left(=\frac{1}{2}\right)$이므로
비례식을 세우면 3 : 6=15 : 30 또는 15 : 30=3 : 6입니다.

2 각 비의 비율을 알아봅니다.
15 : 9 ➡ $\frac{15}{9}\left(=\frac{5}{3}\right)$, 5 : 2 ➡ $\frac{5}{2}$,
25 : 10 ➡ $\frac{25}{10}\left(=\frac{5}{2}\right)$, 10 : 8 ➡ $\frac{10}{8}\left(=\frac{5}{4}\right)$이므로
비례식을 세우면 5 : 2=25 : 10 또는 25 : 10=5 : 2입니다.

3 각 비의 비율을 알아봅니다.
12 : 9 ➡ $\frac{12}{9}\left(=\frac{4}{3}\right)$, 24 : 30 ➡ $\frac{24}{30}\left(=\frac{4}{5}\right)$,
3 : 4 ➡ $\frac{3}{4}$, 8 : 6 ➡ $\frac{8}{6}\left(=\frac{4}{3}\right)$이므로 비례식을 세우면
12 : 9=8 : 6 또는 8 : 6=12 : 9입니다.

4 각 비의 비율을 알아봅니다.
4 : 7 ➡ $\frac{4}{7}$, 14 : 21 ➡ $\frac{14}{21}\left(=\frac{2}{3}\right)$, 28 : 49 ➡ $\frac{28}{49}\left(=\frac{4}{7}\right)$,
35 : 20 ➡ $\frac{35}{20}\left(=\frac{7}{4}\right)$이므로 비례식을 세우면
4 : 7=28 : 49 또는 28 : 49=4 : 7입니다.

5 각 비의 비율을 알아봅니다.
3 : 4 ➡ $\frac{3}{4}$, 6 : 4 ➡ $\frac{6}{4}\left(=\frac{3}{2}\right)$, $\frac{1}{3}:\frac{1}{4}$ ➡ 4 : 3 ➡ $\frac{4}{3}$,
0.9 : 0.6 ➡ 9 : 6 ➡ $\frac{9}{6}\left(=\frac{3}{2}\right)$이므로 비례식을 세우면
6 : 4=0.9 : 0.6 또는 0.9 : 0.6=6 : 4입니다.

11 옳은 비례식 찾기 99쪽

1 ㉡ **2** ㉠ **3** ㉢
4 ㉡ **5** ㉣

1 ㉡ 5 : 2의 비율은 $\frac{5}{2}$이고 10 : 4의 비율은 $\frac{10}{4}\left(=\frac{5}{2}\right)$이므로 5 : 2와 10 : 4의 비율이 같습니다.
따라서 ㉡ 5 : 2=10 : 4는 옳은 비례식입니다.

2 ㉠ 14 : 16의 비율은 $\frac{14}{16}\left(=\frac{7}{8}\right)$이고 7 : 8의 비율은 $\frac{7}{8}$이므로 14 : 16과 7 : 8의 비율이 같습니다.
따라서 ㉠ 14 : 16=7 : 8은 옳은 비례식입니다.

3 ㉢ 12 : 15의 비율은 $\frac{12}{15}\left(=\frac{4}{5}\right)$이고 4 : 5의 비율은 $\frac{4}{5}$이므로 12 : 15와 4 : 5의 비율이 같습니다.
따라서 ㉢ 12 : 15=4 : 5는 옳은 비례식입니다.

4 ㉡ 32 : 12의 비율은 $\frac{32}{12}\left(=\frac{8}{3}\right)$이고 16 : 6의 비율은 $\frac{16}{6}\left(=\frac{8}{3}\right)$이므로 32 : 12와 16 : 6의 비율이 같습니다.
따라서 ㉡ 32 : 12=16 : 6은 옳은 비례식입니다.

5 ㉣ 30 : 20의 비율은 $\frac{30}{20}\left(=\frac{3}{2}\right)$이고 90 : 60의 비율은 $\frac{90}{60}\left(=\frac{3}{2}\right)$이므로 30 : 20과 90 : 60의 비율이 같습니다. 따라서 ㉣ 30 : 20=90 : 60은 옳은 비례식입니다.

4 비례식의 성질 알아보기, 비례식의 활용 101쪽

① 9, 18 / 3, 18 / ○

② 0.9 : 0.5=18 : 10, 50 : 16=25 : 8에 ○표

③ 25 / 25, 75, 75, 15

④ ① 깃발의 세로 ② 예 3 : 2=90 : □ ③ 60 cm

1 2 : 3=6 : 9 (2×9=18, 3×6=18)

➡ 외항의 곱과 내항의 곱이 같으므로 비례식입니다.

2 3 : 5=35 : 21, 4 : 7=$\frac{1}{4}$: $\frac{1}{7}$은 외항의 곱과 내항의 곱이 다르기 때문에 옳은 비례식이 아닙니다.

3 비례식에서 외항의 곱과 내항의 곱은 같다는 비례식의 성질을 이용하여 ■의 값을 구합니다.

4 ③ 3 : 2=90 : □,
3×□=2×90, 3×□=180, □=60
따라서 깃발의 세로는 60 cm로 해야 합니다.

5 비례배분 103쪽

① ① 3, 2, $\frac{3}{5}$ / 2, 3, $\frac{2}{5}$ ② $\frac{3}{5}$, 18 / $\frac{2}{5}$, 12

② ① $\frac{5}{12}$ ② $\frac{7}{12}$ ③ 30장, 42장

③ 5, $\frac{8}{13}$, 32 / 5, $\frac{5}{13}$, 20

2 ① 가 모둠: $\frac{5}{5+7}=\frac{5}{12}$

② 나 모둠: $\frac{7}{5+7}=\frac{7}{12}$

③ 가 모둠: $72\times\frac{5}{12}=30$(장),

나 모둠: $72\times\frac{7}{12}=42$(장)

3 52를 8 : 5로 나누므로 52를 8+5로 나누어야 합니다.

기본기 강화 문제

⑫ 외항의 곱, 내항의 곱 구하기 104쪽

1 4, 18, 72 / 9, 8, 72 / =

2 8, 12, 96 / 3, 32, 96 / =

3 0.6, 10, 6 / 0.5, 12, 6 / =

4 0.4, 35, 14 / 0.7, 20, 14 / =

1~4 외항의 곱은 비례식의 바깥쪽에 있는 두 수의 곱이고, 내항의 곱은 비례식의 안쪽에 있는 두 수의 곱입니다.

⑬ 비례식의 성질을 이용하여 구하기 104쪽

1 8, 56, 14 **2** 8, 72, 36 **3** 4, 48, 3

4 32, 96, 12 **5** 5, 360, 8

1 비례식 4 : 7=8 : ■에서 외항의 곱과 내항의 곱은 같으므로 4×■=7×8입니다.

2 비례식 2 : 9=8 : ■에서 외항의 곱과 내항의 곱은 같으므로 2×■=9×8입니다.

3 비례식 16 : 12=4 : ■에서 외항의 곱과 내항의 곱은 같으므로 16×■=12×4입니다.

4 비례식 3 : 8=■ : 32에서 외항의 곱과 내항의 곱은 같으므로 3×32=8×■입니다.

5 비례식 72 : 45=■ : 5에서 외항의 곱과 내항의 곱은 같으므로 72×5=45×■입니다.

⑭ 길 찾기 105쪽

외항의 곱과 내항의 곱이 같은지 알아봅니다.

- $4:0.7=8:14$ ➡ $4\times14=56$, $0.7\times8=5.6$ (×)
- $6:3=24:12$ ➡ $6\times12=72$, $3\times24=72$ (○)
- $0.5:0.2=10:2$ ➡ $0.5\times2=1$, $0.2\times10=2$ (×)
- $2:13=6:36$ ➡ $2\times36=72$, $13\times6=78$ (×)
- $1.5:4.5=3:9$ ➡ $1.5\times9=13.5$, $4.5\times3=13.5$ (○)
- $3:4=\frac{1}{3}:\frac{1}{4}$ ➡ $3\times\frac{1}{4}=\frac{3}{4}$, $4\times\frac{1}{3}=\frac{4}{3}$ (×)
- $2:11=4:23$ ➡ $2\times23=46$, $11\times4=44$ (×)
- $10:\frac{1}{10}=100:1$ ➡ $10\times1=10$, $\frac{1}{10}\times100=10$ (○)

⑮ 수 카드를 이용하여 비례식 세우기 106쪽

1 예 3 : 2=6 : 4, 3 : 6=2 : 4 등

2 예 2 : 14=1 : 7, 2 : 1=14 : 7 등

3 예 4 : 12=3 : 9, 3 : 4=9 : 12 등

4 예 11 : 3=22 : 6, 3 : 6=11 : 22 등

5 예 6 : 3=10 : 5, 3 : 9=10 : 30, 3 : 6=5 : 10 등

6 예 24 : 12=2 : 1, 1 : 6=2 : 12, 24 : 2=12 : 1 등

7 예 2 : 1=18 : 9, 6 : 18=3 : 9, 3 : 1=18 : 6 등

1~7 두 수의 곱이 같은 카드를 찾아서 외항과 내항에 각각 놓아 비례식을 세울 수 있습니다.

⑯ 조건을 만족하는 비례식 만들기 106쪽

1 4, 3 **2** 8, 14 **3** 9, 4, 3

4 20, 1, 4 **5** 15, 3, 5

1 8 : ㉠=6 : ㉡이라고 하면 내항의 곱이 24이므로 ㉠×6=24, ㉠=4입니다. 외항의 곱과 내항의 곱은 같으므로 8×㉡=24, ㉡=3입니다.

2 ㉠ : 4=㉡ : 7이라고 하면 외항의 곱이 56이므로 ㉠×7=56, ㉠=8입니다. 외항의 곱과 내항의 곱은 같으므로 4×㉡=56, ㉡=14입니다.

3 12 : ㉠=㉡ : ㉢이라고 하면 외항의 곱이 36이므로 12×㉢=36, ㉢=3입니다.
비율이 $\frac{4}{3}$이므로 $\frac{12}{㉠}=\frac{4}{3}$ ➡ ㉠=9, $\frac{㉡}{3}=\frac{4}{3}$ ➡ ㉡=4 입니다.

4 5 : ㉠=㉡ : ㉢이라고 하면 외항의 곱이 20이므로 5×㉢=20, ㉢=4입니다. 비율이 $\frac{1}{4}$이므로
$\frac{5}{㉠}=\frac{1}{4}$ ➡ ㉠=20, $\frac{㉡}{4}=\frac{1}{4}$ ➡ ㉡=1입니다.

5 9 : ㉠=㉡ : ㉢이라고 하면 외항의 곱과 내항의 곱은 같으므로 9×㉢=45, ㉢=5입니다.
비율이 $\frac{3}{5}$이므로 $\frac{9}{㉠}=\frac{3}{5}$ ➡ ㉠=15, $\frac{㉡}{5}=\frac{3}{5}$ ➡ ㉡=3 입니다.

⑰ 비례식의 활용 — 비교하는 양 구하기 107쪽

1 27분 **2** 12 L

3 6개 **4** 45 m

1 들이가 90 L인 물통에 물을 가득 채우는 데 걸리는 시간을 □분이라 하고 비례식을 세우면 6 : 20=□ : 90입니다.
➡ 6×90=20×□, 20×□=540,
□=540÷20=27
따라서 27분 동안 물을 받아야 합니다.

2 192 km를 가는 데 필요한 휘발유를 □L라 하고 비례식을 세우면 1 : 16=□ : 192입니다.

⇒ 1×192=16×□, 16×□=192,
□=192÷16=12

따라서 휘발유 12 L가 필요합니다.

3 만들 수 있는 삼각김밥을 □개라 하고 비례식을 세우면 4 : 300=□ : 450입니다.

⇒ 4×450=300×□, 300×□=1800,
□=1800÷300=6

따라서 삼각김밥을 6개 만들 수 있습니다.

4 높은 건물의 그림자의 길이를 □m라 하고 비례식을 세우면 5 : 4=□ : 36입니다.

⇒ 5×36=4×□, 4×□=180, □=180÷4=45

따라서 높은 건물의 그림자는 45 m입니다.

18 비례식의 활용 — 기준량 구하기 107쪽

1 6컵 **2** 4분
3 42바퀴 **4** 216000원

1 넣어야 할 물을 □컵이라 하고 비례식을 세우면 3 : 2=9 : □입니다.

⇒ 3×□=2×9, 3×□=18, □=18÷3=6

따라서 물은 6컵 넣어야 합니다.

2 48분 동안 느려지는 시간을 □분이라 하고 비례식을 세우면 60 : 5=48 : □입니다.

⇒ 60×□=5×48, 60×□=240, □=240÷60=4

따라서 4분이 느려집니다.

3 톱니바퀴 ㉮가 49바퀴 도는 동안 톱니바퀴 ㉯가 도는 회전 수를 □바퀴라 하고 비례식을 세우면 7 : 6=49 : □입니다.

⇒ 7×□=6×49, 7×□=294, □=294÷7=42

따라서 톱니바퀴 ㉯는 42바퀴 돕니다.

4 8일 동안 일을 하고 받을 수 있는 돈을 □원이라 하고 비례식을 세우면 3 : 81000=8 : □입니다.

⇒ 3×□=81000×8, 3×□=648000,
□=648000÷3=216000

따라서 받을 수 있는 돈은 216000원입니다.

19 그림을 이용하여 비례배분하기 108쪽

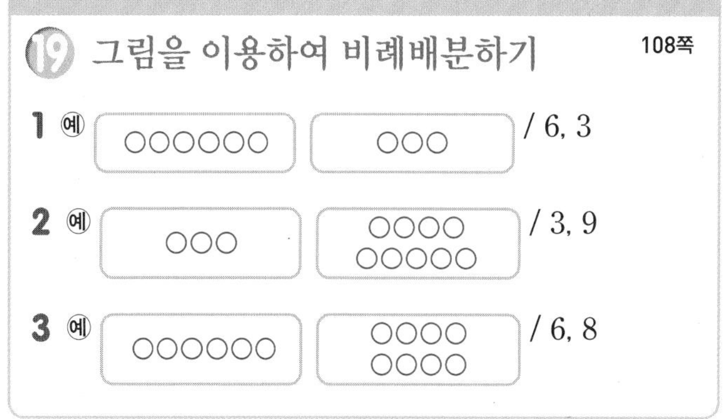

1 예 / 6, 3
2 예 / 3, 9
3 예 / 6, 8

1 빵 9개를 2 : 1로 나누면 빵 9개를 2+1=3으로 나눈 것 중에 민지는 2를 가지고, 수현이는 1을 가집니다.

민지: $9\times\frac{2}{2+1}=6$(개), 수현: $9\times\frac{1}{2+1}=3$(개)

2 사탕 12개를 1 : 3으로 나누면 사탕 12개를 1+3=4로 나눈 것 중에 소진이는 1을 가지고, 윤우는 3을 가집니다.

소진: $12\times\frac{1}{1+3}=3$(개), 윤우: $12\times\frac{3}{1+3}=9$(개)

3 유리 막대 14개를 3 : 4로 나누면 유리 막대 14개를 3+4=7로 나눈 것 중에 1모둠은 3을 가지고, 2모둠은 4를 가집니다.

1모둠: $14\times\frac{3}{3+4}=6$(개), 2모둠: $14\times\frac{4}{3+4}=8$(개)

20 수를 비례배분하기 108쪽

1 12, 6 **2** 28, 8 **3** 24, 72
4 32, 56 **5** 40, 30 **6** 28, 20
7 45, 18 **8** 44, 28 **9** 90, 60

1 $18\times\frac{2}{2+1}=18\times\frac{2}{3}=12$,

$18\times\frac{1}{2+1}=18\times\frac{1}{3}=6$

2 $36\times\frac{7}{7+2}=36\times\frac{7}{9}=28$,

$36\times\frac{2}{7+2}=36\times\frac{2}{9}=8$

3 $96\times\frac{1}{1+3}=96\times\frac{1}{4}=24$,

$96\times\frac{3}{1+3}=96\times\frac{3}{4}=72$

4 $88 \times \frac{4}{4+7} = 88 \times \frac{4}{11} = 32$,

$88 \times \frac{7}{4+7} = 88 \times \frac{7}{11} = 56$

5 $70 \times \frac{4}{4+3} = 70 \times \frac{4}{7} = 40$,

$70 \times \frac{3}{4+3} = 70 \times \frac{3}{7} = 30$

6 $48 \times \frac{7}{7+5} = 48 \times \frac{7}{12} = 28$,

$48 \times \frac{5}{7+5} = 48 \times \frac{5}{12} = 20$

7 $63 \times \frac{5}{5+2} = 63 \times \frac{5}{7} = 45$,

$63 \times \frac{2}{5+2} = 63 \times \frac{2}{7} = 18$

8 $72 \times \frac{11}{11+7} = 72 \times \frac{11}{18} = 44$,

$72 \times \frac{7}{11+7} = 72 \times \frac{7}{18} = 28$

9 $150 \times \frac{3}{3+2} = 150 \times \frac{3}{5} = 90$,

$150 \times \frac{2}{3+2} = 150 \times \frac{2}{5} = 60$

21 비례배분의 활용

109쪽

1 7, 8750 / 5, 6250 **2** 15개 / 25개

3 500 g / 200 g **4** 21 kg / 28 kg

5 4800원 **6** 560 m / 840 m

7 45권 / 50권 **8** 18 cm / 14 cm

1 언니: $15000 \times \frac{7}{7+5} = 15000 \times \frac{7}{12} = 8750$(원)

동생: $15000 \times \frac{5}{7+5} = 15000 \times \frac{5}{12} = 6250$(원)

2 수희네 반: $40 \times \frac{3}{3+5} = 40 \times \frac{3}{8} = 15$(개)

은호네 반: $40 \times \frac{5}{3+5} = 40 \times \frac{5}{8} = 25$(개)

3 현미: $700 \times \frac{5}{5+2} = 700 \times \frac{5}{7} = 500$ (g)

콩: $700 \times \frac{2}{5+2} = 700 \times \frac{2}{7} = 200$ (g)

4 도희네 집: $49 \times \frac{3}{3+4} = 49 \times \frac{3}{7} = 21$ (kg)

민수네 집: $49 \times \frac{4}{3+4} = 49 \times \frac{4}{7} = 28$ (kg)

5 지훈이와 동생이 심부름을 한 횟수의 비는 6 : 4이고, 6 : 4의 전항과 후항을 2로 나누면 3 : 2가 됩니다.

지훈: $8000 \times \frac{3}{3+2} = 8000 \times \frac{3}{5} = 4800$(원)

6 세은: $1400 \times \frac{2}{2+3} = 1400 \times \frac{2}{5} = 560$ (m)

윤서: $1400 \times \frac{3}{2+3} = 1400 \times \frac{3}{5} = 840$ (m)

7 1반과 2반의 학생 수의 비는 27 : 30이고, 27 : 30의 전항과 후항을 3으로 나누면 9 : 10이 됩니다.

1반: $95 \times \frac{9}{9+10} = 95 \times \frac{9}{19} = 45$(권)

2반: $95 \times \frac{10}{9+10} = 95 \times \frac{10}{19} = 50$(권)

8 둘레가 64 cm이므로 (가로)+(세로)=32 (cm)입니다.

가로: $32 \times \frac{9}{9+7} = 32 \times \frac{9}{16} = 18$ (cm)

(세로)=32−18=14 (cm)

단원 평가

110~112쪽

1 전항, 후항 **2** (위에서부터) 4, 4, 4

3 ㉡ **4** 48 **5** 60

6 1, 2, $\frac{1}{3}$, 40 / 1, 2, $\frac{2}{3}$, 80

7 2000, 1500 **8** 9, 72, 72, 24

9 4 : 3=24 : 18 (또는 24 : 18=4 : 3)

10 (○)(   ) **11** 14 : 6, 7 : 3

12 ② **13** 8 **14** 예 4 : 5

15 예 $360 \times \frac{5}{5+4} = 360 \times \frac{5}{9} = 200$(명)

16 15자루 / 9자루 **17** 40개

18 90만 원 **19** 15 **20** 56 cm

3 외항: 3, 28 / 내항: 7, 12

3 : 7 = 12 : 28

4 비례식에서 외항의 곱과 내항의 곱은 같으므로
$3\times■=8\times6$, $3\times■=48$입니다.

5
$$\begin{array}{r|rr} 2 & 20 & 12 \\ \hline 2 & 10 & 6 \\ \hline & 5 & 3 \end{array}$$
20과 12의 최소공배수인 $2\times2\times5\times3=60$을 곱해야 합니다.

7 $3500\times\frac{4}{4+3}=3500\times\frac{4}{7}=2000$,
$3500\times\frac{3}{4+3}=3500\times\frac{3}{7}=1500$

9 $4:3$ ➡ $\frac{4}{3}$, $12:10$ ➡ $\frac{12}{10}\left(=\frac{6}{5}\right)$,
$24:18$ ➡ $\frac{24}{18}\left(=\frac{4}{3}\right)$, $8:5$ ➡ $\frac{8}{5}$이므로
$4:3=24:18$ 또는 $24:18=4:3$입니다.

10 $16:24$의 전항과 후항을 8로 나누면 $2:3$이 됩니다.
$36:27$의 전항과 후항을 9로 나누면 $4:3$이 됩니다.

11 비의 전항과 후항을 0이 아닌 같은 수로 나누어도 비율은 같다는 비의 성질을 이용합니다.
$28:12$의 전항과 후항을 2로 나누면 $14:6$이 됩니다.
$28:12$의 전항과 후항을 4로 나누면 $7:3$이 됩니다.

12 외항의 곱과 내항의 곱이 같은지 확인해 봅니다.
① $20\times5=100$, $24\times6=144$ (×)
② $0.5\times3=1.5$, $0.3\times5=1.5$ (○)
③ $\frac{1}{5}\times3=\frac{3}{5}$, $\frac{1}{3}\times5=\frac{5}{3}$ (×)
④ $48\times2=96$, $36\times3=108$ (×)
⑤ $35\times3=105$, $70\times1=70$ (×)

13 비례식에서 외항의 곱과 내항의 곱은 같습니다.
$27\times□=6\times36$, $27\times□=216$, $□=216\div27=8$

14 전항 2.8을 분수로 나타내면 $\frac{28}{10}$이고 $3\frac{1}{2}=\frac{7}{2}$입니다.
$\frac{28}{10}:\frac{7}{2}$의 전항과 후항에 10을 곱하면 $28:35$가 됩니다.
$28:35$의 전항과 후항을 7로 나누면 $4:5$가 됩니다.

15 전체를 주어진 비로 배분하기 위해서는 전체를 의미하는 전항과 후항의 합을 분모로 하는 분수의 비로 나타내어야 합니다.

16 연필 2타는 $12\times2=24$(자루)입니다.
태주: $24\times\frac{5}{5+3}=24\times\frac{5}{8}=15$(자루)
재인: $24\times\frac{3}{5+3}=24\times\frac{3}{8}=9$(자루)

17 윤서가 12살이므로 오빠의 나이는 $12+3=15$(살)입니다. (윤서) : (오빠)$=12:15$의 전항과 후항을 3으로 나누면 $4:5$가 됩니다.
윤서: $90\times\frac{4}{4+5}=90\times\frac{4}{9}=40$(개)

18 15일 동안 일을 하고 받을 수 있는 돈을 □만 원이라 하고 비례식을 세우면 $7:42=15:□$입니다.
➡ $7\times□=42\times15$, $7\times□=630$, $□=630\div7=90$
따라서 90만 원을 받을 수 있습니다.

서술형
19 $\frac{3}{4}\times16=\frac{4}{5}\times㉡$, $\frac{4}{5}\times㉡=12$,
$㉡=12\div\frac{4}{5}=12\times\frac{5}{4}=15$

평가 기준	배점(5점)
비례식의 성질을 이용하여 곱셈식으로 나타냈나요?	2점
㉡의 값을 구했나요?	3점

서술형
20 규리가 만든 액자의 세로를 □cm라 하고 비례식을 세우면 $3:2=84:□$입니다.
➡ $3\times□=2\times84$, $3\times□=168$, $□=56$

평가 기준	배점(5점)
액자의 세로를 구하는 비례식을 세웠나요?	2점
비례식의 성질을 이용하여 액자의 세로를 구했나요?	3점

사고력이 반짝

113쪽

5 원의 넓이

친구들이 스테인드글라스 액자 만들기 체험을 하고 있어요.
원의 넓이는 어느 정도인지 어림하여 □ 안에 알맞은 수를 써넣으세요.

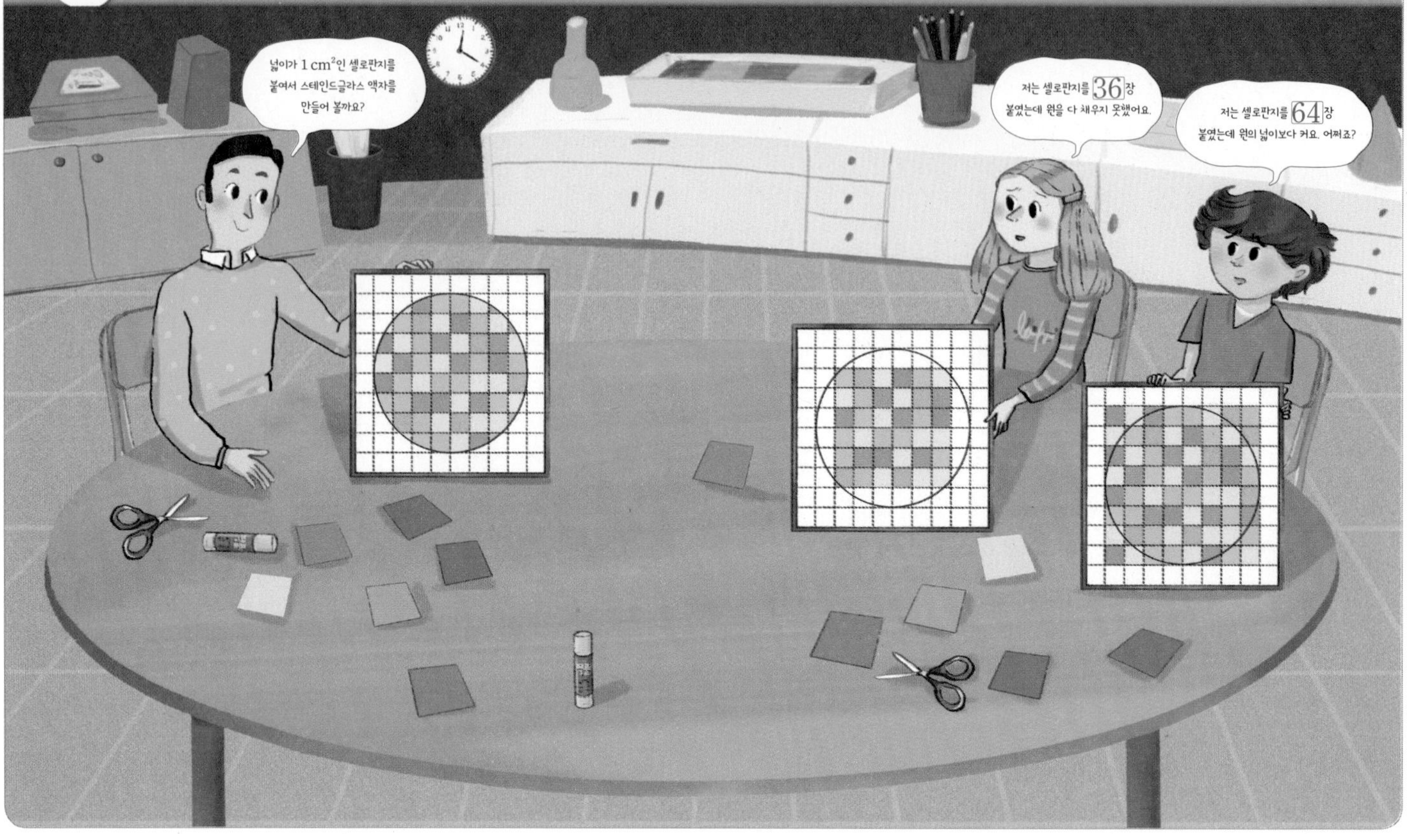

넓이가 1 cm²인 셀로판지를 붙여서 스테인드글라스 액자를 만들어 볼까요?
저는 셀로판지를 36장 붙였는데 원을 다 채우지 못했어요.
저는 셀로판지를 64장 붙였는데 원의 넓이보다 커요. 어쩌죠?

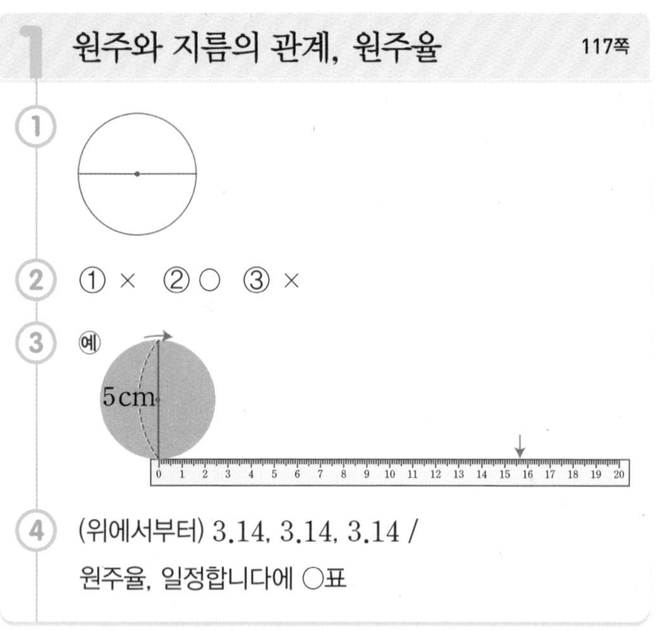

1 원주와 지름의 관계, 원주율 117쪽

①

② ① × ② ○ ③ ×

③ 예

5 cm
0 1 2 3 4 5 6 7 8 9 10 11 12 13 14 15 16 17 18 19 20

④ (위에서부터) 3.14, 3.14, 3.14 /
원주율, 일정합니다에 ○표

1 지름은 원 위의 두 점을 지나면서 원의 중심을 지나는 선분을 그립니다. 원주는 원의 둘레이므로 원의 둘레를 따라 그립니다.

2 ① 원의 중심 ㅇ을 지나는 선분 ㄱㄴ은 원의 지름입니다.
③ 원주는 원의 지름의 3배보다 크고 원의 지름의 4배보다 작습니다.

3 원주는 지름의 약 3.14배이므로 지름이 5 cm인 원의 원주는 약 $5 \times 3.14 = 15.7$ (cm)입니다. 따라서 자의 15.7 cm 위치와 가까운 곳에 표시하면 됩니다.

4 접시: $53.38 \div 17 = 3.14$
시계: $78.5 \div 25 = 3.14$
탬버린: $62.8 \div 20 = 3.14$

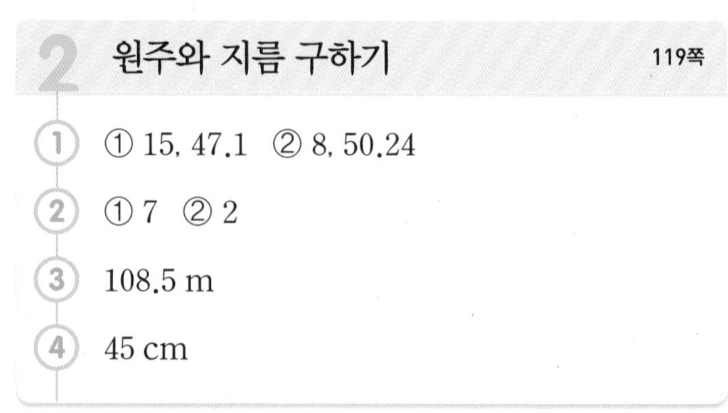

2 원주와 지름 구하기 119쪽

① ① 15, 47.1 ② 8, 50.24

② ① 7 ② 2

③ 108.5 m

④ 45 cm

2 ① (지름)=(원주)÷(원주율)$=21.98 \div 3.14 = 7$ (cm)
② (지름)=(원주)÷(원주율)$=12.56 \div 3.14 = 4$ (cm)
➡ (반지름)=(지름)÷$2 = 4 \div 2 = 2$ (cm)

3 (원주)=(지름)×(원주율)이므로
(호수의 둘레)=$35\times3.1=108.5$ (m)입니다.

4 (피자의 지름)=(원주)÷(원주율)
=$141.3\div3.14=45$ (cm)

3 원의 넓이 어림하기 121쪽

① ① 40, 800 / 40, 1600 ② 800, 1600

② ① 32 ② 60 ③ 32, 60

③ ① 72 ② 54 ③ 예 63

1 ② (원 안의 정사각형의 넓이)<(원의 넓이),
(원의 넓이)<(원 밖의 정사각형의 넓이)
➡ 800 cm^2<(원의 넓이),
(원의 넓이)<1600 cm^2

2 ③ (초록색 모눈의 넓이)<(원의 넓이),
(원의 넓이)<(빨간색 선 안쪽 모눈의 넓이)
➡ 32 cm^2<(원의 넓이), (원의 넓이)<60 cm^2

3 ① 원 밖의 정육각형에는 삼각형 ㄱㅇㄷ이 6개 있으므로
$12\times6=72$ (cm^2)입니다.
② 원 안의 정육각형에는 삼각형 ㄴㅇㄹ이 6개 있으므로
$9\times6=54$ (cm^2)입니다.
③ 54 cm^2<(원의 넓이)<72 cm^2이므로 원의 넓이는 63 cm^2로 어림할 수 있습니다.

4 원의 넓이 구하는 방법 알아보기, 여러 가지 원의 넓이 구하기 123쪽

① (위에서부터) 원주, 원의 반지름 / 원주, 반지름

② (위에서부터) 10, $10\times10\times3$, 300 / 9, $9\times9\times3$, 243

③ ① 49.6 cm^2 ② 151.9 cm^2

④ 10, 5, 5, 100, 78.5, 21.5

1 원을 한없이 잘게 잘라 이어 붙이면 점점 직사각형에 가까워지는 도형이 됩니다. 이때 이 도형의 가로는 (원주)×$\frac{1}{2}$과 같고, 세로는 원의 반지름과 같습니다.

2 (반지름)=$20\div2=10$ (cm)
➡ (원의 넓이)=$10\times10\times3=300$ (cm^2)
(반지름)=$18\div2=9$ (cm)
➡ (원의 넓이)=$9\times9\times3=243$ (cm^2)

3 ① $4\times4\times3.1=49.6$ (cm^2)
② (반지름)=$14\div2=7$ (cm)
➡ (원의 넓이)=$7\times7\times3.1=151.9$ (cm^2)

4 한 변의 길이가 10 cm인 정사각형의 넓이에서 반지름이 $10\div2=5$ (cm)인 원의 넓이를 뺍니다.

기본기 강화 문제

1 정육각형과 정사각형의 둘레로 지름과 원주의 길이 비교하기 124쪽

1 6, 3 / 8, 4 / 3, 4

2 12, 3 / 16, 4 / 3, 4

1~2 원주는 지름의 3배보다 길고, 지름의 4배보다 짧으므로
(원의 지름)×3<(원주), (원주)<(원의 지름)×4입니다.

2 (원주)÷(지름) 구하기 124쪽

1 3.1, 3.14 **2** 3.1, 3.14 **3** 3.1, 3.14

1 (원주)÷(지름)=$75.4\div24=3.14166\cdots$
$3.14166\cdots$을 반올림하여 소수 첫째 자리까지 나타내면 3.1이고 소수 둘째 자리까지 나타내면 3.14입니다.

2 (원주)÷(지름)=$282.7\div90=3.14111\cdots$
$3.14111\cdots$을 반올림하여 소수 첫째 자리까지 나타내면 3.1이고 소수 둘째 자리까지 나타내면 3.14입니다.

3 (원주)÷(지름)=$109.95\div35=3.14142\cdots$
$3.14142\cdots$를 반올림하여 소수 첫째 자리까지 나타내면 3.1이고 소수 둘째 자리까지 나타내면 3.14입니다.

③ 원주 구하기 125쪽

1 2, 6.28 **2** 4, 12.56 **3** 7, 21.98
4 3, 18.84 **5** 5, 2, 31.4 **6** 24 cm
7 43.4 cm **8** 31.4 cm **9** 62 cm
10 54 cm

6 (원주)$=8\times3=24$ (cm)

7 (원주)$=14\times3.1=43.4$ (cm)

8 (원주)$=10\times3.14=31.4$ (cm)

9 (원주)$=10\times2\times3.1=62$ (cm)

10 (원주)$=9\times2\times3=54$ (cm)

④ 원주와 원주율이 주어질 때 원의 지름 구하기 126쪽

1 4 **2** 12
3 3 **4** 8

1 (지름)=(원주)÷(원주율)$=12.4\div3.1=4$ (cm)

2 (지름)=(원주)÷(원주율)$=36\div3=12$ (cm)

3 (지름)=(원주)÷(원주율)$=18.6\div3.1=6$ (cm)
(반지름)=(지름)÷2$=6\div2=3$ (cm)

4 (지름)=(원주)÷(원주율)$=50.24\div3.14=16$ (cm)
(반지름)=(지름)÷2$=16\div2=8$ (cm)

⑤ 원의 지름 비교하기 126쪽

1 ㉠ **2** ㉡ **3** ㉡
4 ㉢ **5** ㉠

1 ㉠ (지름)=(원주)÷(원주율)$=27.9\div3.1=9$ (cm)

2 ㉠ (지름)=(반지름)×2$=5\times2=10$ (cm)
㉡ (지름)=(원주)÷(원주율)$=37.2\div3.1=12$ (cm)

3 ㉠ (지름)=(원주)÷(원주율)$=34.1\div3.1=11$ (cm)
㉡ (지름)=(반지름)×2$=7\times2=14$ (cm)

4 ㉠ (지름)=(원주)÷(원주율)$=28.26\div3.14=9$ (cm)
㉡ (지름)=(반지름)×2$=4\times2=8$ (cm)

5 ㉠ (지름)=(반지름)×2$=10\times2=20$ (cm)
㉡ (지름)=(원주)÷(원주율)
$=53.38\div3.14=17$ (cm)
㉢ (지름)=(원주)÷(원주율)
$=59.66\div3.14=19$ (cm)

⑥ 여러 가지 원의 원주 구하기 127쪽

1 18.6 cm / 31 cm **2** 108 cm
3 63 cm **4** 45.9 cm

1 (작은 원의 원주)$=3\times2\times3.1=18.6$ (cm)
(큰 원의 지름)$=(2+3)\times2=10$ (cm)
➡ (큰 원의 원주)$=10\times3.1=31$ (cm)

2 (큰 원의 지름)$=18\times2=36$ (cm)
➡ (큰 원의 원주)$=36\times3=108$ (cm)

3 (큰 원의 반지름)$=28\div2=14$ (cm)
(가장 작은 원의 반지름)$=14\div2=7$ (cm)
(가 원의 지름)$=28-7=21$ (cm)
➡ (가 원의 원주)$=21\times3=63$ (cm)

4 반지름이 9 cm인 원의 원주는
$9\times2\times3.1=55.8$ (cm)입니다.
➡ (반원의 둘레)=(원주)÷2+(지름)
$=55.8\div2+18=45.9$ (cm)

⑦ 원주와 지름의 활용(1) 127쪽

1 32, 96 **2** 24.8 m
3 나, 다 **4** 942 m

2 끈의 길이가 원의 반지름이므로 그린 원의 원주는
$4\times2\times3.1=24.8$ (m)입니다.

3 팔찌 안쪽의 원주는 가: $30\times3.1=93$ (mm)
나: $40\times3.1=124$ (mm)
다: $45\times3.1=139.5$ (mm)입니다.
따라서 채영이의 손목 둘레보다 팔찌 안쪽의 원주가 커야 하므로 채영이가 착용할 수 있는 팔찌는 나, 다입니다.

4 공원의 둘레는 $150 \times 3.14 = 471$ (m)입니다.
따라서 민혁이가 아침마다 달리는 거리는
$471 \times 2 = 942$ (m)입니다.

8 원주와 지름의 활용(2) 128쪽

1 2.65　2 30 cm
3 17 cm　4 35 cm

1 (500원짜리 동전의 지름)$=7.95 \div 3=2.65$ (cm)

2 (원의 지름)=(원주)÷(원주율)
$=94.2 \div 3.14=30$ (cm)

3 상자의 밑면의 한 변의 길이는 시계의 지름과 같거나 길어야 합니다.
(시계의 지름)=(원주)÷(원주율)
$=52.7 \div 3.1=17$ (cm)

4 (앞바퀴의 원주)$=43.4 \times 5=217$ (cm)
(앞바퀴의 지름)$=217 \div 3.1=70$ (cm)
(앞바퀴의 반지름)$=70 \div 2=35$ (cm)
다른 풀이
(뒷바퀴의 반지름)$=43.4 \div 3.1 \div 2=7$ (cm)
원주가 2배, 3배, ...가 되면 반지름도 2배, 3배, ...가 되므로 (앞바퀴의 반지름)=(뒷바퀴의 반지름)×5
$=7 \times 5=35$ (cm)입니다.

9 원이 굴러간 거리 구하기 128쪽

1 3 / 9.42 / 9.42, 28.26　2 300 cm
3 18600 cm

2 (훌라후프가 한 바퀴 굴러간 거리)$=50 \times 3=150$ (cm)
(훌라후프가 2바퀴 굴러간 거리)$=150 \times 2=300$ (cm)

3 (바퀴 자가 한 바퀴 돈 거리)$=20 \times 3.1=62$ (cm)
(바퀴 자가 300바퀴 돈 거리)$=62 \times 300=18600$ (cm)

10 정사각형을 이용하여 원의 넓이 어림하기 129쪽

1 72, 144, 72, 144　2 32, 64
3 98, 196

1 (원 안의 정사각형의 넓이)$=12 \times 12 \div 2=72$ (cm^2)
(원 밖의 정사각형의 넓이)$=12 \times 12=144$ (cm^2)
➡ 72 cm^2<(원의 넓이), (원의 넓이)<144 cm^2

2 (원 안의 정사각형의 넓이)$=8 \times 8 \div 2=32$ (cm^2)
(원 밖의 정사각형의 넓이)$=8 \times 8=64$ (cm^2)
➡ 32 cm^2<(원의 넓이), (원의 넓이)<64 cm^2

3 (원 안의 정사각형의 넓이)$=14 \times 14 \div 2=98$ (cm^2)
(원 밖의 정사각형의 넓이)$=14 \times 14=196$ (cm^2)
➡ 98 cm^2<(원의 넓이), (원의 넓이)<196 cm^2

11 모눈종이를 이용하여 원의 넓이 어림하기 129쪽

1 69, 109　2 88, 132　3 120, 172

1 (초록색 모눈의 수)=69개
(빨간색 선 안쪽 모눈의 수)=109개
➡ 69 cm^2<(원의 넓이), (원의 넓이)<109 cm^2

2 (초록색 모눈의 수)=88개
(빨간색 선 안쪽 모눈의 수)=132개
➡ 88 cm^2<(원의 넓이), (원의 넓이)<132 cm^2

3 (초록색 모눈의 수)=120개
(빨간색 선 안쪽 모눈의 수)=172개
➡ 120 cm^2<(원의 넓이), (원의 넓이)<172 cm^2

12 정육각형을 이용하여 원의 넓이 어림하기 130쪽

1 90, 120, 90, 120　2 72, 96
3 126, 168

1 (원 안의 정육각형의 넓이)$=15 \times 6=90$ (cm^2)
(원 밖의 정육각형의 넓이)$=20 \times 6=120$ (cm^2)
➡ 90 cm^2<(원의 넓이), (원의 넓이)<120 cm^2

2 (원 안의 정육각형의 넓이)$=12 \times 6=72$ (cm^2)
(원 밖의 정육각형의 넓이)$=16 \times 6=96$ (cm^2)
➡ 72 cm^2<(원의 넓이), (원의 넓이)<96 cm^2

3 (원 안의 정육각형의 넓이)$=21 \times 6=126$ (cm^2)
(원 밖의 정육각형의 넓이)$=28 \times 6=168$ (cm^2)
➡ 126 cm^2<(원의 넓이), (원의 넓이)<168 cm^2

⑬ 원의 넓이 구하는 방법 알아보기 130쪽

1 (위에서부터) 15.5, 5 / 15.5, 77.5

2 (위에서부터) 9.3, 3 / 27.9 cm^2

3 (위에서부터) 24.8, 8 / 198.4 cm^2

1 (도형의 가로)=(원주)$\times\frac{1}{2}$

$=5\times2\times3.1\times\frac{1}{2}=15.5$ (cm)

2 (도형의 가로)=(원주)$\times\frac{1}{2}$

$=3\times2\times3.1\times\frac{1}{2}=9.3$ (cm)

(도형의 세로)=(원의 반지름)=3 cm

(원의 넓이)=(도형의 넓이)$=9.3\times3=27.9$ (cm^2)

3 (도형의 가로)=(원주)$\times\frac{1}{2}$

$=8\times2\times3.1\times\frac{1}{2}=24.8$ (cm)

(도형의 세로)=(원의 반지름)=8 cm

(원의 넓이)=(도형의 넓이)$=24.8\times8=198.4$ (cm^2)

⑭ 택배 배달하기 131쪽

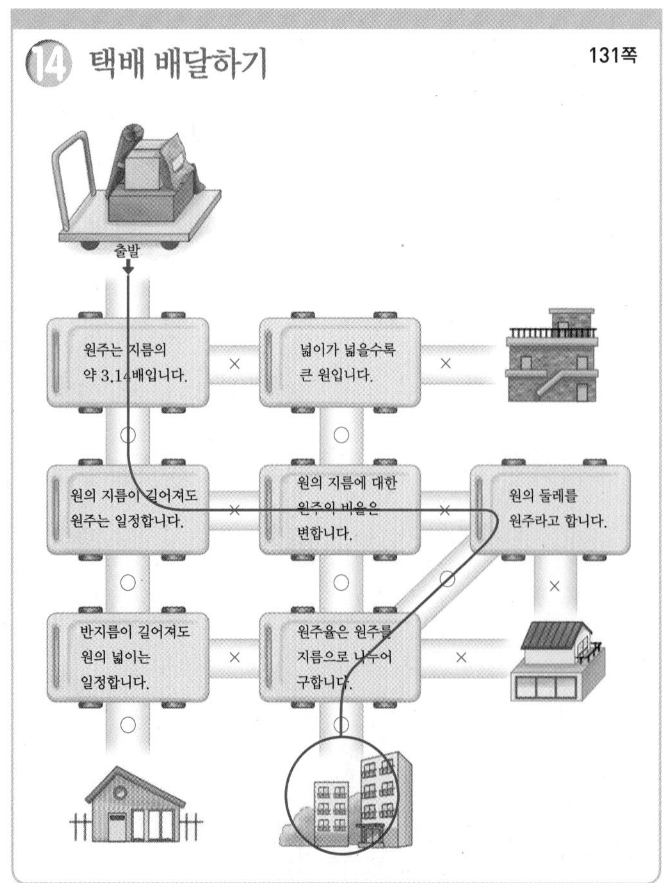

• 원의 지름이 길어지면 원주도 길어집니다.
• 원의 지름에 대한 원주의 비율은 항상 일정합니다.

⑮ 원의 넓이 구하기 132쪽

1 2, 2, 12 **2** 4, 4, 48

3 7, 7, 147 **4** 3, 3, 27

5 5, 5, 75

⑯ 원주율이 다른 원의 넓이 구하기 132쪽

1 300, 310, 314 **2** 48, 49.6, 50.24

3 192, 198.4, 200.96 **4** 108, 111.6, 113.04

5 363, 375.1, 379.94

1 (반지름)=(지름)$\div2=20\div2=10$ (cm)
$10\times10\times3=300$ (cm^2)
$10\times10\times3.1=310$ (cm^2)
$10\times10\times3.14=314$ (cm^2)

2 (반지름)=(지름)$\div2=8\div2=4$ (cm)
$4\times4\times3=48$ (cm^2)
$4\times4\times3.1=49.6$ (cm^2)
$4\times4\times3.14=50.24$ (cm^2)

3 (반지름)=(지름)$\div2=16\div2=8$ (cm)
$8\times8\times3=192$ (cm^2)
$8\times8\times3.1=198.4$ (cm^2)
$8\times8\times3.14=200.96$ (cm^2)

4 (반지름)=(지름)$\div2=12\div2=6$ (cm)
$6\times6\times3=108$ (cm^2)
$6\times6\times3.1=111.6$ (cm^2)
$6\times6\times3.14=113.04$ (cm^2)

5 (반지름)=(지름)$\div2=22\div2=11$ (cm)
$11\times11\times3=363$ (cm^2)
$11\times11\times3.1=375.1$ (cm^2)
$11\times11\times3.14=379.94$ (cm^2)

17 넓이가 몇 배인지 알아보기 133쪽

1 4배 **2** 9배 **3** 16배

4 4배 **5** 9배

1 (원 가의 넓이)$=6\times6\times3=108$ (cm^2)
(원 나의 넓이)$=12\times12\times3=432$ (cm^2)
➡ $432\div108=4$(배)

참고 원의 반지름이 2배가 되면 넓이는 4배가 됩니다.

2 (원 가의 넓이)$=5\times5\times3=75$ (cm^2)
(원 나의 넓이)$=15\times15\times3=675$ (cm^2)
➡ $675\div75=9$(배)

참고 원의 반지름이 3배가 되면 넓이는 9배가 됩니다.

3 (원 가의 넓이)$=10\times10\times3=300$ (cm^2)
(원 나의 넓이)$=40\times40\times3=4800$ (cm^2)
➡ $4800\div300=16$(배)

참고 원의 반지름이 4배가 되면 넓이는 16배가 됩니다.

4 원 가의 반지름은 $2\div2=1$ (cm)이므로
(원 가의 넓이)$=1\times1\times3=3$ (cm^2)입니다.
원 나의 반지름은 $4\div2=2$ (cm)이므로
(원 나의 넓이)$=2\times2\times3=12$ (cm^2)입니다.
➡ $12\div3=4$(배)

5 원 가의 반지름은 $18\div2=9$ (cm)이므로
(원 가의 넓이)$=9\times9\times3=243$ (cm^2)입니다.
원 나의 반지름은 $54\div2=27$ (cm)이므로
(원 나의 넓이)$=27\times27\times3=2187$ (cm^2)입니다.
➡ $2187\div243=9$(배)

18 원주가 주어진 원의 넓이 구하기 133쪽

1 24.8, 8 / 8, 4 / 4, 4, 49.6

2 151.9 cm^2 **3** 251.1 cm^2

4 27.9 cm^2 **5** 697.5 cm^2

2 (지름)=(원주)÷(원주율)$=43.4\div3.1=14$ (cm)
(반지름)=(지름)$\div2=14\div2=7$ (cm)
(원의 넓이)$=7\times7\times3.1=151.9$ (cm^2)

3 (지름)=(원주)÷(원주율)$=55.8\div3.1=18$ (cm)
(반지름)=(지름)$\div2=18\div2=9$ (cm)
(원의 넓이)$=9\times9\times3.1=251.1$ (cm^2)

4 (지름)=(원주)÷(원주율)$=18.6\div3.1=6$ (cm)
(반지름)=(지름)$\div2=6\div2=3$ (cm)
(원의 넓이)$=3\times3\times3.1=27.9$ (cm^2)

5 (지름)=(원주)÷(원주율)$=93\div3.1=30$ (cm)
(반지름)=(지름)$\div2=30\div2=15$ (cm)
(원의 넓이)$=15\times15\times3.1=697.5$ (cm^2)

19 사자성어 완성하기 134쪽

1 죽마고우 **2** 과유불급 **3** 구사일생

1 고: (반지름)$=20\div2=10$ (cm)
➡ (원의 넓이)$=10\times10\times3.14=314$ (cm^2)
우: (지름)$=50.24\div3.14=16$ (cm)
➡ (원의 넓이)$=8\times8\times3.14=200.96$ (cm^2)
마: (원의 넓이)$=11\times11\times3.14=379.94$ (cm^2)

2 유: (원의 넓이)$=7\times7\times3.14=153.86$ (cm^2)
급: (지름)$=31.4\div3.14=10$ (cm)
➡ (원의 넓이)$=5\times5\times3.14=78.5$ (cm^2)
불: (반지름)$=12\div2=6$ (cm)
➡ (원의 넓이)$=6\times6\times3.14=113.04$ (cm^2)

3 생: (반지름)$=18\div2=9$ (cm)
➡ (원의 넓이)$=9\times9\times3.14=254.34$ (cm^2)
일: (지름)$=94.2\div3.14=30$ (cm)
➡ (원의 넓이)$=15\times15\times3.14=706.5$ (cm^2)
구: (원의 넓이)$=17\times17\times3.14=907.46$ (cm^2)

20 원의 넓이를 이용하여 반지름 구하기 135쪽

1 3 **2** 9

3 5 **4** 7

1 $\square\times\square\times3.14=28.26$
➡ $\square\times\square=28.26\div3.14=9$, $\square=3$

2 $\square\times\square\times3.1=251.1$
➡ $\square\times\square=251.1\div3.1=81$, $\square=9$

3 $\square\times\square\times3=75$
➡ $\square\times\square=75\div3=25$, $\square=5$

4 $\square\times\square\times3.1=151.9$
➡ $\square\times\square=151.9\div3.1=49$, $\square=7$

21 직사각형 안의 가장 큰 원의 넓이 구하기 135쪽

1 $697.5\ cm^2$ **2** $446.4\ cm^2$
3 $530.66\ cm^2$ **4** $1133.54\ cm^2$

1

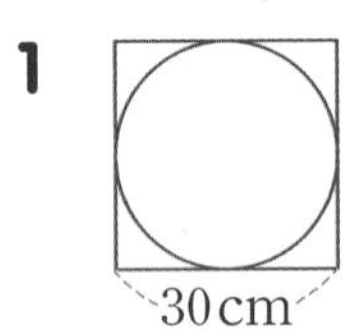

그릴 수 있는 가장 큰 원의 지름은 30 cm이므로 반지름은 $30\div2=15$ (cm)입니다. 따라서 그릴 수 있는 가장 큰 원의 넓이는 $15\times15\times3.1=697.5$ (cm^2)입니다.

2

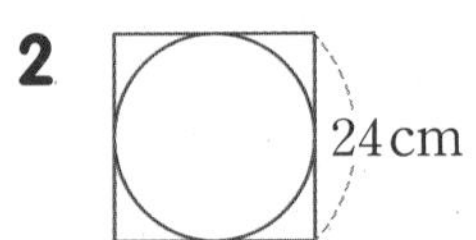

그릴 수 있는 가장 큰 원의 지름은 24 cm이므로 반지름은 $24\div2=12$ (cm)입니다. 따라서 그릴 수 있는 가장 큰 원의 넓이는 $12\times12\times3.1=446.4$ (cm^2)입니다.

3

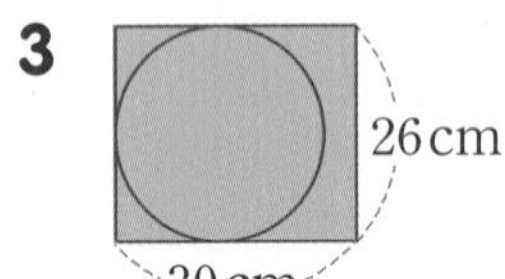

만들 수 있는 가장 큰 원의 지름은 26 cm이므로 반지름은 $26\div2=13$ (cm)입니다. 따라서 만들 수 있는 가장 큰 원의 넓이는 $13\times13\times3.14=530.66$ (cm^2)입니다.

4

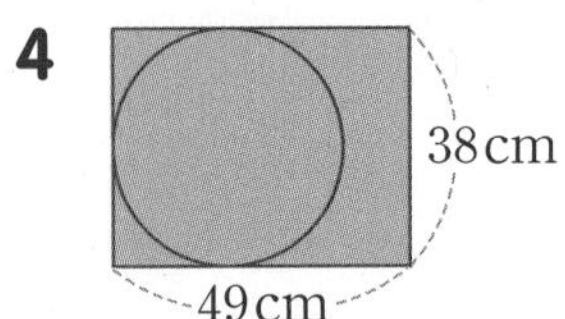

만들 수 있는 가장 큰 원의 지름은 38 cm이므로 반지름은 $38\div2=19$ (cm)입니다. 따라서 만들 수 있는 가장 큰 원의 넓이는 $19\times19\times3.14=1133.54$ (cm^2)입니다.

22 여러 가지 원의 넓이 구하기(1) 136쪽

1 $78.5\ cm^2$ **2** $121.5\ cm^2$
3 $216\ cm^2$ **4** $44.1\ cm^2$

1 (색칠한 부분의 넓이)
$=10\times10\times3.14\times\frac{1}{4}=78.5$ (cm^2)

2 (색칠한 부분의 넓이)
$=9\times9\times3\times\frac{1}{2}=121.5$ (cm^2)

3 (색칠한 부분의 넓이)
=(큰 원의 넓이)−(작은 원 2개의 넓이)
$=12\times12\times3-6\times6\times3\times2$
$=432-216=216$ (cm^2)

4 (색칠한 부분의 넓이)
=(한 변이 14 cm인 정사각형의 넓이)
−(지름이 14 cm인 원의 넓이)
$=14\times14-7\times7\times3.1=196-151.9=44.1$ (cm^2)

23 여러 가지 원의 넓이 구하기(2) 136쪽

1 $74.4\ m^2$ **2** $127.17\ cm^2$
3 $108\ cm^2$, $324\ cm^2$, $540\ cm^2$

1 (길의 넓이)$=7\times7\times3.1-5\times5\times3.1$
$=151.9-77.5=74.4$ (m^2)

2 작은 반원 부분을 옮기면 큰 반원이 됩니다.

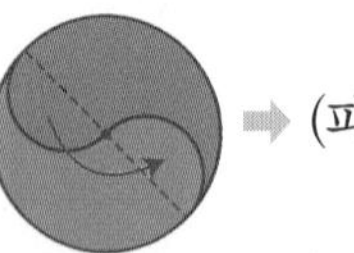

➡ (파란색 부분의 넓이)$=9\times9\times3.14\div2$
$=127.17$ (cm^2)

3 (초록색 넓이)$=6\times6\times3=108$ (cm^2)
(노란색 넓이)=(반지름 12 cm인 원의 넓이)
−(초록색 넓이)
$=12\times12\times3-108$
$=432-108=324$ (cm^2)
(파란색 넓이)=(반지름 18 cm인 원의 넓이)
−(반지름 12 cm인 원의 넓이)
$=18\times18\times3-12\times12\times3$
$=972-432=540$ (cm^2)

단원 평가 137~139쪽

1	원주, 지름	**2**	10, 31
3	200, 400, ㊎ 300	**4**	21.7, 7, 151.9
5	20, 20 / 1256	**6**	9
7	198.4 cm^2	**8**	37.2 cm
9	12 cm	**10**	314 cm^2
11	62 cm	**12**	251.1 cm^2
13	㉡, ㉢, ㉠	**14**	12 cm
15	51.4 cm	**16**	344 cm^2
17	96 cm	**18**	34.5 cm^2
19	25.12 cm	**20**	199.5 m^2

1 원의 지름에 대한 원주의 비율을 원주율이라고 합니다.

2 (원주)=(지름)×(원주율)

3 (원 안의 정사각형의 넓이)$=20\times20\div2=200\,(\text{cm}^2)$
(원 밖의 정사각형의 넓이)$=20\times20=400\,(\text{cm}^2)$

4 (직사각형의 가로)=(원주)$\times\frac{1}{2}$
$=14\times3.1\times\frac{1}{2}=21.7\,(\text{cm})$
(원의 넓이)$=21.7\times7=151.9\,(\text{cm}^2)$

5 (원의 넓이)=(반지름)×(반지름)×(원주율)
$=20\times20\times3.14=1256\,(\text{cm}^2)$

6 (지름)$=28.26\div3.14=9\,(\text{cm})$

7 (원의 넓이)$=8\times8\times3.1=198.4\,(\text{cm}^2)$

8 CD의 지름은 12 cm이므로 둘레는
$12\times3.1=37.2\,(\text{cm})$입니다.

9 (나무의 반지름)$=72\div3\div2=12\,(\text{cm})$

10 (원의 반지름)$=20\div2=10\,(\text{cm})$
(원의 넓이)$=10\times10\times3.14=314\,(\text{cm}^2)$

11 지름이 20 cm인 원의 원주를 구합니다.
➡ $20\times3.1=62\,(\text{cm})$

12 수연이가 그린 원의 반지름은 9 cm입니다.
(원의 넓이)$=9\times9\times3.1=251.1\,(\text{cm}^2)$

13 ㉠ (원의 지름)$=72.22\div3.14=23\,(\text{cm})$
㉡ (원의 지름)$=59.66\div3.14=19\,(\text{cm})$
㉢ $314\div3.14=100$이고 $10\times10=100$이므로 반지름은 10 cm, 지름은 20 cm입니다.
➡ 지름이 작은 것부터 차례로 기호를 쓰면 ㉡, ㉢, ㉠입니다.

14 (큰 바퀴의 지름)$=48\div3=16\,(\text{cm})$
(작은 바퀴의 지름)$=16\div4=4\,(\text{cm})$
➡ (작은 바퀴의 둘레)$=4\times3=12\,(\text{cm})$

다른 풀이

작은 바퀴의 지름은 큰 바퀴의 지름의 $\frac{1}{4}$이므로 작은 바퀴의 둘레도 큰 바퀴의 둘레의 $\frac{1}{4}$입니다.
➡ $48\div4=12\,(\text{cm})$

15 (반원의 둘레)=(원주)÷2+(지름)
$=10\times2\times3.14\div2+10\times2$
$=31.4+20=51.4\,(\text{cm})$

16 (색칠한 부분의 넓이)=(정사각형의 넓이)−(원의 넓이)
$=40\times40-20\times20\times3.14$
$=1600-1256=344\,(\text{cm}^2)$

17 (색칠한 부분의 둘레)
=(큰 원의 원주)+(작은 원 2개의 원주)
$=8\times2\times3+(8\times3)\times2$
$=48+48=96\,(\text{cm})$

18 반원의 지름이 6 cm이므로 반지름은 3 cm입니다.
(반원의 넓이)$=3\times3\times3\div2=13.5\,(\text{cm}^2)$
(삼각형의 넓이)$=6\times(10-3)\div2=21\,(\text{cm}^2)$
➡ (메모지의 넓이)$=13.5+21=34.5\,(\text{cm}^2)$

서술형
19 나 원의 지름은 $4\times2=8\,(\text{cm})$이므로
(원주)$=8\times3.14=25.12\,(\text{cm})$입니다.

평가 기준	배점(5점)
나 원의 지름을 구했나요?	2점
나 원의 원주를 구했나요?	3점

서술형
20 나의 직사각형의 넓이는 $9\times14=126\,(\text{m}^2)$, 반원의 넓이는 $7\times7\times3\div2=73.5\,(\text{m}^2)$이므로 나의 넓이는 $126+73.5=199.5\,(\text{m}^2)$입니다.

평가 기준	배점(5점)
직사각형과 반원의 넓이를 구했나요?	4점
나의 넓이를 구했나요?	1점

6 원기둥, 원뿔, 구

민결이네 가족이 어질러진 방을 치우고 있어요. 엄마가 정리하는 물건에 모두 ○표,
아빠가 정리하는 물건에 모두 △표 하세요.

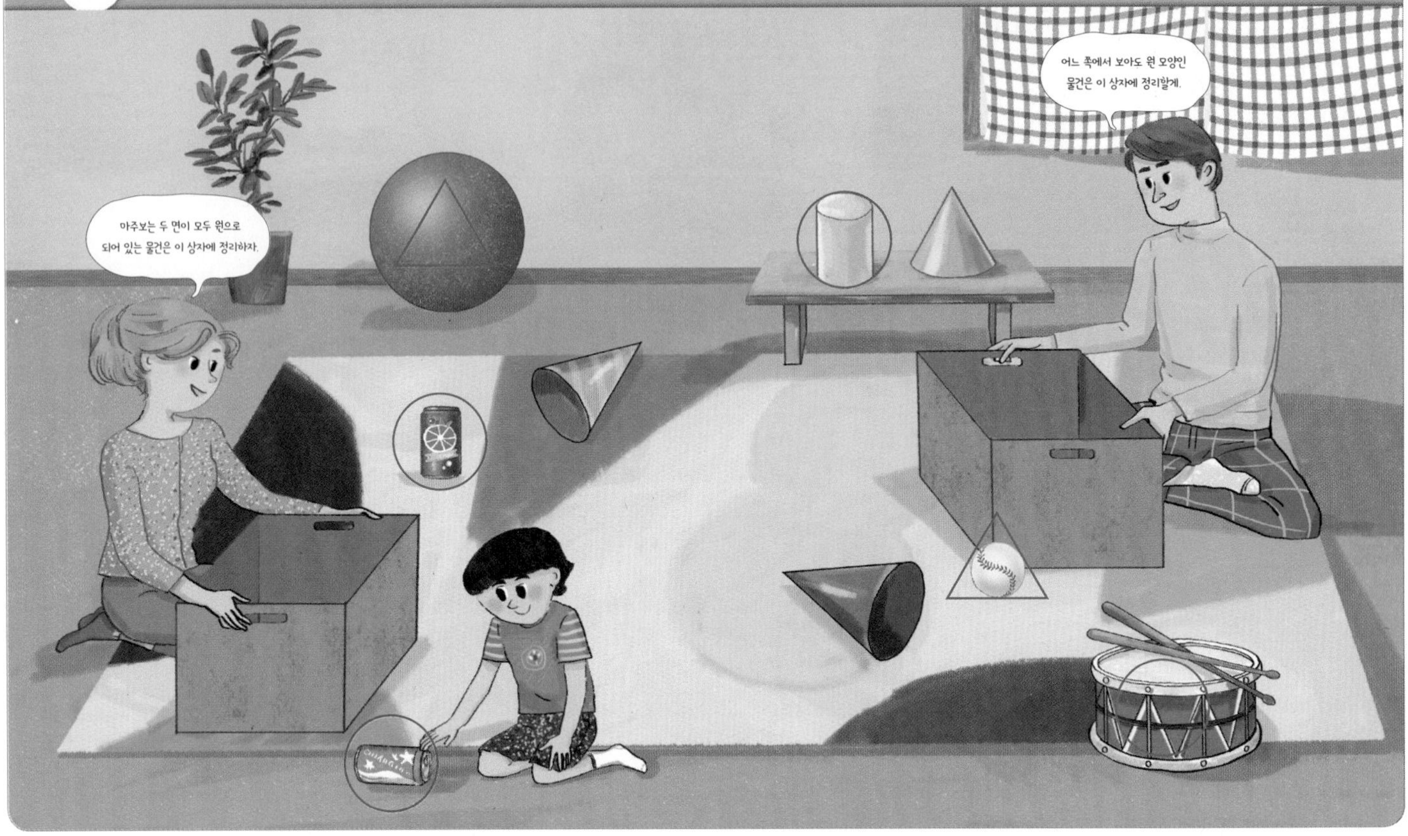

어느 쪽에서 보아도 원 모양인 물건은 이 상자에 정리할게.
마주보는 두 면이 모두 원으로 되어 있는 물건은 이 상자에 정리하자.

1 원기둥 알아보기 143쪽

① ②

②

높이
밑면
밑면
옆면

③ ①

②

④ ① 예

높이

② 예

높이

2 원기둥의 전개도 알아보기 145쪽

① ① 원, 직사각형 ② 2, 1

② ①, ②

③

④ ( )( )(○)

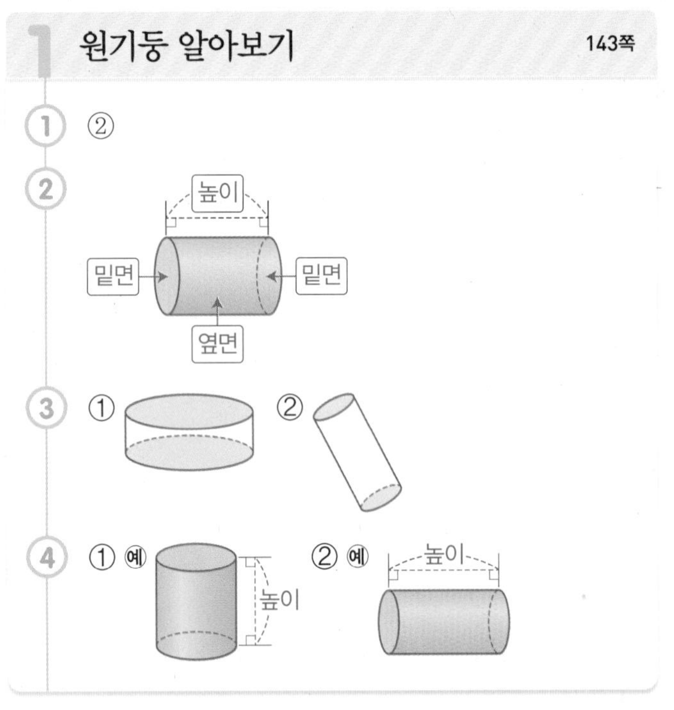

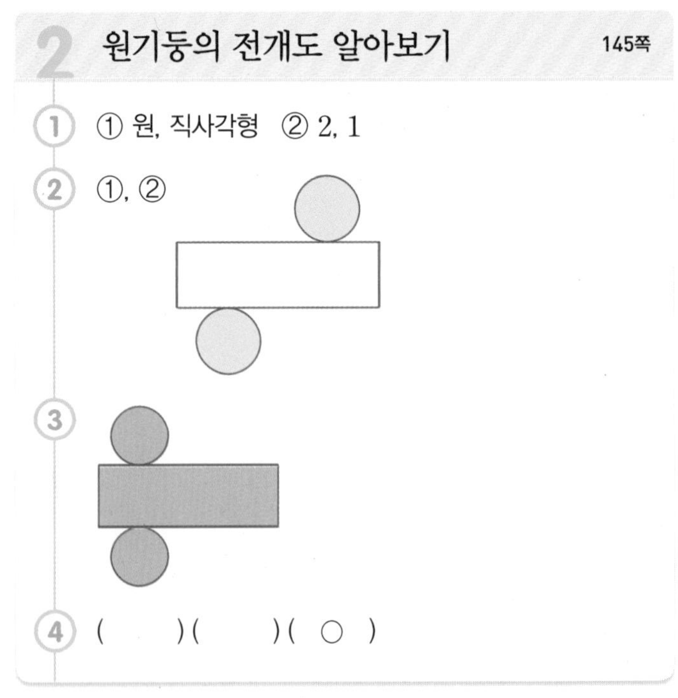

1 원기둥은 위와 아래에 있는 면이 서로 평행하고 합동인 기둥 모양의 입체도형입니다.

3 서로 평행하고 합동인 두 면을 찾습니다.

3 원기둥의 전개도에서 옆면인 직사각형의 가로는 밑면의 둘레와 같습니다.

4 • 첫 번째: 두 밑면이 합동이 아닙니다.
• 두 번째: 옆면의 모양이 직사각형이 아닙니다.

3 원뿔 알아보기 147쪽

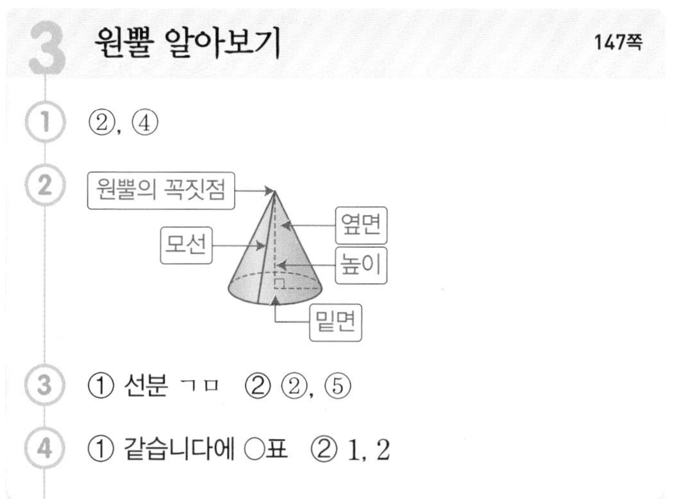

① ②, ④

②

③ ① 선분 ㄱㅁ ② ②, ⑤

④ ① 같습니다에 ○표 ② 1, 2

1 원뿔은 평평한 면이 원이고 옆면이 굽은 면인 뿔 모양의 입체도형입니다.

3 ① 원뿔의 꼭짓점에서 밑면에 수직인 선분은 선분 ㄱㅁ입니다.
② 원뿔의 꼭짓점과 밑면인 원의 둘레의 한 점을 이은 선분은 선분 ㄱㄴ, 선분 ㄱㄷ, 선분 ㄱㄹ입니다.

4 원뿔과 원기둥은 밑면의 모양이 원으로 같지만 밑면의 수가 다릅니다.

4 구 알아보기 149쪽

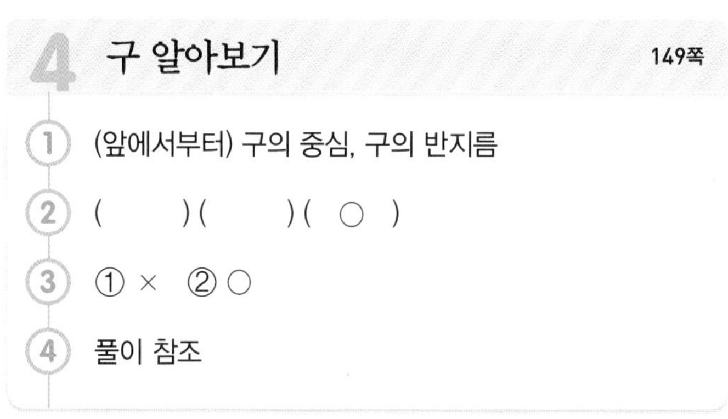

① (앞에서부터) 구의 중심, 구의 반지름

② (　　)(　　)(○)

③ ① × ② ○

④ 풀이 참조

3 ① 구의 반지름은 무수히 많습니다.

4

입체도형	위에서 본 모양	앞에서 본 모양	옆에서 본 모양
(원기둥) 위, 옆, 앞	○	□	□
(원뿔) 위, 옆, 앞	○	△	△
(구) 위, 옆, 앞	○	○	○

기본기 강화 문제

① 원기둥 찾기 150쪽

1 나, 라　**2** 가, 바　**3** 다, 마

② 직사각형을 한 바퀴 돌려 만든 입체도형 알아보기 150쪽

1 (위에서부터) 6, 7　**2** (위에서부터) 8, 3

3 20 cm, 10 cm　**4** 18 cm, 20 cm

1 (원기둥의 밑면의 지름)=(직사각형의 가로)×2
=3×2=6 (cm)
(원기둥의 높이)=(직사각형의 세로)=7 cm

2 (원기둥의 밑면의 지름)=(직사각형의 세로)×2
=4×2=8 (cm)
(원기둥의 높이)=(직사각형의 가로)=3 cm

3

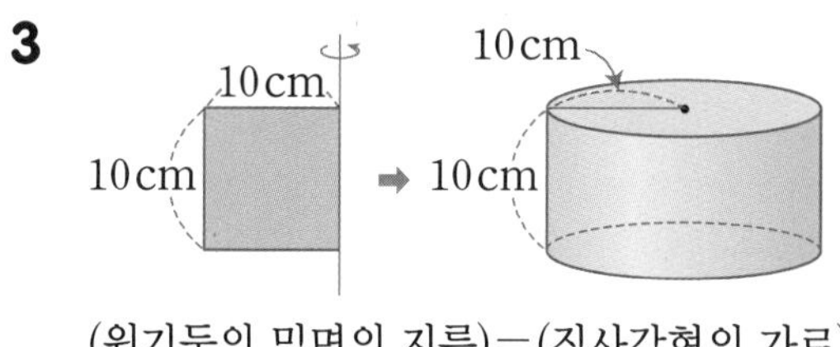

(원기둥의 밑면의 지름)=(직사각형의 가로)×2
=10×2=20 (cm)
(원기둥의 높이)=(직사각형의 세로)=10 cm

4

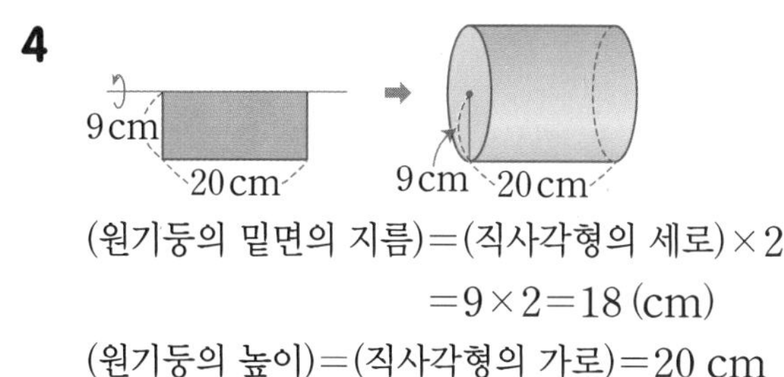

(원기둥의 밑면의 지름)=(직사각형의 세로)×2
=9×2=18 (cm)
(원기둥의 높이)=(직사각형의 가로)=20 cm

③ 원기둥과 각기둥 비교하기 151쪽

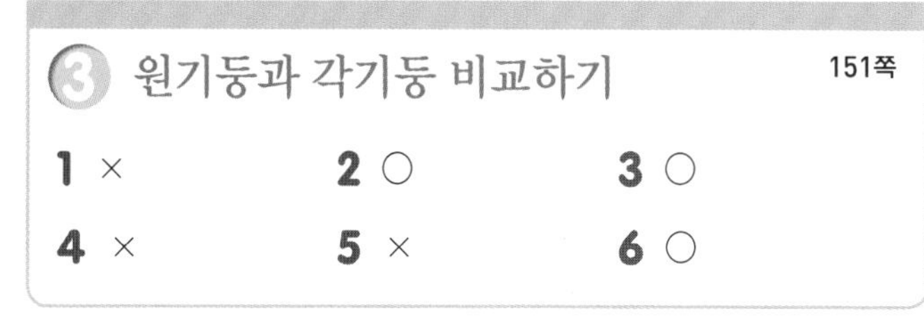

1 ×　**2** ○　**3** ○

4 ×　**5** ×　**6** ○

1 원기둥에는 굽은 면이 있고, 각기둥에는 굽은 면이 없습니다.

4 원기둥과 각기둥은 모두 밑면이 2개입니다.

5 원기둥의 밑면은 원이고, 각기둥의 밑면은 다각형입니다.

④ 조건에 맞는 원기둥 알아보기 151쪽

1 14 cm, 14 cm **2** 8 cm, 16 cm

3 10 cm, 10 cm

1 (밑면의 지름)=(반지름)×2=7×2=14 (cm)
앞에서 본 모양이 정사각형이므로 원기둥의 높이와 밑면의 지름은 같습니다. 따라서 높이는 14 cm입니다.

2 (밑면의 지름)=(반지름)×2=4×2=8 (cm)
앞에서 본 모양은 세로가 가로의 2배인 직사각형이므로 원기둥의 높이는 밑면의 지름의 2배입니다.
따라서 높이는 8×2=16 (cm)입니다.

3 (밑면의 지름)=(반지름)×2=5×2=10 (cm)
앞에서 본 모양이 정사각형이므로 원기둥의 높이와 밑면의 지름은 같습니다. 따라서 높이는 10 cm입니다.

⑤ 원기둥의 전개도 찾기 152쪽

1 나 **2** 나

3 가 **4** 가

1 가는 두 밑면이 겹쳐지므로 원기둥을 만들 수 없습니다.

2 가는 밑면이 합동인 두 원이 아니고 옆면이 직사각형이 아니므로 원기둥을 만들 수 없습니다.

3 나는 밑면이 합동인 두 원이 아니므로 원기둥을 만들 수 없습니다.

4 나는 밑면과 옆면이 겹쳐지므로 원기둥을 만들 수 없습니다.

⑥ 원기둥의 전개도가 아닌 이유 알아보기 152쪽

1 예 두 밑면과 옆면이 겹쳐지기 때문입니다.

2 예 옆면이 직사각형이 아니기 때문입니다.

3 예 두 밑면이 겹쳐지기 때문입니다.

4 예 두 밑면이 합동이 아니기 때문입니다.

2 밑면의 둘레와 옆면의 가로가 다르기 때문에 원기둥을 만들 수 없습니다.

⑦ 원기둥과 원기둥의 전개도의 길이 알아보기 153쪽

1 (위에서부터) 5, 31.4, 9 **2** (위에서부터) 4, 7, 25.12

3 (위에서부터) 3, 6, 18.84 **4** (위에서부터) 6, 8, 37.68

1 (옆면의 가로)=(밑면의 둘레)
=5×2×3.14=31.4 (cm)

2 (옆면의 가로)=(밑면의 둘레)
=4×2×3.14=25.12 (cm)

3 (옆면의 가로)=(밑면의 둘레)
=3×2×3.14=18.84 (cm)

4 (옆면의 가로)=(밑면의 둘레)
=6×2×3.14=37.68 (cm)

⑧ 원기둥의 전개도 그리기 153쪽

1 예

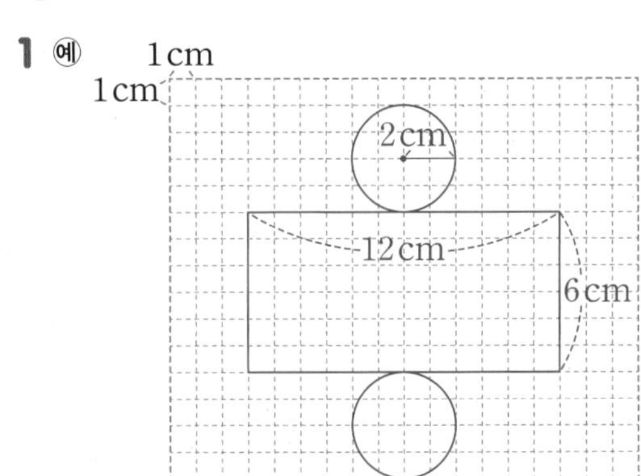

2 예

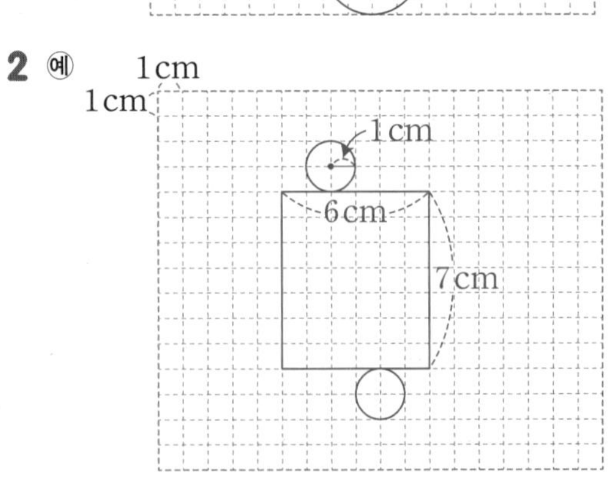

1 (옆면의 가로)=(밑면의 둘레)
=2×2×3=12 (cm)
(옆면의 세로)=(높이)=6 cm

2 (옆면의 가로)=(밑면의 둘레)
=1×2×3=6 (cm)
(옆면의 세로)=(높이)=7 cm

9 개미 집 찾기 154쪽

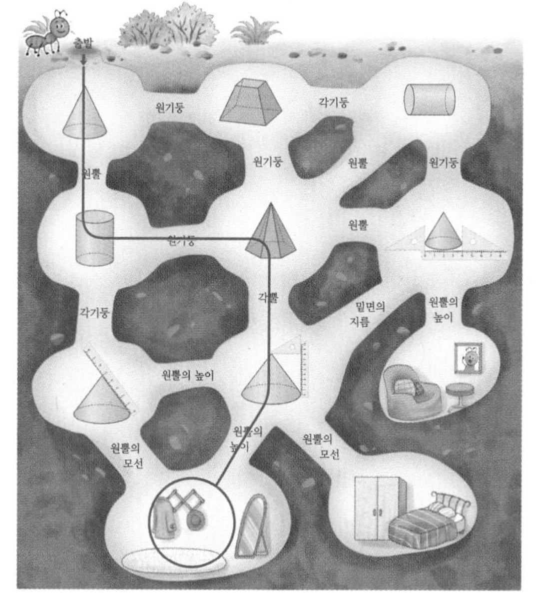

평평한 면이 원이고 옆을 둘러싼 면이 굽은 면인 뿔 모양의 입체도형은 원뿔입니다. ➡ 위와 아래에 있는 면이 서로 평행하고 합동인 원으로 이루어진 입체도형은 원기둥입니다. ➡ 밑면이 다각형이고 옆면이 삼각형인 뿔 모양의 입체도형은 각뿔입니다. ➡ 원뿔의 꼭짓점에서 밑면에 수직인 선분의 길이를 재는 것이므로 원뿔의 높이를 재는 것입니다.

10 원뿔의 각 부분의 길이 구하기 155쪽

1 4 cm, 5 cm, 6 cm **2** 16 cm, 20 cm, 24 cm
3 12 cm, 13 cm, 10 cm **4** 15 cm, 17 cm, 16 cm

1 (밑면의 지름)=(밑면의 반지름)$\times$2=3$\times$2=6 (cm)

2 (밑면의 지름)=(밑면의 반지름)$\times$2=12$\times$2=24 (cm)

3 (밑면의 지름)=(밑면의 반지름)$\times$2=5$\times$2=10 (cm)

4 (밑면의 지름)=(밑면의 반지름)$\times$2=8$\times$2=16 (cm)

11 직각삼각형을 한 바퀴 돌려 만든 입체도형 알아보기 155쪽

1 (위에서부터) 7, 8 **2** (위에서부터) 10, 11
3 6 cm, 3 cm **4** 10 cm, 8 cm

1 원뿔의 밑면의 반지름은 4 cm이므로 밑면의 지름은 4$\times$2=8 (cm)입니다. 원뿔의 높이는 돌릴 때 기준이 되는 변의 길이와 같으므로 높이는 7 cm입니다.

2 원뿔의 밑면의 반지름은 5 cm이므로 밑면의 지름은 5$\times$2=10 (cm)입니다. 원뿔의 높이는 돌릴 때 기준이 되는 변의 길이와 같으므로 높이는 11 cm입니다.

3 직각삼각형 모양의 종이를 한 변을 기준으로 한 바퀴 돌리면 원뿔이 만들어집니다. 원뿔의 밑면의 반지름은 3 cm이므로 밑면의 지름은 3$\times$2=6 (cm)입니다. 원뿔의 높이는 돌릴 때 기준이 되는 변의 길이와 같으므로 높이는 3 cm입니다.

4 직각삼각형 모양의 종이를 한 변을 기준으로 한 바퀴 돌리면 원뿔이 만들어집니다. 원뿔의 밑면의 반지름은 5 cm이므로 밑면의 지름은 5$\times$2=10 (cm)입니다. 원뿔의 높이는 돌릴 때 기준이 되는 변의 길이와 같으므로 높이는 8 cm입니다.

12 원뿔과 입체도형 비교하기 156쪽

1 ㉡, ㉣ **2** ㉠, ㉢ **3** ㉡, ㉢

1 ㉠ 원뿔의 밑면은 원이고, 오각뿔의 밑면은 오각형입니다.
㉢ 원뿔을 위에서 본 모양은 원이고, 오각뿔을 위에서 본 모양은 오각형입니다.

2 ㉡ 원뿔의 밑면은 1개이고, 원기둥의 밑면은 2개입니다.
㉣ 원뿔에는 꼭짓점이 있지만 원기둥에는 꼭짓점이 없습니다.

3 ㉠ 원뿔에는 뾰족한 부분이 있지만 구에는 뾰족한 부분이 없습니다.
㉣ 원뿔을 앞에서 본 모양은 삼각형이고, 구를 앞에서 본 모양은 원입니다.

13 구의 반지름 알아보기 156쪽

1 5 cm **2** 4 cm **3** 9 cm
4 8 cm **5** 6 cm

14 반원을 한 바퀴 돌려 만든 입체도형 알아보기 157쪽

1 4 **2** 8
3 6 cm **4** 15 cm

2 반원의 지름의 반이 구의 반지름이 되므로 구의 반지름은 $16 \div 2 = 8$ (cm)입니다.

3 반원 모양의 종이를 지름을 기준으로 한 바퀴 돌리면 구가 만들어집니다. 반원의 지름의 반이 구의 반지름이 되므로 $12 \div 2 = 6$ (cm)입니다.

4 반원 모양의 종이를 지름을 기준으로 한 바퀴 돌리면 구가 만들어집니다. 반원의 지름의 반이 구의 반지름이 되므로 $30 \div 2 = 15$ (cm)입니다.

⑮ 원기둥, 원뿔, 구 비교하기 157쪽

1 ㉡	**2** ㉠
3 ㉢	**4** ㉠

1 ㉡ 원뿔은 뾰족한 부분이 있는데 원기둥과 구는 없습니다.

2 ㉠ 원기둥의 밑면은 2개이고, 원뿔의 밑면은 1개입니다.

3 ㉢ 원뿔은 꼭짓점이 있는데 원기둥과 구는 없습니다.

4 ㉠ 원기둥과 원뿔을 앞과 옆에서 본 모양은 원이 아닙니다.

단원 평가 158~160쪽

1 가, 마	**2** 다
3 ㉢	**4** 모선의 길이, 5 cm
5 가	**6** ③
7 선분 ㄱㄹ, 선분 ㄴㄷ	**8** 10 cm
9 원기둥, 6	
10 (위에서부터) 육각형, 원, 1, 1	
11 ④	**12** □, △, ○
13 (위에서부터) 8, 6	**14** 5 cm
15 ㉢, ㉠, ㉣, ㉡	**16** (위에서부터) 18.6, 9
17 16 cm	**18** 5 cm
19 원뿔은 밑면이 원이고 옆면이 굽은 면이어야 하는데 밑면이 다각형이고 옆면이 굽은 면이 아니기 때문입니다.	
20 9 cm	

5  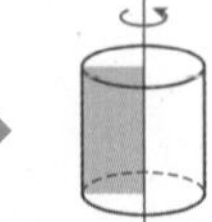 직사각형 모양의 종이를 한 변을 기준으로 한 바퀴 돌리면 원기둥이 만들어집니다.

6 ① 두 밑면이 겹쳐집니다.
② 두 밑면이 합동이 아닙니다.
④, ⑤ 옆면이 직사각형이 아닙니다.

7 옆면의 가로는 밑면의 둘레와 같습니다.

8 원뿔의 꼭짓점과 밑면인 원의 둘레의 한 점을 이은 선분의 길이는 10 cm입니다.

9 원기둥의 높이는 12 cm, 원뿔의 높이는 6 cm이므로 원기둥의 높이가 6 cm 더 높습니다.

11 ① 원기둥은 기둥 모양이고, 원뿔은 뿔 모양입니다.
② 원기둥은 밑면이 2개이고, 원뿔은 밑면이 1개입니다.
③ 원기둥은 꼭짓점이 없고, 원뿔은 꼭짓점이 있습니다.
⑤ 원기둥과 원뿔의 밑면의 모양은 원입니다.

13 (원기둥의 밑면의 지름)=(직사각형의 세로)$\times 2$
$= 4 \times 2 = 8$ (cm)
(원기둥의 높이)=(직사각형의 가로)$= 6$ cm

14 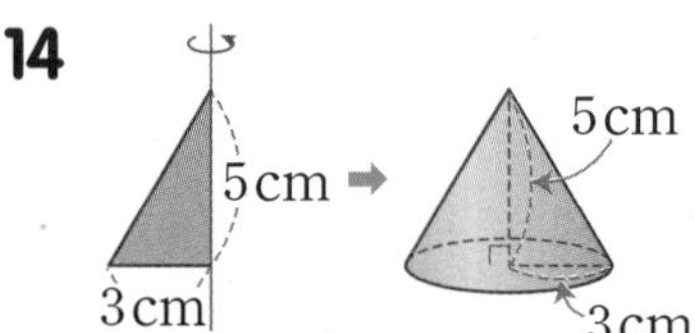

원뿔의 높이는 돌릴 때 기준이 되는 변의 길이와 같으므로 높이는 5 cm입니다.

15 ㉠ 2개 ㉡ 0개 ㉢ 셀 수 없이 많습니다. ㉣ 1개
➡ ㉢, ㉠, ㉣, ㉡

16 옆면의 가로는 밑면의 둘레와 같습니다.
(옆면의 가로)$= 3 \times 2 \times 3.1 = 18.6$ (cm)

17 밑면의 지름은 반지름의 2배이므로 $8 \times 2 = 16$ (cm)입니다. 앞에서 본 모양이 정사각형이므로 원기둥의 높이와 밑면의 지름은 같습니다. 따라서 원기둥의 높이는 16 cm입니다.

18 (밑면의 지름)$\times 3.14 = 31.4$ (cm)
(밑면의 지름)$= 31.4 \div 3.14 = 10$ (cm)
➡ (밑면의 반지름)$= 10 \div 2 = 5$ (cm)

서술형
19

평가 기준	배점(5점)
원뿔의 특징에 대해 알고 있나요?	2점
원뿔이 아닌 이유를 썼나요?	3점

서술형
20 구의 반지름은 반원의 반지름과 같으므로 구의 반지름은 $18 \div 2 = 9$ (cm)입니다.

평가 기준	배점(5점)
구의 반지름과 반원의 반지름의 관계를 알고 있나요?	2점
구의 반지름을 구했나요?	3점

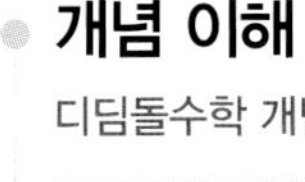

개념 이해

디딤돌수학 개념연산

개념 응용

최상위수학 라이트

개념 이해 · 적용

디딤돌수학 고등 개념기본

개념 적용

디딤돌수학 개념기본

개념 확장

최상위수학

개념기본

디딤돌수학

고등 수학

중학 수학

초등부터 고등까지

수학 좀 한다면 

개념을 이해하고, 깨우치고, 꺼내 쓰는
올바른 중고등 개념 학습서

다음에는 뭐 풀지?

다음에 공부할 책을 고르기 어려우시다면, 현재 성취도를 먼저 체크해 보세요.
최상위로 가는 맞춤 학습 플랜만 있다면 내 실력에 꼭 맞는 교재를 선택할 수 있어요!
단계에 따라 내 실력을 진단해 보고, 다음 학습도 야무지게 준비해 봐요!

첫 번째, 단원평가의 맞힌 문제 수 또는 점수를 모두 더해 보세요.

단원	맞힌 문제 수	OR 점수 (문항당 5점)
1단원		
2단원		
3단원		
4단원		
5단원		
6단원		
합계		

※ 단원평가는 각 단원의 마지막 코너에 있는 20문항 문제지입니다.